Alexander Wolf

Modellierung und Vorhersage menschlichen Interaktionsverhaltens zur Analyse der Mensch-Produkt Interaktion

FAU Studien aus dem Maschinenbau

Band 407

Alexander Wolf

Modellierung und Vorhersage menschlichen Interaktionsverhaltens zur Analyse der Mensch-Produkt Interaktion

Dissertation aus dem Lehrstuhl für Konstruktionstechnik (KTmfk)
Prof. Dr.-Ing. Sandro Wartzack

Erlangen
FAU University Press
2022

Bibliografische Information der Deutschen Nationalbibliothek:
Die Deutsche Nationalbibliothek verzeichnet diese Publikation in der Deutschen Nationalbibliografie; detaillierte bibliografische Daten sind im Internet über http://dnb.d-nb.de abrufbar.

Alexander Wolf, Lehrstuhl für Konstruktionstechnik (KTmfk),
alexanderwolf93@gmx.de, ORCID: 0000-0002-3014-5943

Bitte zitieren als
Wolf, Alexander. 2022. *Modellierung und Vorhersage menschlichen Interaktionsverhaltens zur Analyse der Mensch-Produkt Interaktion.* FAU Studien aus dem Maschinenbau Band 407. Erlangen: FAU University Press.
DOI: 10.25593/978-3-96147-586-5.

Der vollständige Inhalt des Buchs ist als PDF über den OPUS-Server der Friedrich-Alexander-Universität Erlangen-Nürnberg abrufbar:
https://opus4.kobv.de/opus4-fau/home

Verlag und Auslieferung:
FAU University Press, Universitätsstraße 4, 91054 Erlangen

Druck: docupoint GmbH

Umschlagbild: RIESE Photography

ISBN: 978-3-96147-585-8 (Druckausgabe)
eISBN: 978-3-96147-586-5 (Online-Ausgabe)
ISSN: 2625-9974
DOI: 10.25593/978-3-96147-586-5

Modellierung und Vorhersage menschlichen Interaktionsverhaltens zur Analyse der Mensch-Produkt Interaktion

Der Technischen Fakultät
der Friedrich-Alexander-Universität
Erlangen-Nürnberg

zur

Erlangung des Doktorgrades Dr.-Ing.

vorgelegt von

Alexander Wolf, M.Sc.

aus Schramberg

Als Dissertation genehmigt
von der Technischen Fakultät
der Friedrich-Alexander-Universität Erlangen-Nürnberg

Tag der mündlichen
Prüfung: 08.07.2022

Gutachter: Prof. Dr.-Ing Sandro Wartzack
Prof. Dr.-Ing Mirko Meboldt, ETH Zürich

Vorwort

Diese Dissertation ist im Rahmen meiner Tätigkeit als wissenschaftlicher Mitarbeiter des Lehrstuhls für Konstruktionstechnik der Friedrich-Alexander-Universität Erlangen-Nürnberg entstanden. In meiner Zeit als wissenschaftlicher Mitarbeiter durfte ich spannende Forschungsprojekte bearbeiten, neue Ideen entwickeln, meine Forschung auf nationaler und internationaler Bühne präsentieren, die Lehre mitgestalten sowie mich persönlich und fachlich weiterentwickeln. Hierfür möchte ich allen voran Prof. Dr.-Ing. Sandro Wartzack danken, welcher nicht nur mein Promotionsvorhaben betreut, sondern mich während meiner gesamten Zeit am Lehrstuhl auf fachlicher und persönlicher Ebene unterstützt hat. Herzlichen Dank für die professionelle Betreuung, das Schaffen eines hervorragenden Arbeitsumfelds und das entgegengebrachte Vertrauen. An dieser Stelle möchte ich mich zudem bei Prof. Dr.-Ing Mirko Meboldt für die Übernahme der Rolle als Zweitgutachter und dem der Arbeit entgegengebrachten Interesse bedanken.

In meiner Zeit als wissenschaftlicher Mitarbeiter durfte ich großartige Menschen kennenlernen. Allen voran möchte ich hier meine Kolleginnen und Kollegen nennen, mit welchen ich eine wundervolle Zeit am Lehrstuhl verbinde. Durch viele fachliche, aber auch persönliche Gespräche, gemeinsame Veranstaltungen und Freizeitaktivitäten sind Freundschaften entstanden die ich sehr zu schätzen weiß. Hier möchte ich insbesondere Jörg Miehling, Tina Buker, Patricia Kügler, Sven Wirsching, Max Marian, Fabian Dworschak, Dennis Horber, Christoph Zirngibl, David Scherb und Carla Molz aus unserem gemeinsamen Büro „auf AEG“ hervorheben. Mit euch durfte ich eine Arbeitsatmosphäre erleben, in welcher gegenseitige Unterstützung, Empathie, Kreativität und vor allem Humor zu einer konstruktiven und innovativen Arbeitsweise und einem persönlichem Wohlbefinden geführt haben, wie es wohl seinesgleichen suchen dürfte. Herrn Dr.-Ing. Jörg Miehling möchte ich als Oberingenieur der Fachgruppe „Nutzerzentrierte Produktentwicklung“ zudem einen ganz besonderen Dank für seine fachliche Unterstützung all meiner Forschungstätigkeiten aussprechen. Ein besonderer Dank gilt auch allen Studierenden, mit denen ich zusammenarbeiten durfte und die mich mit ihrem Engagement in der Forschung unterstützt haben.

Meinen Eltern, Hagen und Cornelia Wolf, gebührt mein besonderer Dank. Sie haben mir alle Voraussetzungen mitgegeben, mir die nötigen Freiheiten gelassen und mich stets mit vollem Herzen unterstützt, sodass ich heute voller Freude dieses Vorwort meiner Dissertation verfassen darf. Auch danke ich meinem Bruder Konstantin für seine Unterstützung und viele anregende Gespräche.

Meiner geliebten Theresa möchte ich abschließend größten Dank aussprechen. Durch deine bedingungslose Unterstützung und deinen steten Zuspruch konnte und kann ich mich selbst verwirklichen.

Nürnberg, im Juli 2022 Alexander Wolf

Inhaltsverzeichnis

Formelzeichen- und Abkürzungsverzeichnis

Formelzeichen

Symbol	*Einheit*	*Beschreibung*
$\boldsymbol{v}$	-	Vektor
s	-	Skalar
m	kg	Starrkörpermasse
$\boldsymbol{s}$	m	Starrkörperschwerpunkt
$\boldsymbol{I}$	$kg \cdot m^2$	Trägheitstensor
$\boldsymbol{T}$	-	Koordinatentransformation
q	-	Generalisierte Koordinate
$\boldsymbol{F}_m$	N	Muskelkraft
δ	°	Fiederungswinkel
$\boldsymbol{F}_{m,\,max}$	N	Maximale isometrische Kraft
α	-	Muskelaktivität
$\boldsymbol{w}$	-	Gewichtungsvektor
$\boldsymbol{x}$	-	Zustandsvektor bzw. Markerpositionsvektor
$\boldsymbol{G}$	-	Kinematischer Zustandsvektor
$\boldsymbol{M}$	kg	Massenmatrix
$\boldsymbol{R}$	-	Vektor der Muskelhebelarme
$\boldsymbol{T}_m$	-	Vektor der Gelenkdrehmomente
$F_{x,\,y,\,z}$	N	Reaktionskräfte
$M_{x,\,y,\,z}$	$N \cdot m$	Reaktionsmomente
F_{opt}	N	Optimal Force
M_{opt}	$N \cdot m$	Optimal Force (Moment)
$\boldsymbol{P}$	m	Position
$\boldsymbol{A}$	m	Geometrieinformationsvektor
$\boldsymbol{N}$	-	Vektor zur kinematischen Spezifikation
$\boldsymbol{P}_F$	m	Spezifizierte Kontaktposition
$\boldsymbol{F}_{ext}$	N	Kraftvektor externe Kraft
$\boldsymbol{F}_A$	N	Kraftvektor Reaktionskraft

Abkürzungsverzeichnis

Symbol	*Beschreibung*
API	Application Programming Interface
CAD	Computer Aided Design
CAE	Computer Aided Engineering
CAM	Computer Aided Manufacturing
CAx	Computer Aided X (Platzhalter)
CFD	Computational Fluid Dynamics
DHM	Digital Human Model
DMM	Digitales Menschmodell
DRM	Design Research Methodology
DS I	Descriptive Study I
DS II	Descriptive Study II
FEM	Finite Elemente Methode
GKMA	Ganzkörpermuskelaktivierung
HA	Haltungsausprägungen
HeH	Hebelhöhe
HeT	Hebeltiefe
IEA	International Ergonomics Association
KKS	Kartesisches Koordinatensystem
MAX	Maximalwert
MIN	Minimalwert
MKS	Mehrkörpersimulation
MRT	Magnetresonanztomographie
MTM	Method Time Measurement
MW	Mittelwert
MZP	Menschzentrierte Produktentwicklung
PC	Prescriptive Study
PE	Produktentwicklung
RC	Research Clarification
RuP	Ruderposition
VDI	Verein Deutscher Ingenieure

1 Einleitung

1.1 Motivation

Ein erfolgreiches Produkt passt sich den menschlichen Eigenschaften und Bedürfnissen an, anstatt zu erwarten, dass sich der Mensch dem Produkt anpasst. Mit diesem Satz lässt sich der Ansatz der menschzentrieren Produktentwicklung auf den Punkt bringen. Steve Jobs formulierte einst:

„You have got to start with the customer experience and work backward to the technology. You can't start with the technology then try to figure out where to sell it."

Definitionsgemäß widmet sich der Ansatz der menschzentrieren Produktentwicklung der Erfüllung von Produktanforderungen hinsichtlich Gebrauchstauglichkeit, Barrierefreiheit, User Experience und der Vermeidung nutzungsbedingter Schäden [66]. Vor dem Hintergrund aktueller Megatrends gewinnt dieser Ansatz zunehmend an Bedeutung. Das DEUTSCHE ZUKUNFTSINSTITUT [296] beschreibt globale Megatrends wie Individualisierung, Gesundheit oder Silver Society als entscheidende Grundlagen für zukunftsorientierte Entscheidungen in Wirtschaft, Politik und Forschung [263]. Diese Megatrends lassen erahnen, welche Aspekte in gegenwärtigen und zukünftigen Entwicklungsprojekten für den Erfolg eines Produktes von Relevanz sein werden. Dass das Verbessern der Benutzerinteraktion zu innovativeren und erfolgreicheren Produkten führen kann, haben SAUNDERS et al. [232] im Rahmen einer breit angelegten Produktstudie feststellen können. Eine von FALCK und ROSENQVIST [74] durchgeführte Expertenbefragung unterstreicht die Relevanz dieses Zusammenhangs. Neben der Steigerung des Produkterfolgs trägt eine verbesserte Benutzerinteraktion zur Lösung gesellschaftlicher Herausforderungen bei. Nach dem DAK GESUNDHEITSREPORT 2020 [173] sind Erkrankungen des Muskel-Skelett-Systems für 22,1 % der krankheitsbedingten Arbeitsunfähigkeit verantwortlich. Dies ist in einer Welt des allgegenwärtigen Produktgebrauchs als eine Handlungsaufforderung an die Produktentwicklung zu verstehen [36, 113].

Einen wesentlichen Bestandteil menschzentrierter Produktentwicklungen stellt die Gewährleistung einer guten Produktergonomie bzw. Gebrauchstauglichkeit dar [24]. Demnach sollen Produkte so gestaltet werden, dass zwischen Mensch und Produkt eine bestmögliche Interaktion erreicht und dadurch die Sicherheit, der Komfort, die Leistung und die Effizienz des Mensch-Maschine Systems verbessert wird [24]. Dabei ist die Gewährleistung der technischen Funktionalität eines Produktes, eine

Voraussetzung menschzentrierter Qualität [66], deshalb jedoch längst kein Garant. Entsprechend müssen neben funktionsorientierten Anforderungen auch menschzentrierte Anforderungen an ein Produkt gestellt werden. Diese oftmals als „weiche Faktoren“ betitelten Anforderungen lassen sich zumeist schwer mittels funktionsorientierter Anforderungsbeschreibungen in den Produktentwicklungsprozess integrieren [170, 171]. Nach klassischem Vorgehen werden deshalb die Menschen als Nutzer* direkt in den Produktentwicklungsprozess eingebunden. Dadurch können Produkte mittels Nutzertests oder Befragungen evaluiert, verifiziert und validiert werden [4, 101]. Diese auf Beobachtungen (Empirie) beruhende Vorgehensweise ist weit verbreitet, birgt jedoch entscheidende Nachteile. So lassen sich viele relevante Beobachtungen nur anstellten, wenn bereits ein physischer Prototyp des zu untersuchenden Produktes vorhanden ist [53, 192, 257]. Deshalb wird die Analyse menschzentrierter Aspekte oftmals in die späten Phasen der Produktentwicklung verlagert [5, 6, 46, 265]. Alternativ werden unter hohem Aufwand Mockups konstruiert, welche das frühzeitige Untersuchen möglichst vieler Produktmerkmalskonfigurationen erlauben sollen [6, 183]. Das Prüfen verschiedener Konzepte, Designvarianten oder Designiterationen wird in beiden Fällen zu einem kosten- und zeitintensiven Unterfangen [42, 94, 265, 269], welches nicht für jedes Unternehmen bzw. in jedem Entwicklungsprojekt zu realisieren ist [212]. Die reaktive Vorgehensweise empirischer Tests widerspricht damit einer maßgeblichen Bestrebung der effizienten Produktentwicklung: grundlegende Designentscheidungen sollen in den frühen Phasen der Produktentwicklung stattfinden, da die Möglichkeiten zur Designanpassung mit fortschreitenden Projektfortschritt abnehmen, während die Kosten für Designanpassung steigen [21, 186, 273]. Diese Problematik betrifft nicht nur die Disziplin der Gebrauchstauglichkeit und Produktergonomie, sondern weite Teile der Produktentwicklung in denen Analytik und Empirie an ihre Grenzen stoßen (Festigkeitslehre, Dynamikberechnungen, Prozessbetrachtungen etc.).

Aus diesem Grund entwickelte sich mit zunehmendem Einsatz virtueller und simulativer Methoden (Numerik) der Ansatz der virtuellen Produktentwicklung [152] und des Predictive Engineering [278]. Virtuelle Simulationsmethoden werden als Ergänzungen des klassischen (analytischen, empirischen) Vorgehens gesehen und sollen die damit verbundenen Nachteile ausgleichen, indem sie eine Vorhersage des Produktverhaltens, Prozessverhaltens oder auch menschlichen Verhaltens auf Basis virtueller Modelle

*Zur besseren Lesbarkeit wird in der vorliegenden Arbeit auf die gleichzeitige Verwendung männlicher, weiblicher und diverser Sprachformen verzichtet. Es wird das generische Maskulinum verwendet, wobei alle Menschen gleichermaßen gemeint sind.

ermöglichen. Prominente Beispiele hierfür sind CAD-Modelle, Modelle der Finiten Elemente Methode (FEM) oder Mehrkörpermodelle. Designentscheidungen und deren Konsequenzen können mit diesen Modellen virtuell analysiert und bestenfalls abgesichert werden [269]. In der Konsequenz, erlaubt dieser oftmals als „Frontloading" [265] betitelte Ansatz, dem zunehmenden Kosten- und Zeitdruck in der Produktentwicklung gerecht zu werden, ohne dabei die Qualität des Produktes zu vernachlässigen [274]. Bestenfalls ist durch die Verwendung virtueller proaktiver Methoden sogar eine Erhöhung der Produktqualität zu erreichen, da Produkteigenschaften antizipiert und frühzeitig im Produktentwicklungsprozess optimiert werden können (siehe Bild 1) [42].

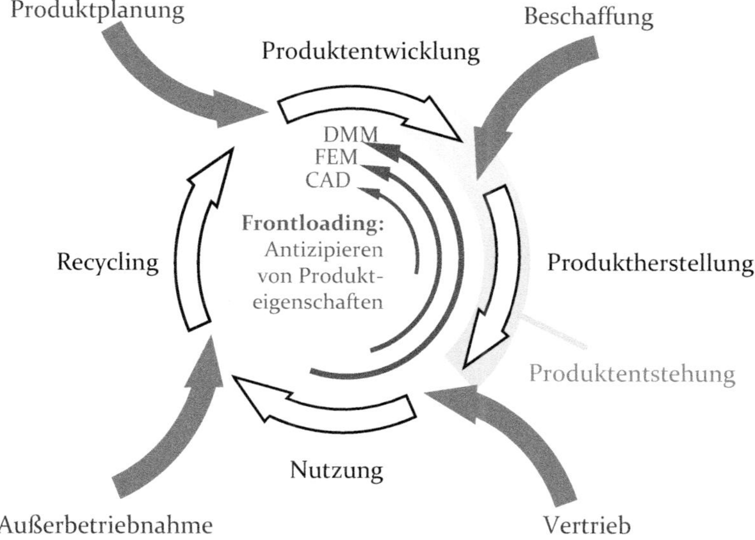

Bild 1: Einsatz virtueller Simulationsmethoden zur Antizipierung von Produkteigenschaften aus späteren Produktlebensphasen (Produktlebenszyklus nach GERICKE et al. [92])

Zur virtuellen Absicherung menschzentrierter Anforderungen können digitale Menschmodelle (DMM) verwendet werden [120, 124, 224, 279]. Durch eine Modellierung bzw. Vorhersage der Interaktion zwischen digitalem Produkt und virtuellen Nutzergruppen können Konzepte, Designvarianten oder Designiterationen virtuell in Form eines digitalen Nutzertests analysiert und optimiert werden [22, 212]. Dies ermöglicht eine zeit- und kosteneffiziente Evaluierung virtuell modellierter Produkte in den frühen Produktentwicklungsphasen [22, 45, 150, 285].

1.2 Problemstellung und Zielsetzung

Der Einsatz von DMM, im Sinne eines Computer Aided Ergonomics Tools, kann die virtuelle Produktgestaltung hinsichtlich der Absicherung menschzentrierter Anforderungen unterstützen [6, 11, 146, 181, 238]. Während DMM in vielen Disziplinen – wie der Biomechanik, den Sportwissenschaften, der Medizin(-technik) oder dem Unterhaltungssektor – große Bedeutung zukommt, ist deren Relevanz für die Produktentwicklung bisher vergleichsweiße gering [11, 106, 208, 212, 222]. Dies ist darauf zurückzuführen, dass die Durchführung virtueller Analysen der Mensch-Produkt Interaktion zumeist nur dann einen Nutzen erzeugen, wenn diese proaktiv bzw. prädiktiv (Frontloading) durchgeführt werden können. Die Bewegungssimulation bzw. -animation von DMM erfolgt in den meisten Disziplinen jedoch anhand experimenteller Daten. In biomechanischen oder sportwissenschaftlichen Untersuchungen werden oftmals spezifische Bewegungen untersucht [15, 52, 57], während in der Unterhaltungsbranche einmalige Bewegungsaufnahmen zur Animation genutzt werden. Entsprechend wurde im Bereich der Menschmodellierung die Simulation mit experimentellen Daten, welche in eigens dazu entwickelten Bewegungslaboren erhoben werden, zum Goldstandard [32, 222]. Das Messen bzw. Aufnehmen von Bewegung widerspricht jedoch der Idee der proaktiven virtuellen Produktentwicklung, da Bewegungsmessungen einem reaktiven Vorgehen entsprechen und damit einem Nutzertest gleichkommen würden.

Zur Realisierung einer proaktiven Analyse und Optimierung des Mensch-Produkt Systems mittels DMM werden Methoden zur Modellierung und Vorhersage menschlichen Interaktionsverhaltens benötigt [235]. Das menschliche Interaktionsverhalten wird dabei in Form von Körperhaltungen oder Bewegungen mittels DMM und entsprechenden Algorithmen bzw. Simulationen vorhergesagt. Zur Durchführung dieser Simulationen müssen Randbedingungen definiert und die zu untersuchende Interaktion spezifiziert werden. Diese Modellierung des zu analysierenden menschlichen Interaktionsverhaltens findet durch den Anwender der proaktiven Methode (bspw. den Produktentwickler) statt. Eine wesentliche Herausforderung stellt die Realisierung einer für den Produktentwickler zugänglichen Modellierung der Mensch-Produkt Interaktion bei gleichzeitiger Gewährleistung einer vielseitig anwendbaren und vertrauenswürdigen Interaktionsvorhersage dar [P6]. Diese Dissertation leistet einen Beitrag zur Begegnung dieser Herausforderung. ***Ziel der Arbeit ist die Erforschung, Entwicklung und Evaluation eines prädiktiven Interaktionsmodells zur Modellierung und Vorhersage menschlichen Interaktionsverhaltens zur Analyse der Mensch-Produkt Interaktion.***

Perspektivisch soll dadurch die proaktive Bewertung von Produktergonomie und Gebrauchstauglichkeit mittels digitaler Menschmodelle im Sinne eines Computer Aided Ergonomics Tools möglich werden.

1.3 Aufbau der Arbeit

Bild 2 gibt einen Überblick hinsichtlich des Aufbaus dieser Arbeit. Die Forschungsarbeit wurde methodisch anhand der *Design Research Methodology* (DRM) nach BLESSING und CHAKRABARTY [28] durchgeführt (siehe Kapitel 3.2). Der Hauptteil der Arbeit orientiert sich an den Phasen der DRM.

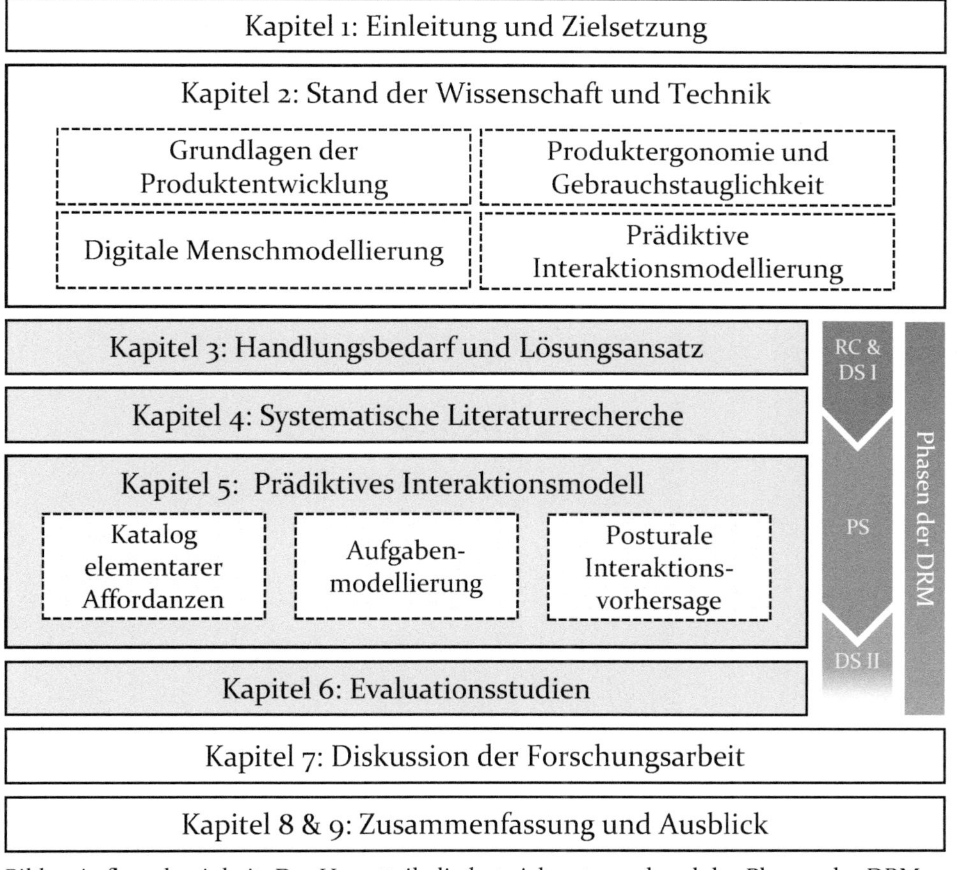

Bild 2: Aufbau der Arbeit. Der Hauptteil gliedert sich entsprechend der Phasen der DRM.

In Kapitel 2 wird der Stand der Wissenschaft und Technik erläutert. Dieser umfasst die Grundlagen der Produktentwicklung und Produktergonomie sowie der digitalen Menschmodellierung und der prädiktiven Interaktionsmodellierung. In Kapitel 3 wird auf Grundlage des erfassten Standes der Wissenschaft der Handlungsbedarf dieser Arbeit abgeleitet, die zugrundeliegenden Forschungsfragen vorgestellt, die methodische Vorgehensweise erläutert sowie der gewählte Lösungsansatz präsentiert. In Kapitel 4 wird eine systematische Literaturrecherche beschrieben, mit welcher erste Erkenntnisse zu den gestellten Forschungsfragen ermittelt wurden. Kapitel 5 präsentiert das entwickelte prädiktive Interaktionsmodell sowie die darin enthaltenen Methoden. Zur Entwicklung des prädiktiven Interaktionsmodells wurde ein Katalog elementarer Affordanzen (Affordanz = Angebot einer Interaktionsmöglichkeit; genauer erläutert in Kapitel 2.2.4) entwickelt. Das prädiktive Interaktionsmodell besteht aus einer Methode zur Interaktions- bzw. Aufgabenmodellierung in einer CAD-Umgebung sowie einer Methode zur posturalen Interaktionsvorhersage mithilfe muskuloskelettaler Menschmodelle. Kapitel 6 beschreibt zwei Evaluationsstudien, mit welchen das entwickelte Interaktionsmodell anhand von Anwendungsbeispielen untersucht wurde. In Kapitel 7 werden die Ergebnisse der Forschungsarbeit diskutiert. Die Arbeit schließt in Kapitel 8 und 9 mit einer Zusammenfassung des Erreichten und einem Ausblick auf zukünftige Forschung zur weiteren Etablierung von Computer Aided Ergonomics Tools in der Produktentwicklung.

2 Stand der Wissenschaft und Technik

2.1 Überblick

Die folgenden Kapitel beschreiben die wissenschaftlichen Grundlagen, die zur Einordnung und zum Verständnis der Inhalte dieser Dissertation erforderlich sind. Dazu wird zunächst der allgemeine Kontext der Forschungsarbeit beleuchtet und mit fortschreitendem Inhalt tiefer in spezifische Methoden der Menschmodellierung bzw. prädiktiven Interaktionsmodellierung eingestiegen (siehe Bild 3).

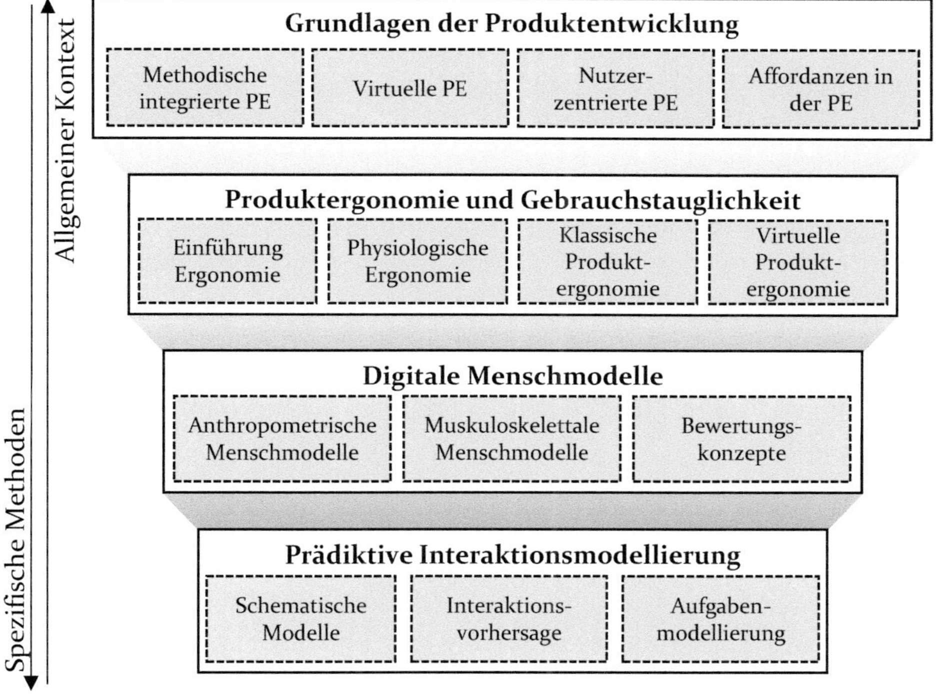

Bild 3: Überblick über die Inhalte des Standes der Wissenschaft und Technik sowie deren Einordnung in den Kontext der Produktentwicklung (PE)

2.2 Grundlagen der Produktentwicklung

2.2.1 Methodische und Integrierte Produktentwicklung

Das Entwickeln von Produkten kann nach GERICKE et al. [93] als eine Kombination aus Problemlösungsprozess, dem Umsatz von Informationen, dem Durchlaufen von Iteration und der Koevolution von Problem und

Lösung verstanden werden. Bei einem Problemlösungsprozess wird nach DÖRNER [69] von einem unerwünschtem Ausgangszustand ausgegangen, welchen es in einen befriedigenden Endzustand zu transformieren gilt. In der praktischen Anwendung stehen der Transformation jedoch verschiedene Hindernisse im Weg. Entweder sind Ausgangssituation oder Endzustand nicht hinreichend definiert oder die Mittel zur Transformation unbekannt [69]. Die Sichtweise des Informationsumsatzes beschreibt den Prozess der fortlaufenden Informationsgewinnung (bspw. in Form von Marktanalysen oder Forschungsergebnissen), der Informationsverarbeitung (bspw. in Form von Berechnungen oder Experimenten) und der Informationsausgabe (bspw. in Form von Skizzen oder Zeichnungen) [69]. Zusätzlich sind Iterationen ein zentrales Merkmal von Produktentwicklungsprozessen [169, 211], da diese nicht geradlinig verlaufen, sondern einen dynamischen Charakter fortlaufender Anpassungen aufweisen [93]. Iterationen finden dabei sowohl auf der Makro- und Mikroebene der Produktentwicklung als auch auf der kognitiven Ebene der Produktentwickler statt. Als fortschreitende Iteration bzw. Exploration kann nach WYNN und ECKERT [290] das Phänomen der Koevolution verstanden werden. Dieses beschreibt ein weiteres Merkmal der Entwicklung von Produkten, nach welcher mit jeder erarbeiteten Lösung das ursprüngliche Problem besser verstanden wird und oftmals zu der Erkenntnis führt, dass die ursprüngliche Lösungsbeschreibung unzureichend war. So entwickelt sich das Verständnis von Problem und Lösung in Folge mehrerer evolutionärer Schritte [71, 168, 169].

All diese Komponenten lassen erahnen, welche Komplexität der Entwicklung von Produkten innewohnt und welche kognitive (Team-) Leistung zu deren Durchführung erforderlich ist. Hinzu kommt, dass die entwickelten Produkte wettbewerbsfähig sein müssen. Hierbei spielen vor allem die Produktqualität, der Produktpreis sowie die Entwicklungsdauer (Time-to-Market) eine entscheidende Rolle. Entsprechend müssen Produkte effizient entwickelt werden, was mit der beschriebenen Komplexität von Produktentwicklungen schwer zu vereinbaren scheint.

Zur Begegnung dieser Herausforderung werden in der Produktentwicklung methodische Vorgehensmodelle eingesetzt. Die prominentesten Vertreter dieser Vorgehensmodelle sind die Produktentwicklungsmethodik nach PAHL und BEITZ [21, 201] und die Methodik zum Entwickeln und Konstruieren technischer Systeme nach VDI 2221:1993-05 [273]. Dabei finden sich die Hauptphasen nach Pahl und Beitz – Planen, Konzipieren, Entwerfen und Ausarbeiten – auch im Vorgehensmodell der VDI 2221:1993-05 wieder (siehe Bild 4).

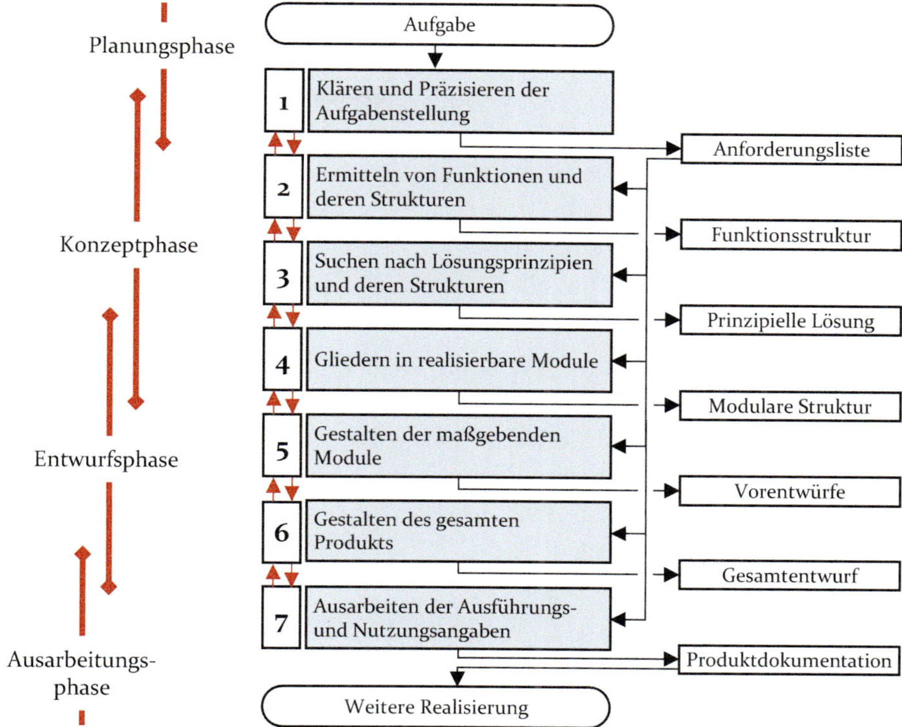

Bild 4: Vorgehen zu Entwicklung und Konstruktion nach VDI 2221:1993-05 [273]

Im Jahr 2019 wurde eine Neuauflage des Standardwerks VDI 2221 veröffentlicht [272], welche Änderungen in Praxis, Wirtschaft und Lehre der Produktentwicklung seit der letzten Auflage der Richtlinie berücksichtigt. So wird die mechatronische Produktentwicklung stärker adressiert und die Richtlinien und Methoden prozessorientierter dargestellt. Insgesamt soll so eine zeitgemäße Kernrichtlinie zur Produktentwicklung bereitgestellt werden.

Obwohl viele Vorgehensmodelle auf den ersten Blick einen sequenziellen Charakter implizieren, sind Iterationen, in Form von Rück- und Vorsprüngen zwischen den einzelnen Schritten, durchaus vorgesehen. Das Münchner Modell nach LINDEMANN [159], stellt den iterativen bzw. koevolutionären Charakter in den Mittelpunkt und ist netzartig aufgebaut, um der Variabilität in der Abfolge der einzelnen Aktivitäten Rechnung zu tragen [201]. Nach dem Ansatz des Simultaneous Engineering [29] wird indes versucht, die einzelnen Entwicklungsschritte weitestgehend zu parallelisieren, um die Entwicklungszeit nachhaltig zu verkürzen.

Oftmals weisen Produktentwicklungsprojekte einen stark interdisziplinären Charakter auf. Dabei ist insbesondere das Zusammenspiel von

Maschinenbau, Elektrotechnik und Softwaretechnik zur Entwicklung mechatronischer Systeme zu einem wichtigen Bestandteil der Produktentwicklung geworden. Aus diesem Grunde wird in der VDI 2206 [271] ein Vorgehensmodell zur Entwicklung mechatronischer Systeme vorgestellt. Das unter dem Namen *V-Modell* geläufige Vorgehen fokussiert sich insbesondere auf die Eigenschaftsabsicherung. Dabei werden die Eigenschaften des im Systementwurf entwickelten Produkts im Rahmen einer Systemintegration (Integration der domänenspezifischen Entwicklungsergebnisse) kontinuierlich gegen definierte Testfälle abgesichert.

Das Entwickeln von Produkten ist zudem das Ergebnis einer Zusammenarbeit unterschiedlicher Funktionsbereiche eines Unternehmens und damit unternehmerischen und betriebswirtschaftlichen Kriterien untergeordnet [21, 201]. Dieses Zusammenspiel unter Berücksichtigung der vorhandenen Rahmenbedingungen und Bedürfnisse aller Unternehmensteile wird nach EHRLENSPIEL und MEERKAMM [72] als integrierte Produktentwicklung bezeichnet. Weitere Betrachtungen und Ansätze der integrierten Produktentwicklung werden von VAJNA [268] beschrieben. ALBERS und MEBOLDT [10] stellen fest, dass der Produktentwicklungsprozess von vielseitigen und unterschiedlich komplexen Problemen gesäumt ist. Mit der SPALTEN-Methodik präsentieren ALBERS et al. [9] deshalb ein Vorgehensmodell zur Bewältigung verschieden komplexer Problemstellungen.

Neben der methodischen Produktentwicklung stellt vor allem die virtuelle Produktentwicklung einen entscheidenden Faktor für die Effizienzsteigerung und Komplexitätsbeherrschung heutiger Entwicklungsvorhaben dar.

2.2.2 Virtuelle Produktentwicklung

Die virtuelle Produktentwicklung ist als Digitalisierung der Produktentstehung zu verstehen. Dabei ist es das Ziel, den Produktentwicklungsprozess von der Planung über das Anforderungsmanagement, die Konstruktion, die Validierung bis zur Fertigungs- und Montageplanung rechnerintern abzubilden [152]. Hierzu sind simulationsfähige digitale Produkt- und Umgebungsmodelle erforderlich, weshalb auch von der modellbasierten virtuellen Produktentwicklung gesprochen wird [73]. Ein entscheidender Vorteil der virtuellen Produktmodellierung ist die Möglichkeit zur Vorverlagerung von Entwicklungsaktivitäten. Durch das Modellieren, Simulieren und Optimieren des späteren Produktverhaltens lassen sich proaktiv Kenntnisse hinsichtlich der Herstellung, Nutzung, Instandhaltung und Verwertung gewinnen [269]. In einer klassischen „analogen“ Produktentwicklung würde das Produktverhalten anhand von Prototypen, Mockups und

Funktionsmustern untersucht und die dabei gewonnen Kenntnisse wieder in die Produktentwicklung zurückfließen. Da das Herstellen und Testen anhand von Prototypen sowohl kosten- als auch zeitintensiv ist, sind hier weit weniger Designiterationen möglich als mit virtuellen Modellen. Zudem muss das Produkt zur Prototypenherstellung eine gewisse „Reife" aufweisen, während mittels digitaler Modelle bereits grobe Entwürfe simuliert werden können. Entsprechend kann das Frontloading mittels virtueller Produktmodelle [265] wesentlich zur Reduzierung von Entwicklungskosten und -zeit beitragen und bestenfalls die resultierende Produktqualität erhöhen [42].

Produktmodellierung mittels CAD

Die wohl relevanteste Technologie in der Virtualisierung des Produktentwicklungsprozesses sind Computer-Aided Design-Systeme (CAD). CAD-Systeme ermöglichen das rechnerunterstützte Entwickeln und Konstruieren im Maschinenbau und anderen Branchen durch das Zeichnen geometrischer Gebilde (heutzutage vornehmlich in 3D) und den dadurch ermöglichten Aufbau und das Ändern von geometrischen Produktmodellen. Moderne Systeme verwenden dazu vorzugsweiße Volumenmodelle die zumeist mittels *Boundary Representation* oder *Constructive Solid Geometry* abgebildet werden [229]. Zur Erzeugung dieser Modelle kann die direkte oder parametrische Modellierung verwendet werden. Während erstere auch als „freie Modellierung" bezeichnet wird, verwendet zweitere einen chronologischen, parametrisierten Aufbau, welcher Referenzen zwischen den Modellierungselementen berücksichtigt. Eine Erweiterung dieser Modellierungsansätze stellt die featurebasierte Modellierung dar. Dieser Begriff ist im Kontext der CAD-Technik mehrfach besetzt. Oftmals werden Formelemente – eine vordefiniere, logisch zusammenhängende Geometrie zur Modellierung von Sacklöchern, Fasen, Kantenverrundungen o.ä. – als Feature verstanden [229]. Nach der VDI 2218 [270] sowie einem Ergebnis der FEMEX Arbeitsgruppe [281] ist ein Feature zudem als Aggregation von Geometrieelementen und/oder Semantik definiert. Damit fungieren Features als Integrationsobjekte, die verschiedene Produkteigenschaftsklassen (Geometrie, Strukturmechanik) und Lebensphasen (Fertigung, Montage, Nutzung, Wartung) miteinander verbinden [146]. Ein prominentes Beispiel hierfür sind Gewindeinformationen. Diese werden in den seltensten Fällen als Volumenmodell modelliert. Stattdessen wird beispielsweise einem Sackloch die semantische Information angehängt, welches Gewinde / welche Gewindetiefe an diesem vorgesehen ist. Diese Information wird im späteren Verlauf bei der Zeichnungsausleitung bzw. Fertigung berücksichtigt.

Virtuelle Produkt-, Prozess- und Umgebungsmodelle

Neben der Produktmodellierung mittels CAD existiert eine Fülle weiterer rechnerunterstützter Produktmodelle. Als Oberbegriff für die verschiedenen virtuellen Anwendungen hat sich der Begriff CAx etabliert. Das *x* fungiert als Platzhalter, der für eine Vielzahl an Akronymen stehen kann, welche wiederum spezifische Einsatzbereiche repräsentieren [269]. Unter dem Begriff CAE (E = Engineering) werden zumeist numerische Methoden bzw. Simulationen, wie Strukturmechanik-Berechnungen mittels der Methode der finiten Elemente (FEM), Mehrkörpersimulationen (MKS) oder Strömungsdynamiksimulationen (Computational Fluid Dynamics = CFD) zusammengefasst [230]. Das Computer-Aided Manufacturing (CAM) erlaubt die rechnerunterstützte Planung und Simulation von Fertigungs-, Montage- und Prüfprozessen. Die virtuelle Produktentwicklung ist demnach nicht auf Produktmodelle beschränkt, sondern betrachtet zudem dessen Kontext, Umgebung und sonstige Interaktionsschnittstellen entlang dessen Lebenszyklus. Digitale Menschmodelle können beispielsweise genutzt werden, um die Montage eines Produktes mittels eines virtuellen Arbeiters zu simulieren [20] oder die spätere Produktnutzung mittels eines virtuellen Nutzers zu analysieren [222, 235].

Ein entscheidender Faktor zur effizienten Nutzung mehrerer CAx-Anwendungen ist die Assoziativität der Modelle. Es wird von Assoziativität zwischen Systemen gesprochen, wenn Änderungen in einem Modell (beispielsweise CAD-Modell) automatisch in andere Modelle (beispielsweise MKS-Modell) übertragen werden [269]. Diese Datendurchgängigkeit ist zumeist unidirektional realisiert, wobei das CAD System – als wichtigstes Synthesewerkzeug der Produktentwickler – als Ausganspunkt fungiert. Die Datendurchgängigkeit wird durch Austauschformate, bzw. Schnittstellen realisiert. Eine bidirektionale Assoziativität wird zumeist durch eine Integration von CAx-Anwendungen in die CAD-Anwendung realisiert.

2.2.3 Menschzentrierte Produktentwicklung

Der Erfolg eines Produkts wird zu großen Teilen an den damit zu erzielenden monetären Erträgen bemessen. Diese sind stark von der Akzeptanz bzw. der Begeisterung der Produktnutzer abhängig, welche oftmals sogleich die Kunden des Produkts sind oder die Kunden in ihrer Kaufentscheidung beeinflussen [66, 74, 232]. Produkte können Menschen zudem befähigen, Leistungseinschränkungen bzw. Leistungsgrenzen zu überwinden [200]. Technische Systeme sind demnach im Stande, Menschen eine bessere Lebensqualität zu ermöglichen oder diese wiederherzustellen. Aus diesen Gründen spielt die Berücksichtigung der Anforderungen, Erwartungen und Wünsche der späteren Nutzer während des Produktentwicklungsprozesses eine entscheidende Rolle und findet sich in vielen methodischen Vorgehensweisen wieder [125]. Der Ansatz der menschzentrierten Produktentwicklung (MZP) adressiert diesen Fakt und stellt den Menschen als Nutzer in den Fokus des Entwicklungsprozesses [279]. Dadurch soll im Allgemeinen die menschzentrierte Qualität der Produkte, im Gestalt der Gebrauchstauglichkeit (Usability), Barrierefreiheit, User Experience und der Vermeidung nutzungsbedingter Schäden, erhöht werden [66]. Es existieren unterschiedlichste Methoden, um den Nutzer stärker in die Produktentwicklung zu integrieren. Nach der ISO 9241-210 [67] können dies Methoden der Arbeitswissenschaften, Ergonomie und der Gebrauchstauglichkeit sein. Auch das Kansai Engineering [191] kann als menschzentrierter Ansatz verstanden werden. Methoden wie ACADE [294] oder die duale Nutzerintegration [243] unterstützen die Analyse des subjektiven Produkterlebnisses. Weitere Modelle entspringen dem Marketing oder dem Anforderungsmanagement. Das Kano-Model [134] unterstützt bei der Priorisierung menschzentrierter Anforderungen, während mithilfe des Quality-Function-Deployment [8] Kundenwünsche in entsprechende Produkteigenschaften umgesetzt werden können. Zudem existieren normative Vorgaben [60, 63], Checklisten [4] und Konstruktionskataloge [26], die das Finden eines ergonomischen, sicheren, bedienerfreundlichen sowie barrierefreien Designs ermöglichen. Auch ist die persönliche Einbindung des Nutzers in Form von Fokusgruppen, Nutzertests, Interviews und Befragungen ein gängiges Vorgehen. Die MZP ist indes mehr als eine reine Methodensammlung. Diese kann vielmehr als eine Designphilosophie verstanden werden, welche einen Paradigmenwechsel in Form einer Erweiterung der rein funktionsorientierten Produktentwicklung hin zu einer beziehungsorientierten Produktentwicklung beschreibt [170], [P4].

Mensch-Produkt-Beziehung

Seeger [247] stellt dem Nutzer das Produkt in deren Umwelt gegenüber (siehe Bild 5). Dabei wird der Interaktionsprozess als eine Rückkopplungsschleife (gegenseitige Abhängigkeit) zwischen dem Produktverhalten und dem menschlichen Verhalten betrachtet. Nach Gatzky [90] wird das Verhalten des Produktes sensorisch vom Nutzer erfasst und verarbeitet. Die Verarbeitung der sensorischen Reize führt zu einer Verhaltensreaktion, die der Mensch als Erlebnis, Handlung und Bewertung erfährt. Dabei kann die Interaktion auf einer physiologischen und auf einer psychologischen Ebene beschrieben werden [96].

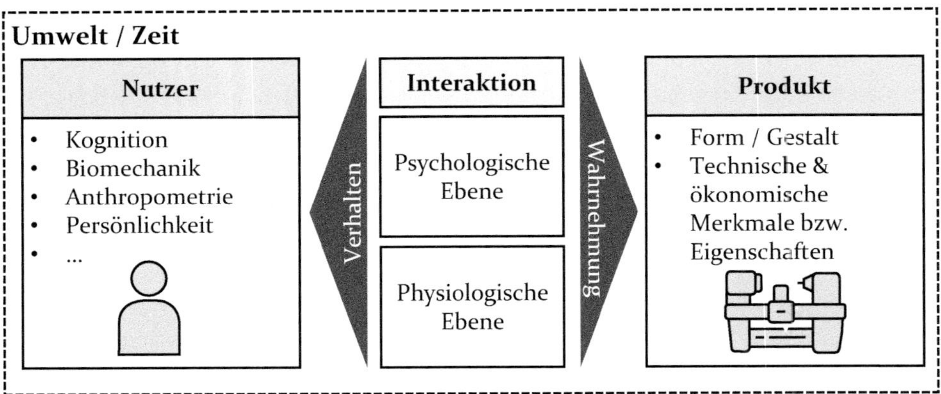

Bild 5: Modell der Mensch-Produkt Interaktion, angelehnt an [90, 96, 247, 279]

Ziel der MZP ist die Optimierung dieser Mensch-Produkt Beziehung. Die Einflussmöglichkeit des Produktentwicklers beläuft sich dabei auf das Festlegen von Produktmerkmalen (Abstände, Durchmesser, Längen) aus denen sich nach dem Verständnis von WEBER [282] die Produkteigenschaften (Gewicht, Steifigkeit, Ergonomie / Gebrauchstauglichkeit) ergeben. Zur Optimierung der Mensch-Produkt Beziehung müssen folglich Informationen über die zukünftigen Nutzer bzw. Zielgruppen bekannt sein (bspw. physiologische und psychologische Eigenschaften sowie Fähigkeiten, Erwartungen, Persönlichkeiten, etc.), um diese mit den nutzerbezogenen Produkteigenschaften bestmöglich in Einklang bringen zu können [181]. Zudem sind Informationen über die Interaktion erforderlich. Diese könnten beispielsweise eine physische Interaktion [185], [P1], [P2] oder das Empfinden von Ästhetik betreffen [295]. Entsprechend ist es zur menschzentrierten Produktentwicklung nicht ausreichend Mensch, Produkt, Interaktion oder Umwelt isoliert zu analysieren, sondern diese Entitäten holistisch als Gesamtsystem zu betrachten [183].

Menschzentrierter Gestaltungsprozess

Nach der ISO 9241-210 [67] müssen zur Anwendung des menschzentrierten Gestaltungsprozesses vier miteinander verbundene Gestaltungsaktivitäten durchgeführt werden (siehe Bild 6).

Verstehen und Festlegen des Nutzungskontextes: Zu Beginn muss der zu betrachtende Kontext analysiert und Daten zu diesem gesammelt werden. Dies können bestehende Mängel, Notwendigkeiten, Probleme oder Einschränkungen sein, welche bestmöglich durch Daten (bspw. Nutzungsberichte) zu beschreiben sind.

Festlegen der Nutzungsanforderungen: Auf Grundlage des zuvor definierten Nutzungskontextes werden Anforderungen aus den Benutzererfordernissen abgeleitet. Hierbei muss darauf geachtet werden, dass nicht alle menschzentrierten Anforderungen funktioneller Natur sein können, aber dennoch messbaren Kriterien unterliegen müssen.

Erarbeiten von Gesamtlösungen: Die Entwicklung einer Gestaltungslösung muss unter Verwendung des Nutzungskontextes bzw. der Nutzungsanforderungen geschehen und soll unter Berücksichtigung des Standes der Technik, bestehender Gestaltungsrichtlinien und Normen sowie mithilfe eines multidisziplinären Teams erfolgen.

Evaluieren der Gestaltung: Abschließend wird die erarbeitete Gesamtlösung evaluiert. Dies sollte unter Berücksichtigung bzw. Integration der Nutzergruppe erfolgen. Werden hier Mängel festgestellt, kann es erforderlich sein zu einem der vorherigen Schritte zurückzuspringen. So wird eine Lösung iterativ verbessert, bis der geforderte Grad an menschzentrierter Qualität erreicht ist.

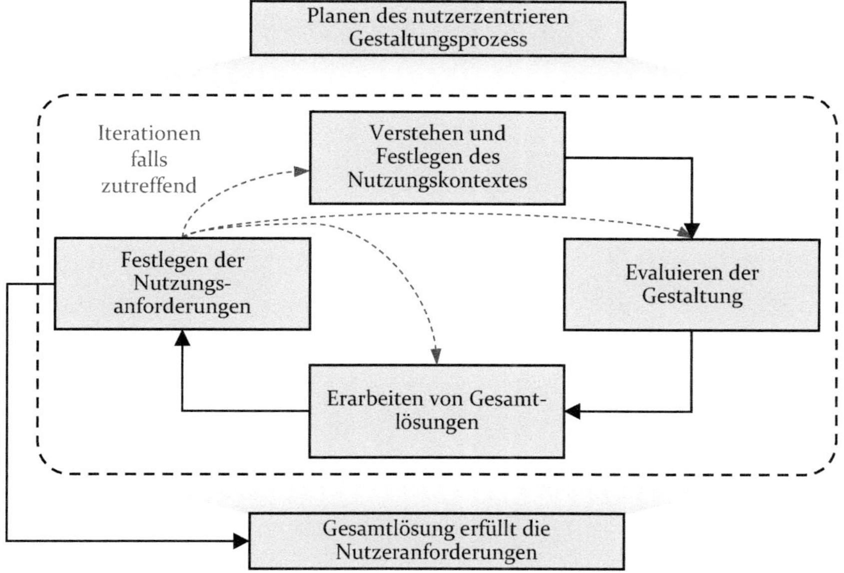

Bild 6: Menschzentrierter Gestaltungsprozess und wechselseitige Abhängigkeit menschzentrierter Gestaltungsaktivitäten nach DIN EN ISO 9241-210 [67]

2.2.4 Affordanzen in der Produktentwicklung

Das Konzept der Affordanzen ist eine Grundlage verschiedener menschzentrierter Methoden und bietet Möglichkeiten zur Formalisierung der Mensch-Produkt Interaktion [122, 146, 170]. Ursprünglich wurde der Begriff

Affordanz von GIBSON [95] Ende der 1970er Jahre im Bereich der Kognitionspsychologie eingeführt (im Englischen *Affordance = to afford something*). Affordanzen beschreiben demnach Handlungsmöglichkeiten bzw. Interaktionsmöglichkeiten, welche eine Umgebung bzw. Umwelt einem Akteur (Mensch oder Tier) bietet. NORMAN [196] überführte das Konzept der Affordanzen in den 1990er Jahren in die Produktentwicklung. Nach seinem Verständnis sind Affordanzen direkt mit physischen Objekten verbundene Interaktionsmöglichkeiten, die sich aus den Fähigkeiten und den Eigenschaften des Akteurs (Nutzers) und den Eigenschaften des Objekts ergeben. Demnach können Affordanzen vom Designer / Konstrukteur beabsichtigt in Form von Geometrie und Gestalt vorgegeben werden, um einer bekannten Nutzergruppe eine gewünschte Interaktion zu vermitteln [178]. Diesem Ansatz liegt die Beobachtung zugrunde, dass Menschen mit (mechanischen) Geometrien Funktionen assoziieren [196]. Beispielsweise benutzten Menschen schlanke, zylindrische Objekte (z. B. eine Türklinke oder ein Joystick) mittels eines Handflächengriffs. Kompakte, zylindrische Objekte (z. B. Drehschalter oder Schraubverschlüsse) werden hingegen bevorzugt mit einem Fingerbeerengriff kontaktiert (siehe Bild 7).

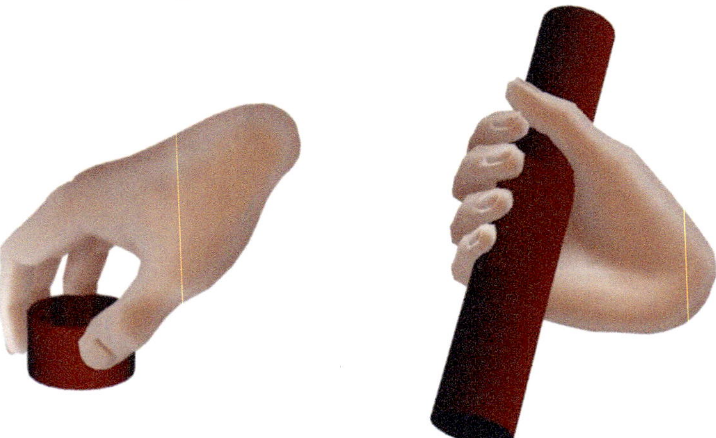

Bild 7: Beispiele für Affordanzen. Affordanzen existieren aufgrund der Eigenschaften der Hand und deren motorischen und maßlichen Relation zu den Eigenschaften bzw. Abmessungen der Objekte.

Basierend auf der Anatomie der menschlichen Hand und den damit verbundenen Fähigkeiten werden den Objekten die entsprechenden Affordanzen (z. B. "kann gegriffen werden") zugeschrieben. Für Kinder oder körperlich eingeschränkte Menschen sind bestimmte Affordanzen demnach möglicherweise nicht vorhanden. GAVER [91] betont die Relevanz von Erfahrung, kulturellem Hintergrund sowie des Lernens von Interaktionsmustern für die Wahrnehmung von Affordanzen. Auch wenn diese nicht essenziell für die Existenz einer Affordanz sind, können diese doch prägende Elemente sein. Das Interaktionsmuster gelernt werden können, zeigt sich stark im Kontext der Mensch-Computer Interaktion. Während Menschen, welche viel Zeit mit Smartphone und Computer verbringen, Icons und Bedienkonzepte (wie den Home-Button oder das Speicher-Icon) intuitiv anwenden, müssen weniger geschulte Anwender diese Möglichkeiten der Mensch-Computer Interaktion erst erlernen. Im Idealfall ist eine Affordanz jedoch so gestaltet, dass diese intuitiv verstanden wird.

Das Konzept der Affordanzen wird im Kontext der Produktentwicklung für verschiedenste Anwendungsgebiete adaptiert. GALVAO und SATO [88] präsentieren die *Function-Task Design Matrix*, mit welcher sich technische Funktionen und Nutzerinteraktion mittels funktionaler und operativer Affordanzen verknüpfen und relevante menschzentrierte Anforderungen erfassen lassen. Damit soll die Entscheidungsfindung bei der Erstellung von Produktarchitekturen unterstützt werden. HARTSON [109] unterstreicht die Relevanz von Affordanzen als Konzept zur Formalisierung und Optimierung der Mensch-Produkt Interaktion und führt die Ebenen der kognitiven, physischen, sensorischen und funktionalen Affordanzen ein. MAIER und FADEL [170] stellen eine Produktentwicklungsmethodik namens *Affordance based Design* vor, welche als beziehungsorientierter Ansatz ein besseres Verständnis von Problem und Lösung vieler Fragestellungen vermitteln soll, als es mit klassischen Ansätzen möglich ist. Dabei soll das Konzept der Affordanzen helfen, die Verflechtungen bzw. Beziehungen zwischen Konstrukteuren, Nutzern und Produkten zu beschreiben und zu beeinflussen. KRÜGER [146] verwendet das Konzept der Affordanzen, um Interaktionsmöglichkeiten mit Produkten in einer CAD-Umgebung zu beschreiben. Dabei wird die Affordanz als explizite Konstruktionsabsicht des Produktentwicklers verstanden. Auf Basis der Interaktionsgeometrie, die KRÜGER als Affordanzvermittler definiert, können die dazu passenden Interaktionsmöglichkeiten mit etwaigen menschlichen Körperteilen (bspw. Hand oder Fuß) abgeleitet werden. Mit diesem Ansatz gelang KRÜGER die Integration eines Menschmodells samt Modellierungsebene in eine CAD-Umgebung. Dadurch wird das Optimieren menschzentrierter Faktoren am digitalen Produktmodell ermöglicht.

Einen wesentlichen Bestandteil menschzentrierter Produktentwicklungen stellt die Gewährleistung einer guten Produktergonomie bzw. Gebrauchstauglichkeit dar [24]. Nachfolgend wird deren Bedeutung im Kontext der Produktentwicklung beleuchtet und analoge wie virtuelle Methoden zur Gewährleistung und Evaluation von Produktergonomie bzw. Gebrauchstauglichkeit beschrieben.

2.3 Produktergonomie und Gebrauchstauglichkeit

2.3.1 Einführung in die Ergonomie

Die Wissenschaftsdisziplin der Ergonomie (aus dem Griechischem: ἔργον = Arbeit, Werk und νόμος = Regel, Gesetz) entstand Mitte des 19. Jahrhunderts als Reaktion auf die menschenunwürdigen Arbeitsverhältnisse der frühen Industrialisierung [37]. Zunächst wurden die Begriffe Arbeitswissenschaften [239] und Ergonomie synonym verwendet. Dabei wurde die Objektivierung gesundheitsgefährdender Arbeit angestrebt, indem untersucht wurde, welche arbeitsplatzbedingten Belastungen zu welchen individuellen Beanspruchungen führen [226, 228]. Dieser grundsätzliche Ansatz ist bis heute ein wesentliches Grundprinzip der Arbeitswissenschaften und wird als *korrektive Ergonomie* bezeichnet, da bestehende Arbeitsplätze bzw. -bedingungen untersucht und angepasst werden [37]. Ab Mitte des 20. Jahrhunderts hielt der Begriff Ergonomie auch in die Gestaltung von Arbeitsplätzen und Arbeitsmitteln Einzug. Dabei spielte die sogenannte *prospektive Ergonomie* vor allem in der Entwicklung von Cockpit-Arbeitsplätzen in Flugzeug und Automobil eine wichtige Rolle [37]. Es entwickelte sich die Philosophie, dass nicht nur Arbeitsplätze ergonomisch sein sollen, sondern auch die zur Arbeit verwendeten Gebrauchsgegenstände. Folglich wurde die Produktions- und Produktergonomie unterschieden. Die Produktergonomie hat dabei zum Ziel, die Handhabung, den Komfort aber auch die Ästhetik der Produkte zu optimieren und war nicht länger dem Arbeiter allein vorbehalten, sondern fokussierte den Nutzer im Allgemeinen [37].

Entsprechend dieses Hintergrundes existieren für die Ergonomie unterschiedliche Definitionen und Begriffe. Oftmals wird der Begriff der Produktergonomie synonym zum Begriff der Gebrauchstauglichkeit (Usability) verwendet [4]. Im amerikanischen Raum hat sich zudem der Begriff *Human Factors* etabliert. Nach DIN EN ISO 6385 [65] ist ...

> „... *die Ergonomie* eine *wissenschaftliche Disziplin, die sich mit dem Verständnis der Wechselwirkungen zwischen menschlichen und anderen Elementen eines Systems befasst, und der Berufszweig, der Theorie, Prinzipien, Daten und Methoden auf die Gestaltung von Arbeitssystemen anwendet, mit dem Ziel, das Wohlbefinden des Menschen und die Leistung des Gesamtsystems zu optimieren.*“

Nach ISO 9241-11 [66] beschreibt die Gebrauchstauglichkeit das

> *„...Ausmaß, in dem ein System, ein Produkt oder eine Dienstleistung durch bestimmte Benutzer in einem bestimmten Nutzungskontext genutzt werden kann, um bestimmte Ziele effektiv, effizient und zufriedenstellend zu erreichen“*

Wesentliche Begriffe der Gebrauchstauglichkeit sind die Effektivität, die Effizienz, die Zufriedenstellung sowie der Nutzungskontext. Der Nutzungskontext umfasst die Benutzer, deren Ziele und Aufgaben, die Ausrüstung (Hardware, Software und Materialien) sowie die psychische und soziale Umgebung, in der das Produkt genutzt wird [66]. Die Effektivität beschreibt die Genauigkeit und Vollständigkeit, mit denen Benutzer bestimmte Ziele erreichen, während die Effizienz den erreichten Ergebnissen die eingesetzten Ressourcen gegenüberstellt [66]. Die Zufriedenstellung beschreibt die Übereinstimmung der Benutzererfordernisse und Benutzererwartungen mit den aus der Produktnutzung resultierenden physischen, kognitiven und emotionalen Reaktionen [66].

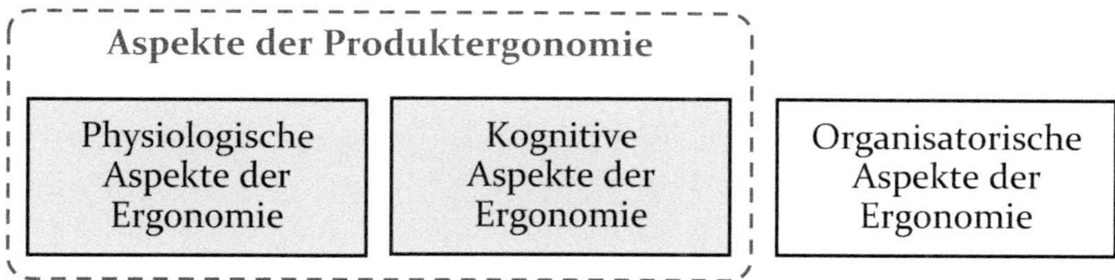

Bild 8: Aspekte der Produktergonomie nach der Einteilung IEA [4, 101]

Die International Ergonomics Association (IEA) unterteilt die Ergonomie in drei Teilgebiete (siehe Bild 8). Bei den physiologischen Aspekten stehen anatomische, anthropometrische bzw. biomechanische Betrachtungen im Vordergrund. Die kognitiven Aspekte beziehen sich auf mentale Prozesse, wie Wahrnehmung, Empfinden oder Beurteilung. Zusammen bilden physiologische und kognitive Aspekte die klassischen Betrachtungsweisen der Produktergonomie [101]. Die organisatorischen Aspekte behandeln vornehmlich Arbeitsabläufe in Bezug auf Arbeitsaufteilung, Arbeitszeiten oder Gruppenarbeit [4]. Da sich diese Dissertation mit der physiologischen Ergonomie bzw. Gebrauchstauglichkeit befasst, wird auf diese im Folgenden genauer eingegangen.

2.3.2 Physiologische Ergonomie

Als Disziplin der Medizin betrachtet die Physiologie das Zusammenwirken aller physikalischer, chemischer und biochemischer Vorgänge in

Organismen. Im Kontext der Ergonomie beschränkt sich diese Betrachtung zumeist auf die physikalischen Vorgänge. Nach der DIN EN ISO 6385 [65], GRAICHEN et al. [101] und ADLER [4] ist zur physiologischen Ergonomie die Betrachtung von Körpermaßen, Körperhaltungen, Muskelkräften sowie Körperbewegungen zu berücksichtigen. Aus diesem Grunde werden zur Analyse und Bewertung physiologischer Ergonomie bevorzugt Methoden der Anthropometrie und Biomechanik genutzt.

Anthropometrie

Die Lehre der Anthropometrie befasst sich mit der Erfassung, Aufbereitung und Anwendung menschlicher Körpermaße bzw. Maßverhältnisse. Die Körpermaße der späteren Nutzergruppe sind eine essenzielle Kenntnis zur Gestaltung ergonomischer Produkte. Dabei werden klassischerweise Körperteillängen, Körperhöhen, Umfangsmaße, Körpergewicht, Handabmessungen oder Greifumfänge betrachtet [61, 101]. Neben statischen Maßen werden auch Bewegungsmaße, wie Bewegungsräume [62] oder Gelenkwinkelgrenzen [151] erfasst. In manchen Betrachtungen werden der Anthropometrie zudem dynamische Informationen zu Körperkräften zugeschrieben [240], wobei diese zumeist im Bereich der Biomechanik verortet werden.

Bei der Gestaltung ergonomischer Produkte besteht die Herausforderung, dass ein Produkt zumeist nicht für ein Individuum, sondern für eine heterogene Nutzergruppe entwickelt werden muss. Im Kontext der Anthropometrie können das entsprechend unterschiedliche Körpergrößen, unterschiedliches Gewicht, aber auch beliebige Maßverteilungen sein. Beispielsweise kann ein vergleichsweiße großer Mensch ein sogenannter Sitzzwerg (lange Beine, kurzer Oberkörper) sein, während ein verhältnismäßig kleiner Mensch als Sitzriese (kurze Beine, langer Oberkörper) die gleiche Sitzhöhe aufweisen kann. Zur Quantifizierung dieser Heterogenität werden Erhebungsstudien durchgeführt und statistisch aufbereitete anthropometrische Datenbanken bzw. Populationsdatenbanken erzeugt. Für die deutsche Bevölkerung wurde eine solche Datenbank im Jahr 2008 mit 13.000 Stichproben innerhalb des SIZE GERMANY Projekts erstellt [248]. Im amerikanischen Raum wurden im Rahmen der ANSUR-Studie [98] umfangreiche Daten in Form von 240 Körpermaßen von ca. 75.000 Angehörigen der US-Army erfasst.

Bei Betrachtung einer gesamten Population weisen die einzelnen Körpermaße annähernd statistische Normalverteilungen auf. In Bild 9 ist dies anhand der Körpergrößendaten der DIN33402-2 [61] (Stand 2005) zu erkennen. Zur Beherrschung der Datenmengen wird in der Produktergonomie auf die statistische Auswertung mittels Perzentilierung zurückgegriffen.

Ein Perzentil beschreibt die relative Summenhäufigkeit einer Gruppe. So besagt beispielsweise das 5. Perzentil der Körpergröße, dass 5 % der Probanden kleiner sind als die Körpergröße, die dem 5. Perzentil entspricht. Gleichsam entspricht das 95. Perzentil jener Köpergröße, bei welcher 5% der untersuchten Probanden größer als die Körpergröße des 95. Perzentils sind. Das 50. Perzentil entspricht dem Median. Diese Art der Auswertung ist in Bild 9 getrennt für die weibliche und männliche Population illustriert.

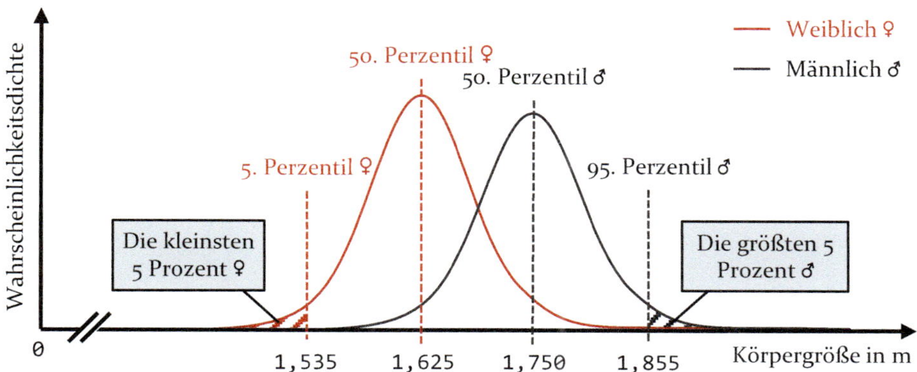

Bild 9: Wahrscheinlichkeitsdichteverteilung der Körpergröße der weiblichen und männlichen Probanden der DIN 33402-2 [61] (Stand 2005)

Zur Berücksichtigung der beschriebenen Heterogenität von Nutzern werden Produkte oftmals für anthropometrische Extremfälle ausgelegt. Es wird davon ausgegangen, dass das Produkt dadurch ebenso für alle Menschen ergonomisch ist, deren anthropometrische Maße zwischen diesen Extremwerten liegen. Als Extremwerte werden meist das 5. Perzentil der weiblichen Population und das 95. Perzentil der männlichen Population herangezogen. Dadurch kann eine ergonomische Produktauslegung für circa 95 % der Bevölkerung erfolgen, da die größten 5 % der weiblichen Körpermaße mehrheitlich unterhalb des 95. Perzentils der männlichen Körpermaße liegen und die kleinsten 5 % der männlichen Körpermaße überwiegend oberhalb des 5. Perzentils der weiblichen Körpermaße angesiedelt sind. Die DIN 33402 [61] stellt solche Populationsdaten in perzentillierter Form (nach Alter und Geschlecht) zur Verfügung.

Biomechanik

Die Biomechanik verbindet fachübergreifende Disziplinen und hat unterschiedlichste Ausprägungen und Spezialgebiete. RICHARD und KULLMER [225] definieren die Biomechanik als Anwendung mechanischer Prinzipien auf biologische Systeme, biologisches Gewebe und medizinische Probleme. WINTER [284] beschreibt die Biomechanik als interdisziplinäres Feld zur

Beschreibung, Analyse und Beurteilung menschlicher Bewegung. Diese Definition kommt der Anwendung von Biomechanik in der Produktergonomie nahe, da hier vornehmlich die mechanischen Funktionen und Strukturen des menschlichen Bewegungsapparats während der Produktinteraktion betrachtet werden [4].

In der Produktergonomie werden hinsichtlich der Biomechanik vor allem Körperkräfte und Körperhaltungen betrachtet. Die DIN 33411-1 [63] definiert Körperkräfte als Kräfte, die im Zusammenhang mit dem menschlichen Körper entstehen und unterteilt diese in Muskelkräfte, Massenkräfte und Aktionskräfte (siehe Bild 10).

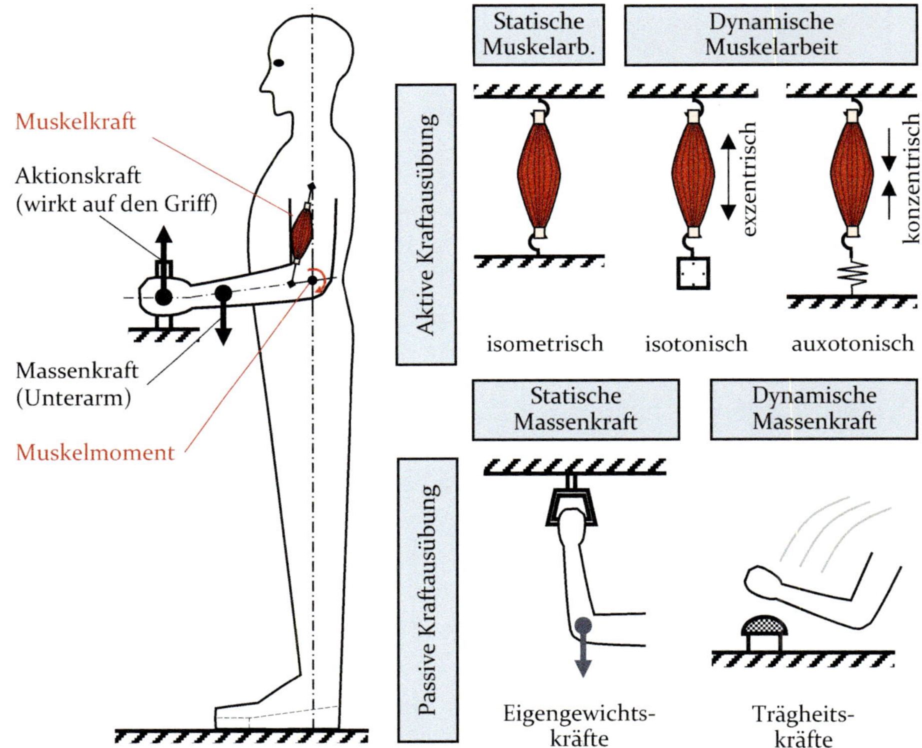

Bild 10: Zusammenwirken von Muskel- und Massenkräften nach DIN 33411-1 [63] sowie Einteilung der Muskelkontraktionsarten nach SCHLICK et al. [239] und Appell et al. [16]

Die Muskelkraft ist dabei eine Körperkraft, die aufgrund von Muskelaktivität innerhalb des Körpers wirkt und zu Gelenkmomenten / Körpermomenten führt. Es wird die statische / isometrische Muskelkraft (entsteht ohne Längenänderung des Muskels) und dynamische Muskelkraft (entsteht bei Längenänderung des Muskels) unterschieden. Nach SCHLICK et al. [239] kann die dynamische Muskelarbeit weiter in die isotonische Arbeit

(Längenänderung des Muskels unter konstanter Kraft) und die auxotonische Arbeit (Längenänderung des Muskels unter Kraftänderung) unterteilt werden. Ferner existiert die Einordnung in konzentrische Arbeit (bei Muskelverkürzung) und exzentrische Arbeit (bei Muskelverlängerung) [16]. Die Massenkraft wirkt auf die Körpermasse in Form einer Trägheitskraft. Diese kann einerseits statischer Natur sein und damit der Eigengewichtskraft entsprechen. Anderenfalls ist die Massenkraft dynamischer Natur und entspricht damit Beschleunigungs-, Verzögerungs- oder Zentrifugalkräften. Aktionskräfte sind alle Kräfte, die vom Körper nach außen wirken. Sie ergeben sich aus der Kombination der Massen- und Muskelkräfte. Dazu zählen auch die Reaktionskräfte zwischen Menschen und Umwelt (bspw. die Bodenreaktionskräfte bei aufrechtem Stand). Diese Zusammenhänge sind zum Verständnis des Kraftaustausches zwischen Nutzer, Produkt und Umwelt essenziell [63].

Das Ableiten ergonomischer Aussagen kann beispielsweise mittels der Muskelbelastungsformen und dem Konzept der Muskelarbeit nach ROHMERT und RUTENFRANZ [228] bewertet werden. Die Muskelbelastungsformen geben Auskunft, welche Arten von Muskelarbeit, welche physische Belastungen hervorrufen. Ziel ist die Minimierung der physischen Belastung bzw. der Muskelarbeit. Das Konzept der Muskelarbeit trägt dabei dem Fakt Rechnung, dass auch bei statischer Muskelarbeit physische Anstrengung erzeugt wird, obwohl im physikalischen Sinne keine Arbeit verrichtet wird (da kein Weg zurückgelegt wird). Entsprechend wird die Muskelarbeit als Produkt aus Kraft und Zeit definiert [228].

Alternativ kann eine risikoorientierte Bewertung vorgenommen werden. Das Ziel ist die Reduzierung des mit der Produktnutzung einhergehenden Schädigungsrisikos. Das Risiko kann beispielsweise anhand von Maximalkräften abgeschätzt werden. Die DIN 33411-4 [64] stellt detaillierte Studienergebnisse vor, die den Zusammenhang maximal aufzubringender statischer Aktionskräfte des Menschen in Abhängigkeit bestimmter Armhaltungen bei aufrechtstehender, freier Körperhaltung zeigen (siehe Bild 11). Das Schultergelenk dient dabei als Bezugspunkt, zu welchem der Kraftangriffspunkt aufgetragen wird. Die Maximalkräfte werden abhängig vom Kraftangriffspunkt mittels sogenannter Isodynen dargestellt. Diese verbinden Punkte gleicher Maximalkraft. Neben der Möglichkeit zur Risikoabschätzung geben diese Ergebnisse Auskunft über die Möglichkeit der Kraftaufbringung des menschlichen Bewegungsapparates. Weitere Studien zur Bestimmung von Körperkräften wurden von DANNESKIOLD [54] und STOLL [261] durchgeführt. Weiterführende Untersuchungen und Prinzipien zu

Körperhaltungen während der Produktinteraktion werden von CORLETT [50], ROHMERT und MAINZER [227] und HASLEGRAVE [110] beschrieben.

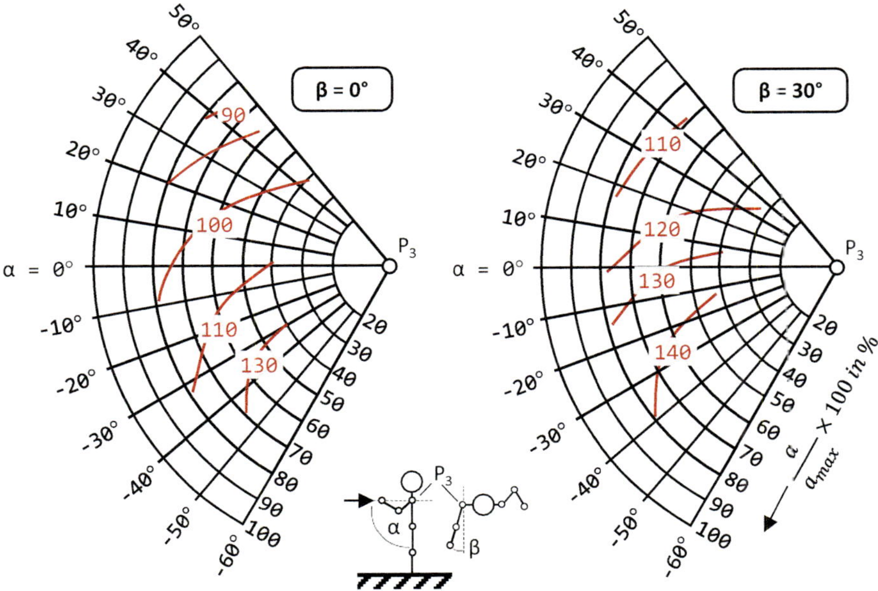

Bild 11: Isodynen (in rot) bei einhändiger Aufbringung horizontaler Aktionskräfte nach DIN 33411-4 [64]. Die Kegel sind auf die Armlänge normiert. Die Maximalkräfte entsprechen Mittelwerten, die das 50. Perzentil der Probanden abbilden.

Die soeben beschriebenen, eher generisch normativen Methoden bilden die Grundlage der physiologischen Ergonomie. In den folgenden Kapiteln 2.3.3 und 2.3.4 werden weitere klassische sowie virtuelle Methoden der Produktergonomie vorgestellt. Kapitel 2.4.4 behandelt Methoden, die vornehmlich in digitalen Menschmodellen zum Einsatz kommen, jedoch ebenfalls als klassische Pen & Paper Methoden zur Bewertung physischer Ergonomie eingesetzt werden können.

2.3.3 Klassische Produktergonomie

Klassische Instrumente der Produktergonomie sind Checklisten, Fragebögen, heuristische Evaluationen sowie Nutzertests [4]. Checklisten werden auf Basis des vorhandenen Knowhows für den unternehmensinternen Gebrauch erstellt und sollen sicherstellen, dass keine wesentlichen Kriterien übersehen bzw. vergessen werden [241].

Fragebögen ermöglichen die Prüfung und Bewertung des Produktes durch Testnutzer. Dazu wird eine Gruppe an repräsentativen Testnutzern eingeladen, das zu bewertende Produkt zu benutzen. Fragebögen werden bevorzugt zur Bewertung von Softwaresystemen genutzt. Das von der DATech herausgegebene Prüfungshandbuch Gebrauchstauglichkeit [55] enthält mit ErgoNorm einen beispielhaften Benutzerfragebogen zu Arbeit & Software.

Eine weitere Methode zur Sicherstellung von Produktergonomie ist die heuristische Evaluation [4]. Dabei wird ein Produkt durch mehrere Experten (Evaluatoren) begutachtet und auf Einhaltung ergonomischer Grundprinzipien, sogenannter Heuristiken untersucht. NIELSEN [194] konnte zeigen, dass bereits eine kleine Anzahl an Evaluatoren (≤ 5) ausreicht, um einen Großteil der Nutzungsprobleme (~ 75%) zu identifizieren.

Das wohl populärste Mittel zur Prüfung und Bewertung von Produktergonomie ist der Nutzertest [4]. Essenziell zur Erstellung eines Nutzungstests ist die Spezifizierung des Nutzungskontext. Nach RUBIN [231] sollen zur Durchführung eines Nutzertest sechs Phasen durchlaufen werden (siehe Bild 12).

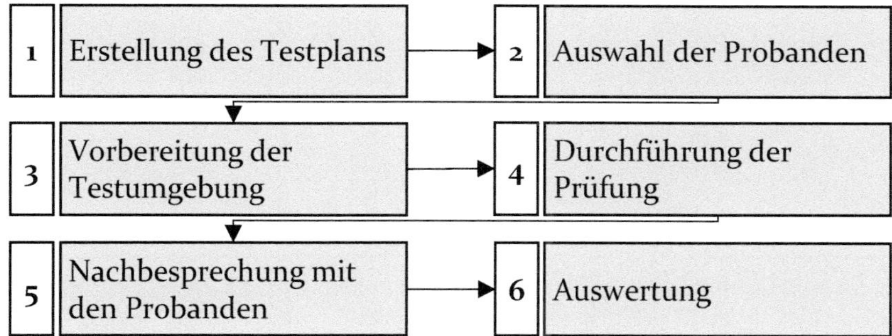

Bild 12: Sechs Phasen des Nutzertests nach RUBIN [231]

Der Testplan ist als Verfahrensanweisung für die Durchführung der Nutzertests zu verstehen. Dazu sollten Ziele definiert, Benutzerprofile angelegt, Zeitpläne aufgestellt und die zu verwendenden Methoden spezifiziert werden. Bei der Auswahl der Probanden muss auf Repräsentativität hinsichtlich des Nutzungskontextes geachtet werden. Die Testumgebung sollte die realen Bedingungen des Nutzungskontextes bestmöglich abbilden. Vor der Durchführung der Prüfung sollte der Proband instruiert und zu seinem Hintergrund befragt werden. Die Datenerhebung kann mittels unterschiedlicher Methoden erfolgen. Denkbar sind reine Beobachtung, Videoaufzeichnungen, Thinking aloud, Aufmerksamkeitsanalysen (Eye-Tracking), Bewegungsaufzeichnungen (Motion Capturing) oder ergänzende Messungen wie Zeit- und Fehlerdaten. In einer Nachbesprechung sollte nochmals verifiziert werden, ob Aussagen des Probanden und Interpretation des Prüfers übereinstimmen. So können Unstimmigkeiten sofort eliminiert werden. Abschließend werden die gesammelten Daten aufbereitet und ausgewertet.

2.3.4 Virtuelle Produktergonomie

Neben den klassischen (analogen) Methoden haben sich in der Produktergonomie zunehmend virtuelle Methoden etabliert. Dabei wird entweder von Computer Aided Ergonomics [184], virtueller Ergonomie [190] oder proaktiver Ergonomie [6] gesprochen. Ziel der virtuellen Produktergonomie ist das Frontloading bzw. Vorverlegen ergonomischer Analysen in die frühen, zumeist virtuell geprägten Phasen der Produktentwicklung. Ergonomische Aspekte sollen so besser berücksichtigt werden können und zugleich das kosten- und zeitintensive Testen an Prototypen reduziert werden [279]. Hinsichtlich der physiologischen Ergonomie können die drei Fälle physisches Mockup, hybrides Mockup und digitales Mockup unterschieden werden (siehe Bild 13).

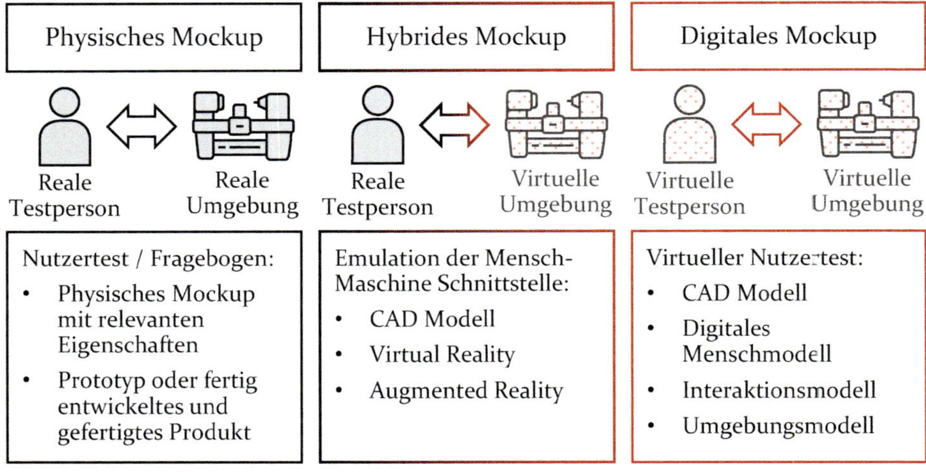

Bild 13: Ansätze zur Simulation physiologischer Ergonomie nach MIEHLING et al. [184] und AHMED et al. [6]

Der Begriff Mockup wird oftmals mit Prototyp gleichgesetzt. Im Kontext des Rapid Prototyping beschreibt ein Mockup jedoch eher ein Funktionsmuster, welches alle relevanten Eigenschaften für den angedachten Test bereitstellt, während ein Prototyp dem finalen Produkt bereits sehr nahe ist. Die Wahl des Wortes Mockup soll in diesem Falle den Wunsch des möglichst frühen bzw. proaktiven Einsatzes ergonomischer Methoden implizieren.

Der konventionelle Fall „physisches Mockup“ entspricht dem im vorangegangenen Kapitel erläuterten Nutzertest. Dabei interagieren reale Nutzer mit der realen Umgebung. Die Umgebung kann hierbei ein Mockup sein, um proaktive / prospektive Erkenntnisse während der Produktentwicklung zu adressieren. Zumeist handelt es sich dabei jedoch um einen Prototyp, ein Vorgängermodell bzw. das finale Produkt, an welchen reaktive / korrektive Untersuchungen durchgeführt werden.

Der Fall des „hybriden Mockups“ beschreibt eine Interaktion realer Nutzer mit der virtuellen Umgebung über eine reale Benutzerschnittstelle. Das Produktverhalten wird dabei virtuell simuliert und die Interaktion mit dem Benutzer emuliert. Hierzu können unterschiedliche Technologien zum Einsatz kommen. Der einfachste Fall ist die Interaktion mit dem CAD-Modell mittels Maus, Tastatur und Bildschirm. Eine erhöhte Immersion wird jedoch durch das Verwenden von Virtual Reality oder Augmented Reality gewährleistet [6]. Das Verwenden von Controllern oder Handtracking [80] ermöglich zudem eine „haptische“ Interaktion. KRÜGER et al. [145] konnten eine solche haptische Interaktion am Beispiel eines Wagenhebers zeigen.

Mithilfe medizinischer Messtechnik – wie Pulsmessung, Hautwiederstandmessung, Elektromyographie, Elektroenzephalographie, Eyetracking etc. – lassen sich sowohl physische als auch hybride Untersuchungen zu einem gewissen Grad objektivieren. LOHMEYER und MEBOLDT [161] geben einen Überblick hinsichtlich der Möglichkeiten zur Objektivierung experimenteller Nutzer- bzw. Probandenstudien mittels biometrischer Daten.

Die gänzlich rechnerinterne Abbildung ergonomischer Untersuchungen wird als „digitales Mockup“ bezeichnet. Hier interagieren virtuelle Nutzer mit digitalen Produkt- und Umgebungsmodellen in einer Art virtuellen Nutzertest. Hierzu werden verstärkt digitale Menschmodelle und numerische Methoden bzw. Simulationen eingesetzt. Dies können strukturmechanische Modelle sein, die beispielsweise die Beanspruchung von Weichteil- und Knochengewebe untersuchen [256]. Mehrheitlich wird darunter jedoch die Analyse menschlicher Bewegungen und Körperhaltungen sowie deren ursächliche Muskelkräfte verstanden. Biomechanische Mehrkörpermodelle wurden beispielsweise von BICHLER [25] zur Untersuchung von Ein- und Ausstiegsbewegungen am Automobil oder von MIEHLING [181] zur Analyse der Benutzung von Sportgeräten verwendet.

Die folgenden Kapitel widmen sich dem Stand der Wissenschaft und Technik hinsichtlich der Vorgehensweisen und Methoden zur Umsetzung des digitalen Mockups mittels digitaler Menschmodelle.

2.4 Digitale Menschmodellierung

2.4.1 Grundlagen digitaler Menschmodellierung

Digitale Menschmodelle sind Softwaresysteme bzw. Simulationstools, die modellhaft Eigenschaften und Fähigkeiten des Menschen abbilden, simulieren und zur Nutzung bereitstellen [189]. Schon früh reifte im Kontext der Produktentwicklung der Gedanke, spätere Nutzer in Form von Modellen in die Produktentwicklung zu integrieren. Bereits 1928 wurden erste Modelle des Menschen in Form realer Körperumrissschablonen zur Steuerstandgestaltung des Luftschiffs Graf Zeppelin eingesetzt [246]. Mitte der 1970er Jahre wurde mit der sogenannten Kieler Puppe [132] eine sehr bekannte und später auch normierte Körperumrissschablone in der Produktentwicklung etabliert. Mit der zunehmenden Möglichkeit von Computereinsatz entwickelten sich zur gleichen Zeit erste digitale Menschmodelle. Nach Anfängen in der Militär- bzw. Luft- und Raumfahrttechnik [38] wurde 1969 das aus Polygonen bestehende digitale Menschmodell Sammie [33] der Allgemeinheit zugänglich. Mit dem nachfolgenden Siegeszug des Computers wurden immer detailliertere und spezialisiertere digitale Menschmodelle entwickelt. Heute existieren weit über 100 unterschiedliche digitale Menschmodelle für unterschiedlichste Anwendungszwecke [38, 189]. Nach Scataglini und Paul [236] lassen sich digitale Menschmodelle in künstlerische menschliche Avatare und wissenschaftliche Menschmodelle unterteilen (Bild 14).

Die künstlerischen Menschmodelle finden in Kunst und Kultur (bspw. in digitalen Ausstellungen, Filmen oder Videospielen) aber auch zu Schulungs- und Trainingszwecken Anwendung. Die wissenschaftlichen Menschmodelle ermöglichen hingegen entweder Analysen (bspw. hinsichtlich der Mensch-Produkt Interaktion, Biomechanik, Orthopädie etc.) oder sind Träger von Information (bspw. in der Forensik oder der Operationsplanung). Grundsätzlich lassen sich wissenschaftliche Menschmodelle in anthropometrische, biomechanische und physiologisch / kognitive Menschmodelle untergliedern. Biomechanische Menschmodelle können entweder auf einem Mehrkörpersimulationsansatz (MKS) basieren und menschliche Bewegung analysieren [52, 58, 217, 251] oder auf die Methode der finiten Elemente zurückgreifen, um die Beanspruchung menschlichen Gewebes zu untersuchen [256].

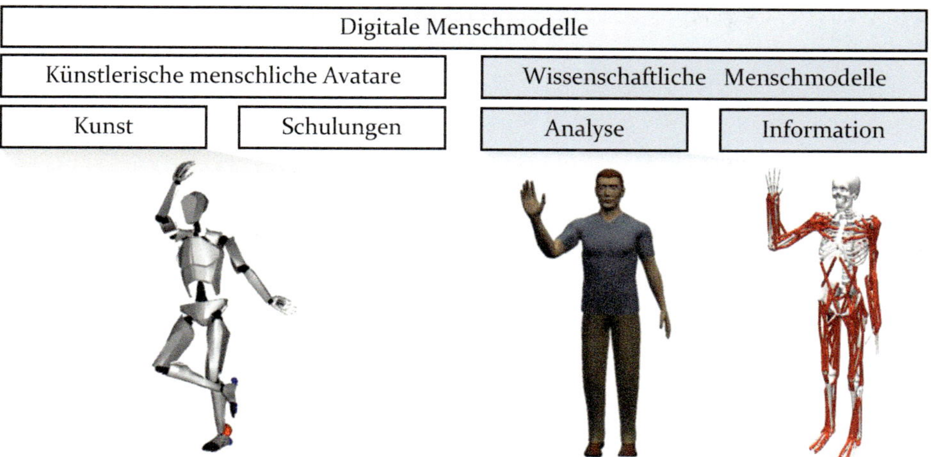

Bild 14: Einteilung digitaler Menschmodelle nach SCATAGLINI und PAUL [236]. Dargestellt sind das Animationsmodell von Axis Neuron Pro aus dem Hause Noitom, das anthropometrische Menschmodell Siemens Jack [213] und ein muskuloskelettales Menschmodell aus der biomechanischen Mehrkörpersimulationsumgebung OpenSim [182].

Grundsätzlich sind alle wissenschaftlichen Menschmodelle zur virtuellen Analyse der Mensch-Produkt Interaktion anwendbar. Diese Arbeit beschäftigt sich mit der Analyse menschlichen Interaktionsverhaltens hinsichtlich Bewegungen und Körperhaltungen. Aus diesem Grund wird in den folgenden Ausführungen detaillierter auf die anthropometrischen Menschmodelle und die biomechanischen bzw. muskuloskelettalen Mehrkörpermenschmodelle eingegangen.

2.4.2 Anthropometrische Menschmodelle

Anthropometrische Menschmodelle, auch arbeitswissenschaftliche Menschmodelle genannt, bilden Teile des passiven Bewegungsapparates ab und setzen sich zumeist aus einem Drahtskelettmodell bzw. Volumenskelettmodell und einer Hüllfläche zusammen [189] (siehe Bild 15).

Ein Drahtskelettmodel besteht aus zweidimensionalen Strecken und mechanischen Gelenken, welche kinematische Ketten bilden (der Begriff „Kinematik" beschreibt im Kontext der technischen Mechanik die rein geometrische Betrachtung von Mehrkörpersystemen mit den Größen Zeit, Ort, Geschwindigkeit und Beschleunigung). Diese repräsentieren den passiven Bewegungsapparat. Die Strecken bestimmen die Länge der jeweiligen

Segmente – in der Menschmodellierung ist ein Körpersegment als Abschnitt zwischen zwei Gelenken oder zwischen einem Gelenk und einem freien Körperende definiert [245] – und ergeben so die Anthropometrie des Menschmodells.

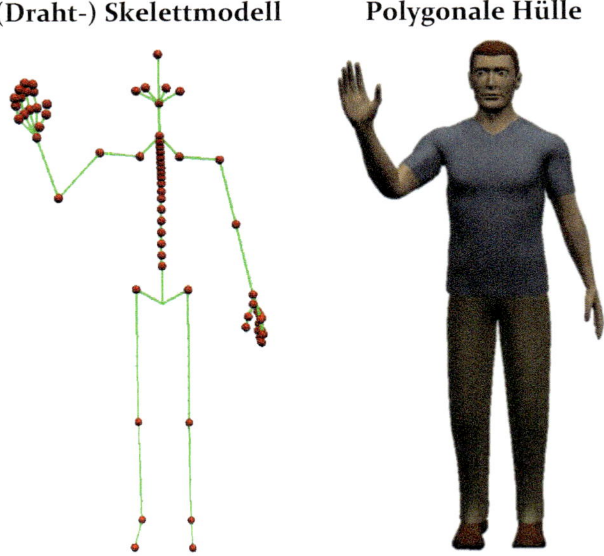

Bild 15: Das digitale Menschmodell Siemens Jack [213]. Links ist dessen Drahtskelettmodell dargestellt. Dieses bildet mit zweidimensionalen Strecken (grün) und Gelenken (rot) die anthropometrischen Maße und die Bewegungsmöglichkeiten des Menschen ab. Rechts ist die polygonale Hülle dieses Skeletmodells zu sehen.

Die Gelenke definieren die rotatorischen Freiheitsgrade zwischen den Segmenten und legen somit die Bewegungsmöglichkeiten des Menschmodells fest. Dabei stellt die Verwendung mechanischer Gelenke eine Vereinfachung der tatsächlichen und sehr komplexen Bewegungsfreiheiten des menschlichen Bewegungsapparates dar [189]. Manche Systeme enthalten statt eines Drahtskelettmodells ein Volumenskelettmodell, welches die Segmente als dreidimensionale Modelle darstellt (zumeist in Form von Knochen). Zur realitätsnahen Darstellung des Menschmodelles werden die Skelettmodelle mit einer polygonalen Hülle versehen, die sowohl Haut, Gesicht und Haare als auch Kleidung abbildet. Diese Darstellung wird entweder mit starr zugeordneten Polygonen oder mit deformierbaren Oberflächennetzen (Meshs) realisiert [189].

Wie bereits angedeutet, können durch Anpassung der Segmentlängen unterschiedlichste anthropometrische Maße direkt definiert werden. So können anthropometrische Menschmodelle manuell an einen spezifischen Nutzer angeglichen oder ganze virtuelle Nutzergruppen modelliert werden. In der Anwendung digitaler Menschmodelle wird der in Kapitel 2.3.2, erläuterte Ansatz der anthropometrischen Extremwerte genutzt. Es existieren zumeist Datenbanken mit vorkonfigurierten Menschmodellen, die in allen anthropometrischen Maßen beispielsweise dem 5. weiblichen, 50. weiblichen oder 95. männlichen Perzentil entsprechen. Mittels einer Einschränkung der Bewegungsfreiheit der mechanischen Gelenke, durch sogenannte Gelenkwinkelgrenzen, kann zudem die Beweglichkeit eines Nutzers modelliert werden. Auch hierfür existieren Daten, welche sich in entsprechende Beweglichkeitsperzentile einteilen lassen [181].

Neben der Modellierung der menschlichen Anthropometrie und Bewegungsmöglichkeiten, muss zur ergonomischen Analyse die Interaktion zwischen Nutzer und Produkt modelliert werden können. Aus diesem Grund sind die meisten anthropometrischen Menschmodelle direkt in ein CAD- oder CAM-Programm integriert [20, 49, 105, 213] oder weisen eine Schnittstelle zur Integration von CAD-Modellen auf. Die Interaktion (zumeist durch eine Körperhaltung, seltener durch eine Bewegung repräsentiert) wird mittels sogenannter Manipulationsfunktionen modelliert. Diese ermöglichen das Einstellen der Gelenke und damit der Körperhaltungen mittels unterschiedlicher Ansätze (siehe Bild 16). Die unterschiedlichen Manipulationsfunktionen werden dabei meist kombiniert. So kann ein Menschmodell in einer dreidimensionalen Szene platziert bzw. animiert werden.

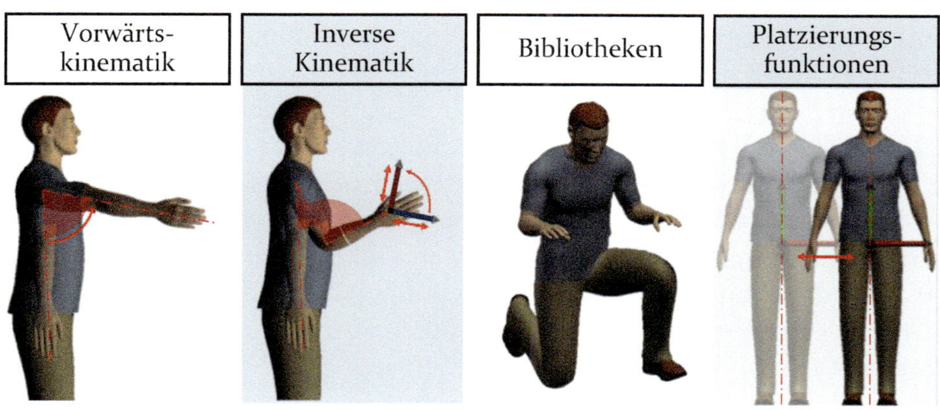

Bild 16: Manipulationsfunktionen nach MÜHLSTEDT [189]

Die Manipulationsfunktionen lassen sich in vier Ansätze unterteilen. Die **Vorwärtskinematik** erlaubt die direkte Anpassung der Gelenkstellungen. Dabei wird die Gelenkstellung üblicherweise mittels einem bis drei Euler-Winkel (je Anzahl der Freiheitsgrade der jeweiligen Gelenkart) beschrieben. So können kinematische Ketten Gelenk für Gelenk modelliert werden, sodass die gewünschte Haltung / Pose entsteht. Den umgekehrten Fall beschreibt die **inverse Kinematik**. Hier wird einem Segment (zumeist einem menschlichen Endeffektor = Ende einer kinematischen Kette) eine Position im Raum vorgeschrieben. Die Gelenke entlang der kinematischen Kette stellen sich dementsprechend ein. Aufgrund der Unterbestimmtheit des invers kinematischen Problems (es sind mehrere Körperhaltungen zum Erreichen einer Position im Raum möglich) müssen hierzu entsprechende (Optimierungs-) Algorithmen verwendet werden [44]. Eine Weiterentwicklung der klassischen inversen Kinematik sind sogenannte Greiffunktionen. Dabei wird die Hand des Menschmodells einer Geometrie zugeordnet und durch zusätzliche Spezifikationen ein Griff modelliert [213]. Als dritte Möglichkeit existieren **Körperhaltungs- und Bewegungsbibliotheken**. Dabei wird zwischen statischen und parametrisierten Bibliotheken unterschieden. Statische Bibliotheken beinhalten Körperhaltungen für den gesamten Körper oder Teilregionen (oftmals Handhaltungen), die als Ausgangsbasis zur weiteren Anpassung genutzt werden können. Parametrisierte Bibliotheken erlauben das parametrisierte Anpassen vordefinierter Körperhaltungen mittels sogenannter High-Level-Parameter. Dies kann zum Beispiel die Position des Massenschwerpunkts hinsichtlich der Fußposition beim aufrechten Stand sein. Für wenige Anwendungsfälle (bspw. Laufen oder Treppensteigen) existieren parametrisierte Bewegungsdatenbanken [189]. Eine weitere Möglichkeit zur Erzeugung von Bewegung, ist das Aneinanderreihen von Körperhaltungen in einer sogenannten Key-Frame-Animation. Bei Verwendung isoliert erstellter Körperhaltungen kann ein dynamisches Verhalten jedoch nur unzureichend abgebildet werden (der Begriff „Dynamik" beschreibt im Kontext der technischen Mechanik die Betrachtung von bewegten Mehrkörpersystemen unter der Wirkung aller Kräfte und Momente). Neben der Manipulation der Körperhaltung ist die Vorgabe der Position des Menschmodells im Raum bzw. relativ zum Produkt von entscheidender Bedeutung [283]. Hierfür existieren **Platzierungsfunktionen**. Das Menschmodell ist dabei zumeist am Becken-Segment im Raum verankert.

Die bisher vorgestellten Manipulationsmethoden erfordern die direkte Modellierung der Körperhaltung bzw. Bewegung. Dies setzt entweder eine gewisse Expertise hinsichtlich menschlichen Verhaltens oder empirisch erhobene Daten voraus. Da dies in vielen Fällen nicht gegeben ist, existieren Methoden zur Vorhersage von Körperhaltungen und Bewegungen. Diese können auf High-Level Sprachen oder aufgabenspezifischen Editoren basieren. Diese Methoden werden in Kapitel 2.5.3 ausführlich beleuchtet.

Die Anwendung anthropometrischer Menschmodelle zur virtuellen Ergonomiebewertung umfasst zumeist die Abstimmung räumlicher Anordnungen von Bedienelementen und Anzeigen auf die anthropometrischen Maße der zu erwartenden Nutzerpopulation [38]. Damit eignen sie sich vornehmlich zur Gestaltung von Fahrzeugkabinen, größeren Maschinen oder Anlagen aber auch von (Montage-) Arbeitsplätzen. Zu den verbreiteten anthropometrischen Menschmodellen in Forschung und Industrie zählen Siemens Jack [213], RAMSIS [286], Safework / Human Builder [49], SANTOS [1] oder IMMA [105]. Viele dieser Modelle haben im Laufe der Zeit eine Erweiterung ihres ursprünglich rein kinematischen Analyse- und Modellierungsportfolios um dynamische Module erhalten. So bietet RAMSIS eine Möglichkeit zur Berechnung und Analyse von Gelenkmomenten [286]. Siemens Jack beinhaltet Körperstärke- bzw. Ermüdungsmodule, metabolische Analysemöglichkeiten, die dynamische Bewertung von Hebe- und Handhabungstätigkeiten sowie ein Modul zur biomechanischen Bewertung der Beanspruchung des unteren Rückens [213]. Damit können diese Modelle zunehmend auch dynamische / biomechanische Analysen durchführen, womit diese Menschmodelle zu einem gewissen Teil auch den biomechanischen Menschmodellen zugeordnet werden können. Manche Systeme, wie SANTOS [1] beinhalten neben einer detaillierten Modellierung des passiven Bewegungsapparates auch eine Abbildung des aktiven Bewegungsapparates und sind damit ein Hybrid aus anthropometrischen und muskuloskelettalen Menschmodell.

2.4.3 Muskuloskelettale Menschmodelle

Während anthropometrische Menschmodelle der Produktentwicklung und den Arbeitswissenschaften entstammen, sind muskuloskelettale Menschmodelle im Bereich der Biomechanik entstanden und werden mehrheitlich in der Forschung verwendet. Die Bezeichnung muskuloskelettal beschreibt, dass sowohl der passive Bewegungsapparat (Skelettsystem) als auch der aktive Bewegungsapparat (Muskelsystem) durch einen Mehrkörperdynamikansatz modelliert werden. Dadurch wird es möglich, die körperinneren Kräfte (bspw. Muskelkräfte oder Gelenkreaktionskräfte), die bei einer Bewegungsausführung wirken, zu simulieren [52, 58, 217, 251]. Da der Fokus dieser Modelle auf biomechanischen bzw. sportmedizinischen Betrachtungen liegt, haben diese keine äußere Hülle oder gebrauchstaugliche Manipulationsfunktionen. Die prominentesten Vertreter muskuloskelettaler Simulationstool sind das quelloffene OpenSim [251] sowie das kommerzielle AnyBody Modelling System [217].

Modellierung des passiven Bewegungsapparates

Der passive Bewegungsapparat (auch Stützapparat genannt) setzt sich aus Knochen, Knorpel, Gelenken, Bändern und Bandscheiben zusammen. Der ausgewachsene menschliche Körper enthält zwischen 208 und 214 Knochen [237]. Diese sind über Gelenke miteinander verbunden. Es können unechte Gelenke (Synarthrosen) und echte Gelenke (Diarthrosen) unterschieden werden. Als unechte Gelenke werden Verbindungen bezeichnet, die knorpelig, bindegewebsartig bzw. verknöchert sind und damit keinen Gelenkspalt aufweisen. Dadurch ist deren Beweglichkeit gegenüber den echten Gelenken deutlich eingeschränkt. Die echten Gelenke besitzen einen Gelenkspalt und sind an den Gelenkflächen mit Knorpel ausgestattet (siehe Bild 17).

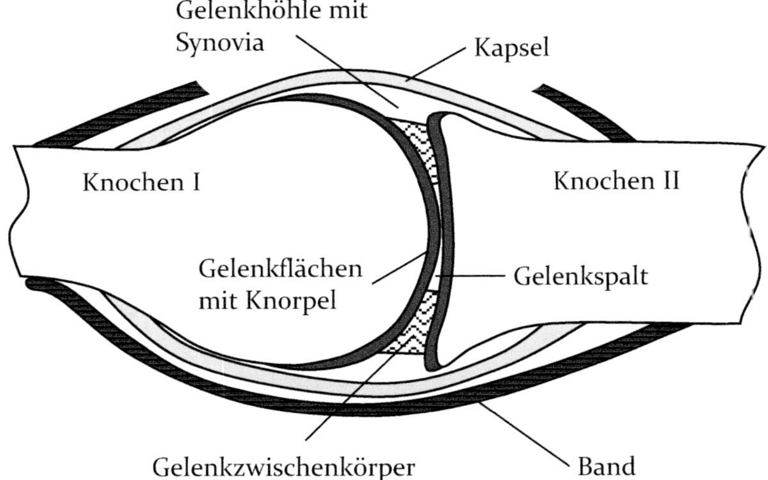

Bild 17: Darstellung eines Gelenks nach SCHÜNKE [245]

Das echte Gelenk wird dabei von der sogenannten Gelenkkapsel umschlossen, in welcher sich eine Gelenksflüssigkeit (Synovia) mit schmierenden Eigenschaften befindet. Die Apparatur aus Knochen und Gelenken wird durch Bänder gestützt. Diese übernehmen als lastübertragende Elemente eine unabdingbare Funktion zur Stabilisierung des passiven Bewegungsapparates. Damit schränken die Bänder die Bewegungsmöglichkeiten der Gelenke physiologisch ein [225]. In der Gelenkhöhle können zudem Zwischenkörper aus Knorpel vorkommen, welche Inkongruenzen zwischen den Gelenkflächen ausgleichen [245].

In muskuloskelettalen Menschmodellen, werden die Knochen bzw. Segmente als massenbehaftete starre Körper modelliert. Diese sind durch eine

Gesamtmasse m, den Starrkörperschwerpunkt $\boldsymbol{s}$, ausgedrückt im lokalen kartesischen Koordinatensystem (KKS) und einen Trägheitstensor $\mathbf{I}$ definiert (siehe Bild 18).

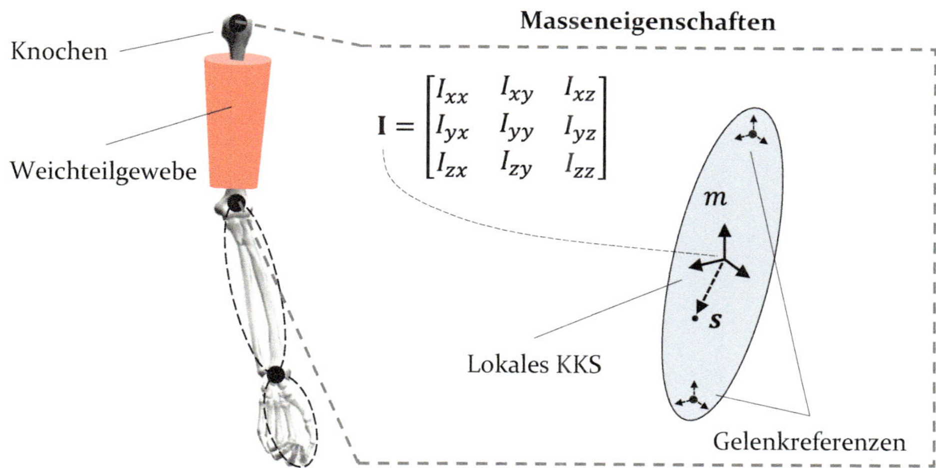

Bild 18: Modellierung der Masseneigenschaften (rechts) eines Körpersegments (links) nach García et al. [89] in Anlehnung an Krüger [146]. Weitere lokale KKS geben die Position der jeweiligen Gelenkverbindungen des Segments an (Gelenkreferenzen).

Ein Körpersegment ist als Abschnitt zwischen zwei Gelenken oder zwischen einem Gelenk und einem freien Körperende definiert [245]. Entsprechend beschreiben die aufgezählten Masseneigenschaften die Gesamtheit aus Knochen und Weichteilgewebe eines Segments (siehe Bild 18). Durch die starre Formulierung wird dabei vernachlässigt, dass sich das Weichteilgewebe gegenüber dem Knochen verschieben bzw. sich der Knochen deformieren kann (besonders bei hochdynamischer Bewegung bzw. Belastung) [102, 146]. Die Bestimmung dieser Masseneigenschaften kann unterschiedlich erfolgen. In den Anfängen der muskuloskelettalen Simulation wurden dazu Kadaverstudien herangezogen [47, 108]. Heute existieren einfach anwendbare Verfahren, die auf geometrische Ersatzmodelle zurückgreifen [103, 111]. Eine sehr hohe Modellierungsgenauigkeit lässt sich mittels bildgebender Verfahren erreichen. Mithilfe von Methoden der 3D Rekonstruktion lassen sich aus Computertomographie- (CT) bzw. aus Magnetresonanztomographie-Aufnahmen (MRT) Volumenmodelle mit hinterlegten Dichteinformationen (Voxelmodell) ableiten [187, 206].

Die räumliche Lage (Position und Orientierung) eines Mehrkörpersegmentes lässt sich in Bezug auf ein globales KKS durch eine Transformation $\mathbf{T}$ angeben. Diese überführt das lokale KKS in das globale KKS [89, 146]. Unterliegt ein Starrkörper keinerlei kinematischen Einschränkung, weist dieses sechs Freiheitsgrade auf (drei translatorische und drei rotatorische; siehe Bild 19).

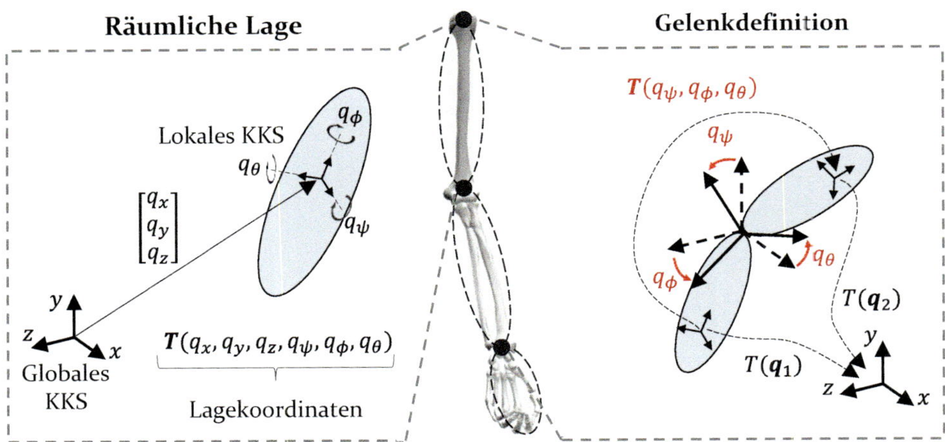

Bild 19: Kinematische Beschreibung der Lageinformation eines Segments sowie kinematische Gelenkdefinition eines Kugelgelenks (rot) in Relativkoordinaten nach GARCÍA et al. [89] in Anlehnung an KRÜGER [146]

Die translatorischen Freiheitsgrade lassen sich durch einen Verschiebungsvektor mit den Komponenten q_x, q_y, q_z beschreiben. Zur Definition der rotatorischen Freiheitsgrade existieren unterschiedliche mathematische Formulierungen. Die geläufigste Formulierung ist das Anwenden dreier sequenziell erfolgender Elementarrotationen um die Achsen des lokalen KKS. Dazu werden zumeist drei Euler-Winkel q_ψ, q_ϕ, q_θ genutzt [89, 146]. Die Lageinformationen müssen sich dabei nicht immer auf das globale KKS beziehen. Bei der Beschreibung mehrerer Segmente können sich unter der Verwendung sogenannter Relativkoordinaten die Lageinformationen auf ein anderes Segment beziehen. So kann eine Baumstruktur modelliert werden, bei welcher sich ausschließlich die sogenannte „Wurzel" auf das globale KKS bezieht. Alle weiteren Segmente werden ausgehend von der Wurzel in den Koordinaten des vorherigen Segments ausgedrückt. Das letzte Segment einer solchen kinematischen Kette wird der Analogie entsprechend als „Blatt" bezeichnet. In muskuloskelettalen Menschmodellen ist die Wurzel zumeist das Hüftsegment (Pelvis) und die Blätter die Handsegmente, Fußsegmente und das Kopfsegment [146].

Die Gelenke zwischen den Segmenten, werden in der muskuloskelettalen Simulation mit mechanischen Gelenken abstrahiert und mittels kinematischer Zwangsbedingungen realisiert. Soll beispielsweise ein Kugelgelenk modelliert werden, fordert eine solche Zwangsbedingung, dass die Ursprünge der Gelenkreferenzen zusammenfallen (siehe Bild 18 und Bild 19), bzw. keine translatorischen Transformationen zwischen den Gelenkreferenzen möglich sind. Ist das System in Relativkoordinaten ausgedrückt, kann die Transformation zwischen den beiden Starrkörpern anhand von drei Euler-Winkeln $\boldsymbol{T}(q_{\psi}, q_{\phi}, q_{\theta})$ beschrieben werden (siehe Bild 19). Diese Beschreibung stellt eine Vereinfachung der Realität dar. Die reale Gelenkkinematik ist mehrheitlich durch eine kraftschlüssige Führung mittels Bändern und Muskeln charakterisiert [293]. Dies führt dazu, dass in realen Gelenken ortsveränderliche Rotations- bzw. Translationsachsen existieren. Dies wird besonders am Beispiel des Knies deutlich. Während das Knie oftmals mit einem Scharniergelenk modelliert wird, erfolgt die Beugung / bzw. Streckung im realen Gelenk durch eine Roll-Gleitbewegung. Die Rotationsachse bewegt sich dabei auf einer sogenannten Evolute [195]. Um diesem Problem zu begegnen, präsentieren SETH et al. [252] eine Methode, mit der sich Spline Funktionen mit kinematischen Transformationsparametern koppeln lassen. ANDERSEN et al. [14] präsentieren eine Gelenkformulierung, welche kraftabhängige Parameter enthält. Mit steigender Komplexität der Gelenkmodelle erhöht sich jedoch der Modellierungsaufwand, die Rechenzeit und die Quantität und Qualität der benötigten Eingangsdaten. Aus diesem Grund muss abgewogen werden, ob eine genauere Gelenkmodellierung für gewisse Anwendungsfälle einen entsprechenden Mehrwert bietet.

Modellierung des aktiven Bewegungsapparates

Der aktive Bewegungsapparat wird von den Muskeln, Sehnen und Faszien gebildet. Die muskuloskelettale Modellbildung umfasst die Skelettmuskulatur des menschlichen Körpers. Diese kann im Gegensatz zu anderen Muskelarten, wie die quergestreifte Herzmuskulatur, willkürlich kontrolliert werden. Ein Muskel besteht aus mehreren Faserbündeln, die wiederum eine Vielzahl an parallel angeordneten kontraktilen Muskelfasern enthalten. Die Muskelfasern münden beidseits in Bindegewebe. Dieses wird als Sehne bezeichnet und verbindet Muskel und Knochen. So bildet ein Muskel eine kinetische Kette, bestehend aus Muskelansatz an einem Kochen, Sehne, Muskelbauch, Sehne und schließlich den Muskelansatz an einem weiteren Kochen (siehe Bild 20). Dadurch wird bei Kontraktion des Muskels, eine Kraft auf beide Knochen ausgeübt, was zu einer Bewegung entsprechend der vorherrschenden Gelenkkinematik führt. Das koordinierte Zusammenspiel vieler solcher Teilbewegungen wird als Ganzkörperbewegung bezeichnet [16]. In vielen Muskeln kontrahieren die Muskelfasern nicht parallel zur Wirkrichtung der durch die Sehne auf den Knochen übertragenen Kraft $\boldsymbol{F}_m$, sondern weisen einen sogenannten Fiederungswinkel δ auf.

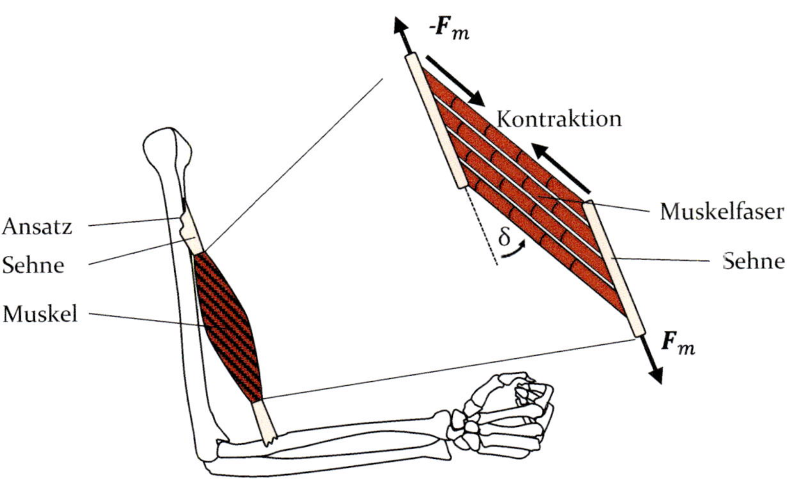

Bild 20: Kinetische Kette – Kraftübertragung durch Kontraktion zwischen zwei Knochen

In muskuloskelettalen Mehrkörpersystemen wird zur Abbildung der Muskelmechanik zumeist auf das HILLSCHE Muskelmodell zurückgegriffen [264, 292]. Dieses modelliert das mechanische Verhalten des Muskels durch eine Anordnung einfacher Kraftelemente (siehe Bild 21). Das kontraktile Element (KE) ist dabei für die aktive Verkürzung und Krafterzeugung zuständig, während die elastischen Elemente die passiven Kraftanteile abbilden, welche durch die Dehnung des Gewebes hervorgerufen werden. Das parallelelastische Element (PE) beschreibt dabei die Elastizität des muskulären Bindegewebes, während das serielle Element (SE) die elastischen Eigenschaften der Sehne nachbildet.

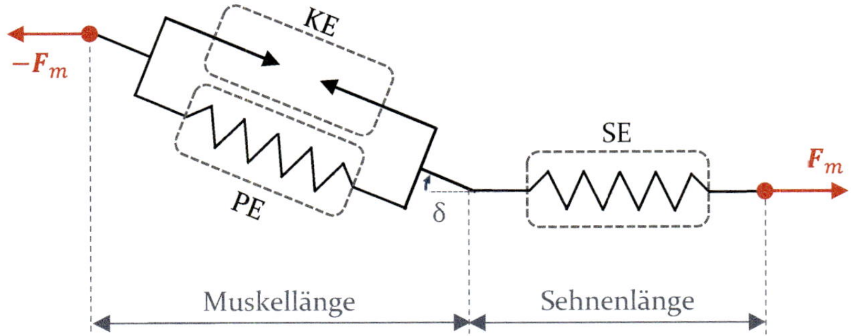

Bild 21: HILLsches Muskelmodell nach THELEN [264]

Wegbereitend für die muskuloskelettale Simulation ist dabei die Adaption des HILLSCHEN Muskelmodells von ZAJAC [292] und später durch THELEN [264]. Elementare Parameter dieses Modells sind die optimale Muskelfaserlänge, die Gesamtruhelänge (bestehend aus Muskel- und Sehnenlänge), der

Fiederungswinkel, die maximale isometrische Kraft sowie die maximale Verkürzungsgeschwindigkeit. Dabei hängt die vom kontraktilen Element erzeugte Muskelkraft zusätzlich von der Muskelaktivierung, der normierten Muskellänge sowie der normierten Kontraktionsgeschwindigkeit ab (siehe Bild 22).

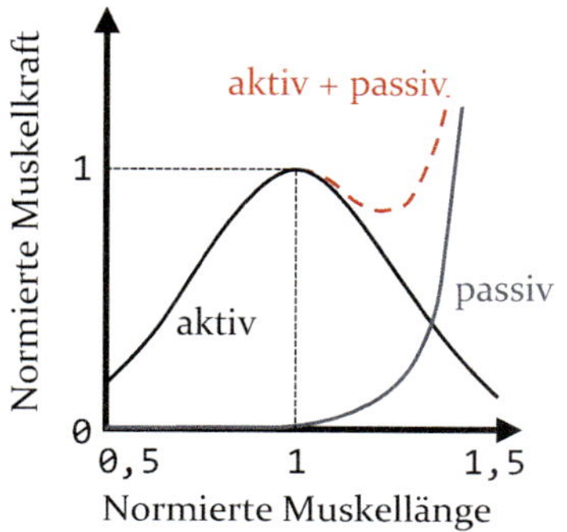

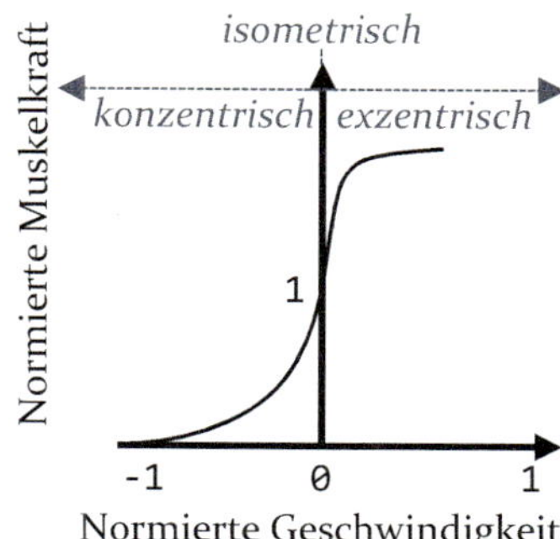

Bild 22: Verläufe der normierten Muskelkraft in Abhängigkeit der normierten Muskellänge (links) und der normierten Verkürzungsgeschwindigkeit (rechts) nach Thelen [264] und Zajac [292]

In Ruhelänge (Normierte Muskellänge = 1) erzeugt das kontraktile Element unter voller Muskelaktivierung die maximale isometrische Kraft. Dabei kann in einem Bereich vom 0,5 bis 1,5-fachen dieser Ruhelänge aktiv Kraft erzeugt werden. Ab einer normierten Muskellänge größer 1 wird der Muskel gedehnt, was zu einer zusätzlichen passiven Kraft führt. Hinsichtlich der Verkürzungsgeschwindigkeit ist die maximale Muskelkraft auf den isometrischen Zustand normiert. Bei konzentrischer Arbeit (Verkürzung des Muskels) reduziert sich das Kraftpotential. Bei exzentrischer Arbeit (Verlängerung des Muskels) nimmt dieses zu [264, 292]. Es wird von einem Kraftpotential gesprochen, da die beschriebenen Abhängigkeiten die maximale isometrische Kraft $F_{m,max}$ beschreiben. Der Muskel wird jedoch nicht immer voll aktiviert. Je nach anliegendem elektrischem Potential der Muskelerregung, übt ein Muskel nur einen Teil dieser maximalen isometrischen Kraft aus [30]. Dieser Zusammenhang wird in der muskuloskelettalen Simulation mittels der Muskelaktivität α modelliert. Diese gibt die prozentuale Ausschöpfung der maximal isometrischen Kraft an (siehe Gleichung (1)).

$$\alpha = \frac{F_m}{F_{m,max}} \tag{1}$$

Zur Berechnung einer Muskelkraft F_m in einer bestimmten Position (zu einem bestimmten Zeitpunkt) wird die maximale isometrische Kraft $F_{m,max}$

auf Grundlage der vorliegenden normierten Muskellänge und Verkürzungsgeschwindigkeit festgelegt. Daraufhin kann mit einer vorliegenden Muskelaktivierung α die Muskelkraft F_m bestimmt werden. Ähnlich wie bei der Bestimmung der Masseneigenschaften der Segmente, kann auch die Bestimmung der maximalen isometrischen Kräfte unterschiedlich erfolgen. Eine Möglichkeit besteht darin, aus gemessenen Aktionskräften oder Gelenkdrehmomenten auf einzelne Maximalkräfte rückzuschließen. Eine andere Möglichkeit basiert auf der Annahme des direkt proportionalen Zusammenhangs von Muskelquerschnittsfläche und maximaler Muskelkraft [51]. Die Muskelquerschnittsfläche kann dabei wiederum aus Kadaverstudien [138] oder mittels bildgebender Verfahren ermittelt werden [86].

Neben der Berechnung der Muskelkraft ist zur muskuloskelettalen Simulation die Modellierung der Wirklinie erforderlich. Dies wird mithilfe sogenannter Muskelpfade realisiert, die entlang von Stützpunkten verlaufen. Diese Stützpunkte sind relativ zu den jeweiligen Segmenten angegeben. Zudem werden sogenannte Wrapping-Körper benutzt, die bei Überspannen eines Gelenks einen stetigen Muskelverlauf gewährleisten [242].

Berechnungs- bzw. Simulationsmethoden

Die konventionelle Anwendung muskuloskelettaler Simulation erfordert experimentelle Eingangsdaten (siehe Bild 23). Diese werden zumeist in Form von Bewegungs-, Anthropometrie- und Kraftdaten in speziell dafür ausgestatteten Bewegungslaboratorien erfasst. Den Goldstandard zur Bewegungserfassung stellt ein sogenanntes optisches Markertracking bei gleichzeitiger Kraftmessung mittels Kraftmessplatten, bzw. Kraftmessdosen dar [118]. Alternativ können Tiefenkameras [180] oder Inertialsensoren [137] genutzt werden. Beim optischen Markertracking werden aktive (lichtaussendende) oder passive (reflektierende) Marker an markanten Körperstellen befestigt. In einem kalibrierten Messraum wird daraufhin die Bewegung dieser Marker mittels mehrerer Kameras erfasst. Die dadurch ermittelten Markertrajektorien werden zur Animation des Menschmodells genutzt.

Mithilfe der erfassten anthropometrischen Maße und der Markerinformationen kann ein generisches Menschmodell auf den Probanden skaliert werden. Hierfür existieren unterschiedliche Verfahren. RASMUSSEN et al. [216] präsentieren ein Verfahren zur linearen Skalierung von Segmenten auf Basis perzentilierter Menschmodelle und vorgegebener Skalierungsgesetze. LUND et al. [162] stellen einen markerbasierten Skalierungsansatz basierend auf probandenspezifischen Stab-Modellen vor. ANDERSEN et al. [13] präsentieren eine optimierungsbasierte Skalierung auf Basis von

Markertrajektorien. All diese Methoden erlauben die Skalierung von Masse und Trägheit der einzelnen Körpersegmente sowie der Muskelansatzpunkte, Muskellängen (optimale Faserlänge, Ruhelänge [112]) und etwaigen Wrapping-Körpern.

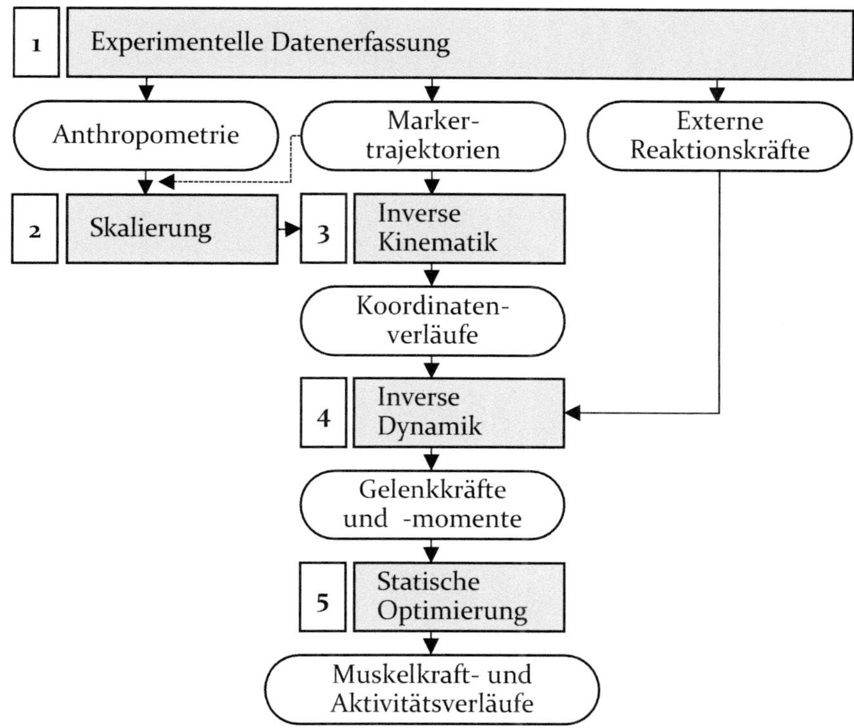

Bild 23: Konventionelle Vorgehensweise zur muskuloskelettalen Simulation

Ist das Menschmodell passend skaliert, werden die Markertrajektorien mithilfe einer **inversen Kinematik** auf das muskuloskelettale Menschmodell übertragen. Dazu werden virtuelle Marker an den gleichen markanten Körperstellen des Menschmodells definiert, an denen die realen Marker am Probanden angebracht wurden. Daraufhin werden die virtuellen Marker am muskuloskelettalen Menschmodell für jeden Zeitschritt der Messung an die gemessenen Positionen der realen Marker gefittet. Hierfür wird eine invers kinematische Optimierung nach der Methode der kleinsten Fehlerquadrate (siehe Zielfunktion (2)) verwendet [58].

$$\min \left[\sum_{i=1}^{Marker} w_i \left\| x_i^{exp} - x_j(\boldsymbol{q}) \right\|^2 + \sum_{j=1}^{Koord.} w_j (q_j^{exp} - q_j)^2 \right] \qquad (2)$$

Hierbei wird für jeden Zeitschritt die Bewegung in generalisierten Koordinaten $\boldsymbol{q}$ (zumeist Gelenkwinkel) berechnet, indem zumeist mit Hilfe eines quadratischen Solvers [35] ein Minimum der gewichteten Fehlerquadrate gesucht wird. Dabei enthält $\boldsymbol{x}_i^{exp}$ die experimentell erhobenen Markerpositionen und $\boldsymbol{x}_j(\boldsymbol{q})$ die virtuellen Markerpositionen in Abhängigkeit der generalisierten Koordinaten $\boldsymbol{q}$. Existieren gemessene Koordinaten (bspw. gemessene Gelenkwinkel) können diese als $\boldsymbol{q}_j^{exp}$ beschrieben werden, wobei $\boldsymbol{q}_j$ die zugehörigen generalisierten Koordinaten des Menschmodells darstellen. Die Abhängigkeit der virtuellen Markerpositionen von den generalisierten Koordinaten wird mithilfe von Gleichheitsnebenbedingungen (siehe Gleichung (3)) realisiert [58]. Diese können mannigfaltiger Natur sein, besagen jedoch im Regelfall, dass die vorherrschenden kinematischen Zwangsbedingungen eingehalten werden müssen. Zu diesen zählen beispielsweise die in Bild 19 dargestellten kinematischen Gelenkdefinitionen des Menschmodells. So kann eine durch Markertrajektorien beschriebene Bewegung in eine Beschreibung mittels generalisierter Koordinaten überführt werden.

$$\boldsymbol{G}(\boldsymbol{q}) - \boldsymbol{G}_0 = 0 \tag{3}$$

Diese übertragene Bewegung kann in der **inversen Dynamik** genutzt werden, um mithilfe der experimentell erfassten Reaktionskräfte auf die körperinneren Gelenkkräfte bzw. -momente (in jedem existierenden rotatorischen bzw. translatorischen Freiheitsgrad) zu schließen. Grundlage hierfür ist die dynamische Bewegungsdifferentialgleichung für muskelaktuierte starre Mehrkörpersysteme [202]:

$$\boldsymbol{M}(\boldsymbol{q})\ddot{\boldsymbol{q}} + \boldsymbol{C}(\boldsymbol{q})\dot{\boldsymbol{q}}^2 + \boldsymbol{G}(\boldsymbol{q}) + \boldsymbol{R}(\boldsymbol{q}) \cdot \boldsymbol{F}_M + \boldsymbol{E}(\boldsymbol{q}, \dot{\boldsymbol{q}}) = 0 \tag{4}$$

Wie zuvor beschreibt $\boldsymbol{q}$ den Vektor der generalisierten Koordinaten. Entsprechend beschreiben $\dot{\boldsymbol{q}}$ und $\ddot{\boldsymbol{q}}$ den Vektor der generalisierten Geschwindigkeiten und Beschleunigungen. Diese lassen sich wie dargestellt durch das Differenzieren der generalisierten Koordinaten ermitteln. $\boldsymbol{M}(\boldsymbol{q})$ beschreibt die Massenmatrix des Gesamtsystems, wobei $\boldsymbol{M}(\boldsymbol{q})\ddot{\boldsymbol{q}}$ den Vektor der Trägheitskräfte und Momente beinhaltet. $\boldsymbol{C}(\boldsymbol{q})\dot{\boldsymbol{q}}^2$ beschreibt den Vektor der Zentrifugal und Corioliskräfte bzw. -momente. $\boldsymbol{G}(\boldsymbol{q})$ ist der Vektor der Gravitationskräfte bzw. -momente. $\boldsymbol{R}(\boldsymbol{q})$ beschreibt die Matrix der Muskelhebelarme, während $\boldsymbol{F}_M$ der zugehörige Vektor der Muskelkräfte ist. $\boldsymbol{E}(\boldsymbol{q}, \dot{\boldsymbol{q}})$ beschreibt den Vektor der äußeren Kräfte und Momente. Zur inversen Dynamik werden die Muskelmomente $\boldsymbol{R}(\boldsymbol{q})\boldsymbol{F}_M$ mit Gelenkdrehmomenten $\mathbf{T}_m(\boldsymbol{q})$ ersetzt. Durch Umstellung ergibt sich Gleichung (5), welche für jeden Zeitschritt gelöst wird [202]:

$$\mathbf{T}_m(\boldsymbol{q}) = -\{\boldsymbol{M}(\boldsymbol{q})\ddot{\boldsymbol{q}} + \boldsymbol{C}(\boldsymbol{q})\dot{\boldsymbol{q}}^2 + \boldsymbol{G}(\boldsymbol{q}) + \boldsymbol{E}(\boldsymbol{q}, \dot{\boldsymbol{q}})\} \tag{5}$$

Diese Gleichung beschreibt ein mathematisch bestimmtes Problem, da die Anzahl der Gelenkdrehmomente gleich der Anzahl der Bewegungsgleichungen des Systems ist. Zur Berechnung der Muskelkräfte, kann Gleichung (4) entsprechend nicht einfach umgestellt und gelöst werden, da das muskuloskelettale System weit mehr Muskeln n als Bewegungsgleichungen aufweist. Aus diesem Grunde wird zur Berechnung der Muskelkräfte die sogenannte **statische Optimierung** genutzt. Diese ist als Erweiterung der inversen Dynamik (Gleichung (5)) zu verstehen, welche mithilfe einer Optimierung die Gelenkmomente auf die jeweils beteiligten Muskeln verteilt. Hierzu wird folgende Zielfunktion angenommen [202]:

$$\min \left[\sum_{i=1}^{n} \left(\frac{F_{m,i}}{F_{m,max,i}} \right)^{p} \right] \tag{6}$$

Diese beinhalten die Definition der Muskelaktivität (vgl. Gleichung (1)) und wird unter folgenden Bedingungen optimiert:

$$\mathbf{T}_{\boldsymbol{m}}(\boldsymbol{q}) = \boldsymbol{R}(\boldsymbol{q})\boldsymbol{F}_{M} \tag{7}$$

$$0 \leq F_m \leq F_{m,max} \tag{8}$$

Bedingung (7) fordert, dass die in der inversen Dynamik berechneten Drehmomente mit den Muskelmomenten (durch Muskelkräfte hervorgerufene Gelenkmomente) übereinstimmen müssen. Bedingung (8) beschränkt die Muskelkräfte hinsichtlich der maximal isometrischen Muskelkraft und sorgt dafür, dass nur Zugkräfte erzeugt werden können. Entsprechend wird durch die Optimierung versucht, die Gesamtbeanspruchung im Körper zu minimieren, indem die vorherrschenden Gelenkmomente möglichst synergetisch auf die jeweiligen Muskeln (entsprechend ihrer jeweiligen Stärke) verteilt werden. Der Exponent p beeinflusst dabei die Muskelrekrutierung bzw. -synergie. In der Regel wird hier ein Wert von 2 bis 5 angenommen [202]. Entsprechend der Muskelmodellierung sind die maximal isometrischen Kräfte $F_{m,max,i}$ zusätzlich von der aktuellen Muskellänge und Verkürzungsgeschwindigkeit abhängig.

Die statische Optimierung löst das oben beschriebene Optimierungsproblem isoliert für jeden Zeitschritt. Aus diesem Grund muss zur statischen Optimierung die Aktivierungs- und Deaktivierungsdynamik der Muskulatur vernachlässigt werden. Diese können jedoch in vorwärtsdynamischen Berechnungen berücksichtigt werden. Vorwärtsdynamische Simulationen berechnen in Gegensatz zu invers dynamischen Ansätzen die Bewegung auf Grundlage bekannter körperinnerer und -äußerer Kräfte. Die Bestimmung dieser Kräfte ist jedoch weit aufwändiger als eine (optische)

Bewegungserfassung. Zudem ist die vorwärtsdynamische Simulation weniger robust als die invers kinematische und dynamische Vorgehensweise. Aus diesem Grund bildet die invers kinematische und dynamische Vorgehensweise den Standard zur muskuloskelettalen Simulation.

2.4.4 Bewertungskonzepte

Die vorangegangenen Kapitel erläutern, wie digitale Menschmodelle zur Simulation der Mensch-Produkt Interaktion verwendet werden können. Diese Simulationen bieten einen Mehrwert, wenn sich daraus Handlungsempfehlungen ableiten lassen. Hierzu werden Bewertungskonzepte benötigt, welche die Interpretation der Simulationsergebnisse zulassen.

Visualisierungsmethoden

Ein grundlegendes Bewertungskonzept ist die 3D-Visualisierung. Diese stellt das digitale Menschmodell in der virtuellen Umgebung, bzw. bei der Interaktion mit einem Produkt dar. Da in der CAD-Modellierung oftmals der Bezug zu den realen Abmessungen des virtuell gestalteten Produktes verloren geht, wird durch die gleichzeitige Visualisierung mit einem Menschmodell ein erster relativer Bezug möglich. Erweiternd enthalten viele anthropometrische Menschmodelle **Erreichbarkeit**- und **Sichtbarkeitsanalysen**. Hierfür werden sowohl mögliche Bewegungsräume der Extremitäten (zumeist der Arme) als auch Sichtkegel visualisiert. Dadurch kann geprüft werden, ob sich alle zu bedienenden Stellteile im Bewegungsraum des Menschmodells befinden bzw. ob alle relevanten Anzeigen bei einer Interaktion gesehen werden können. Mithilfe von **Maßanalysen** kann der Bewegungsraum bzw. der Sichtkegel zusätzlich eingeschränkt werden, indem mögliche Kollisionen oder Verdeckungen berücksichtigt werden [189].

Haltungs-, Kraft- und Handhabungsanalysen

Eine objektive Bewertung der Mensch-Produkt Interaktion ist mit Visualisierungsmethoden jedoch nur bedingt möglich. Eine stärkere Objektivierung erlauben Haltungs- und Kraftanalysen bzw. Analysen zur Lastenhandhabung, welche Körperhaltungen und/oder die dabei auftretende Belastung bewerten. Ein wesentliches Konzept hierfür ist der sogenannte Diskomfort. Nach diesem Konzept ist eine komfortable Produktnutzung nur in Abwesenheit von Diskomfort (auch Unbehagen oder Unwohlsein) möglich. Komfortwinkelanalysen nutzen die Einteilung von Gelenkwinkelbereichen zur Bewertung des Diskomfort. Dabei resultieren zumeist die Grenzwerte des Bewegungsbereichs in Unbehagen, während Bereiche um die Neutralstellung / Nullstellung kein Unbehagen hervorrufen [189].

Andere Methoden bewerten Körperhaltungen in Abhängigkeit der vorherrschenden Belastung. Das Ergonomic Assembly Worksheet (EAWS) [238] dient der ergonomischen Bewertung unter Betrachtung von Körperhaltungen, Aktionskräften, Lastenhandhabungen sowie repetitiven Tätigkeiten. Das EAWS ist eine Kombination und Weiterentwicklung weiterer praxiserprobter Bewertungsmethoden wie OWAS [174], OCRA [198], RULA bzw. REBA [177] oder der Leitmerkmalmethode [260]. Das NIOSH-Verfahren [280] kann zur Abschätzung von Maximalkräften zur Lastenhandhabung genutzt werden. All diese Methoden basieren auf Experteneinschätzungen und sind als Pen & Paper-Methoden für reale Tests zur objektiven Ergonomiebewertung menschlicher Arbeit entwickelt worden. Mit zunehmender Relevanz digitaler Menschmodelle wurden diese Methoden in anthropometrische Menschmodelle integriert und erlauben dort eine Echtzeitbewertung der modellierten Körperhaltungen.

Neuere Methoden berücksichtigen die Möglichkeiten digitaler Menschmodelle, körperinnere Kräfte zu berechnen und adressieren damit die naheliegende Abhängigkeit von biomechanischer Beanspruchung und Diskomfort [146]. Beispiele hierfür sind die Körperstärke- bzw. Ermüdungsmodule, metabolische Analysemöglichkeiten, das Modul zur biomechanischen Bewertung der Beanspruchung des unteren Rückens sowie die Strength Prediction Methode des DMM Siemens Jack [213]. Nachfolgend soll detaillierter auf die Bewertung von Ergonomie und Gebrauchstauglichkeit auf Basis körperinnerer Kräfte eingegangen werden.

Erweitertes Belastungs-Beanspruchungs-Konzept

Muskuloskelettale Menschmodelle bieten im Gegensatz zu anthropometrischen Menschmodellen die Möglichkeit die Mensch-Produkt Interaktion mit den berechneten körperinneren Kräften zu bewerten. Ergonomische Bewertungen körperinnerer Kräfte (bspw. Gelenkreaktionskräfte oder Muskelkräfte) berufen sich zumeist auf das erweiterte Belastungs-Beanspruchungs-Konzept [226]. Dieses beschreibt ein Erklärungsmodell zur Bewertung der Ursache-Wirkungs-Beziehung bei der Interaktion von Menschen und Umwelt (vgl. Kapitel 2.3.2). Dabei sind die Begriffe Belastung und Beanspruchung in der Biomechanik analog zu deren Verwendung in der Festigkeitslehre zu verstehen (siehe Bild 24).

In der Festigkeitslehre führt die Belastung einer Struktur (bspw. durch eine bekannte objektive Kraft **F**) zu einer Beanspruchung in Form einer Spannung $\boldsymbol{\sigma}$. Die Ausprägung dieser Beanspruchung ist von den individuellen Leistungsvoraussetzungen, wie dem Elastizitätsmodul E oder der Querschnittsgröße I abhängig. Grundsätzlich umfasst die Belastung alle von außen auf das System einwirkenden Faktoren. Für das System Mensch können dies entsprechend Vibrationen, Lärm oder soziale bzw. psychische Belastungen sein.

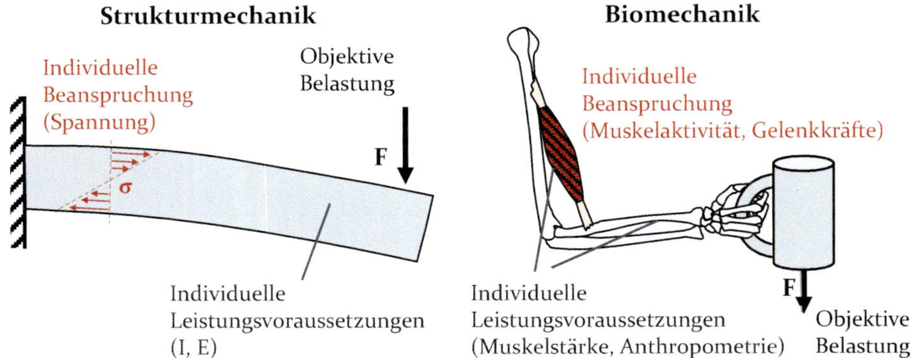

Bild 24: Das Belastungs-Beanspruchung-Konzept im Kontext der Biomechanik und Strukturmechanik

Im Kontext der Biomechanik wird die Belastung zumeist mittels externer Kräfte oder Momente beschrieben. Je nach individuellen Leistungsvoraussetzungen des Individuums (bspw. Muskelstärke in Form der maximal isometrischen Muskelkraft oder Anthropometrie) resultieren diese in individuellen Beanspruchungen (Muskelaktivität oder Gelenkreaktionskräfte). Es wird vom erweiterten Belastung-Beanspruchungs-Konzept gesprochen, wenn auch die Folgen der Beanspruchung berücksichtigt werden. Im Falle der Festigkeitslehre sind dies oftmals plastische Verformungen oder Materialversagen. Im Kontext der Biomechanik führen hohe individuelle Beanspruchung beispielsweise zu Ermüdung [68], Diskomfort [214] oder im schlimmsten Falle zu Verletzungen [126]. Das Festlegen von konkreten Grenzwerten ist im Kontext der Biomechanik aufgrund der Heterogenität der Menschen sowie der denkbaren Anwendungsfälle bzw. Bewegungen nur eingeschränkt möglich. Für isolierte Körperregionen und Aufgaben existieren Dosismodelle, beispielsweise das Mainz-Dortmunder Dosismodell, welche Grenzwerte zur Vermeidung von Verletzungen vorgeben [126]. Über diese Dosismodelle hinaus existieren jedoch keine Bewertungsmodelle, welche die Mensch-Produkt Interaktion auf Basis biomechanischer Kenngrößen mit einer absoluten Kennzahl bewerten können. Aus diesem Grund wird zumeist ein relativer Vergleich angestrebt. Dabei wird davon ausgegangen, dass eine geringere Beanspruchung während einer Interaktion weniger ermüdend ist, weniger Diskomfort hervorruft und damit ergonomischer ist. DONS et al. [68] konnten zeigen, dass die Muskelaktivität mit Ermüdungseffekten korreliert. MA et al. [165] präsentieren ein Modell der Muskelermüdung und -erholung zur Anwendung in digitalen Menschmodellen. Empirische Untersuchungen hinsichtlich Diskomfort werden zumeist über Gelenkreaktionskräfte und Muskelaktivität quantifiziert [129, 136, 156, 255]. RASMUSSEN et al. [215, 218] schlagen zudem die Muskelaktivität als relatives Bewertungskriterium bei der Verwendung muskuloskelettaler Menschmodelle vor, erwähnen jedoch, dass Gelenkreaktionskräfte, der Metabolismus oder Gelenkwinkelvariation ebenso zur ergonomischen Bewertung genutzt werden könnten.

Zur Bewertung der Mensch-Produkt Interaktion mittels biomechanischer Beanspruchungen müssen nach aktuellem Stand der Wissenschaft entsprechend Produktkonfigurationen (bzw. Produktvarianten) verglichen werden. Dabei wird von der Annahme ausgegangen, dass eine geringere Beanspruchung zu einer ergonomischeren bzw. gebrauchstauglicheren Produktnutzung führt. Entsprechend ist bei der Produktauslegung hinsichtlich einer ergonomischen und gebrauchstauglichen Nutzung jene Produktmerkmalskonfiguration zu finden, bei welcher die Erfüllung einer Aufgabe die geringste Beanspruchung über eine gesamte Nutzergruppe hinweg erzeugt. Welche Beanspruchungsarten für einen solchen Vergleich herangezogen werden können, ist noch nicht ausreichend erforscht.

2.5 Prädiktive Interaktionsmodellierung

Die in Kapitel 2.4.2 vorgestellten Manipulationsmethoden zum manuellen Modellieren von Körperhaltungen sowie die in 2.4.3 vorgestellten Methoden der Bewegungsmessung und -übertragung beschreiben die Standardanwendungen zur Körperhaltungs- und Bewegungserzeugung der jeweiligen Menschmodelle. Soll ein digitales Menschmodell zur proaktiven Analyse genutzt werden, sind diese Methoden jedoch nur bedingt anwendbar. Das manuelle Erstellen valider bzw. realistischer Körperhaltungen ist einerseits zeitaufwändig und erfordert andererseits Vorwissen in Form experimenteller Daten oder in Form weitreichender Expertise hinsichtlich menschlichen Verhaltens [208]. Bewegungsmessungen und die anschließende Bewegungsübertragung sind ebenfalls zeitintensive Unterfangen, die eine gewisse experimentelle sowie simulative Expertise voraussetzen. Hinzu kommt, dass Bewegungsmessungen realen Nutzertests unter Verwendung physischer Mockups gleichen. Hierfür muss das zu bewertende Produkt real existieren und eine gewisse Reife aufweisen. Eine Analyse des Mensch-Produkt Systems auf Basis einer Bewegungsmessung kann entsprechend nur retrospektiv bzw. reaktiv hinsichtlich eines in der Messung verwendeten Produktzustands erfolgen. Bei einer Änderung des

Produktzustands müsste zur neuerlichen Analyse eine erneute Bewegungserfassung durchgeführt werden.

Zur proaktiven Analyse der Mensch-Produkt Interaktion am digitalen Produktmodell werden deshalb verstärkt prädiktive Methoden zur Interaktionsmodellierung erforscht und angewendet [235]. Prädiktive Interaktionsmodelle stehen vor der Herausforderung, menschliches Verhalten in Abhängigkeit von unterschiedlichen Einflussgrößen des Nutzungskontextes (Produkt, Umwelt, menschliche Fähigkeiten und Eigenschaft, etc.) abbilden zu müssen. Dies grenzt die Vorhersage menschlichen Interaktionsverhaltens von der allgemeinen Bewegungs- und Körperhaltungsvorhersage, wie sie in der Robotik und Biomechanik [3, 266] oder Sportmedizin und Orthopädie [70] erforscht wird, ab. Zur Sondierung des Standes der Wissenschaft, hinsichtlich bestehender Methoden der prädiktiven Interaktionsmodellierung, wurde eine systematische Literaturrecherche durchgeführt. Das Vorgehen sowie Ergebnisse dieser Literaturrecherche wurden in WOLF et al. [P6] veröffentlicht und werden in Kapitel 4 ausführlicher beleuchtet. Im Folgenden werden die dadurch identifizierten Methoden zusammengefasst. Zum besseren Verständnis wurde zunächst der schematische Aufbau bestehender prädiktiver Interaktionsmodelle untersucht.

2.5.1 Schematischer Aufbau prädiktiver Interaktionsmodelle

In der Literatur werden verschiedene schematische Modelle für die Gestaltung eines prädiktiven Interaktionsmodells beschrieben. Basierend auf den Arbeiten von PHEASANT und HASLEGRAVE [209] sowie SHACKEL [253] postulieren HÖGBERG et al. [120], dass sich das Mensch-Produkt System mittels vier Komponenten prädiktiv modellieren lässt: Den Nutzern, dem Produkt, den Aufgaben und der Umgebung. BUBB [39] beschreibt die Modellierung der Mensch-Produkt Interaktion als Rückkopplungsschleife, die aus einem menschlichen Bediener, einer Maschine und einer Umgebung besteht. Die Schleife beginnt mit der Definition einer Aufgabe, die als Input für eine iterative Simulation der Mensch-Produkt Interaktion fungiert. Durch den steten Vergleich der berechneten Ergebnisse mit der ursprünglichen Aufgabe entsteht ein rückgekoppelter Regelkreis zwischen Mensch und Maschine. BARONE und CURCIO [19] sowie CHAFFIN [45] sprechen in diesem Kontext von der Modellierung beobachteten "menschlichen Verhaltens" bzw. "motorischer Verhaltensstrategien". Vor dem Hintergrund dieser schematischen Einordnungen lassen sich die identifizierten Methoden zur prädiktiven Interaktionsmodellierung wie folgt zusammenfassen (Bild 25).

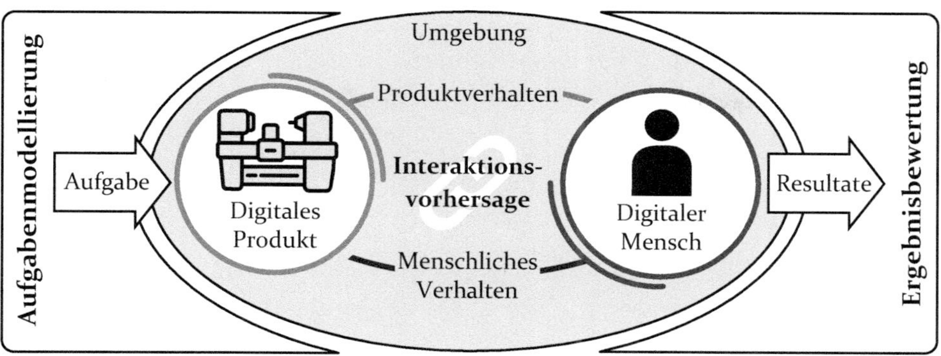

Bild 25: Schematischer Aufbau eines Interaktionsmodells nach WOLF et al [P6]

Zur virtuellen Vorhersage menschlichen Interaktionsverhaltens wird ein (digitales) *Modell des Produkts*, ein (digitales) *Modell des Menschen* und ein (digitales) *Modell der Umgebung* benötigt (siehe Bild 25). Zudem müssen relevante Teile des *Produktverhaltens* (bspw. kinematische Zustände oder dynamische Reaktionen) beschrieben werden. Gleichsam müssen relevante Teile des *menschlichen Interaktionsverhaltens (*bspw. Körperhaltungen oder Bewegungen*)* modelliert werden. Im Rahmen der Interaktionsvorhersage wird das menschliche Interaktionsverhalten zumeist in Form von Körperhaltungen oder Bewegungen in Abhängigkeit eines vordefinierten Produktverhaltens und den Eigenschaften von Mensch, Produkt und Umgebung prädiziert [P6]. Eine spezifische Interaktion wird dabei durch eine *Aufgabe* beschrieben, welche die *Eingangsgrößen* zur Vorhersage des menschlichen Interaktionsverhaltens enthält. Die Aufgabe wird direkt vom Anwender der Methode definiert und fungiert als Modellierungsschnittstelle des Interaktionsmodells. Entsprechend kann eine Aufgabe Produktparameter enthalten, die eine zu untersuchende Produktmerkmalskonfiguration beschreiben, anthropometrische Daten, die einen spezifischen Benutzer definieren, Einflussfaktoren, welche die Umgebung abbilden oder Ort-Zeit-Kurven, die ein zu bewertendes Produktverhalten repräsentieren. Die Interaktionsvorhersage überträgt diese *Eingangsgrößen* in ein menschliches Verhalten. Das menschliche Verhalten stellt das *Resultat* dar, welches mithilfe verschiedener Bewertungsmethoden (siehe Kapitel 2.4.4) evaluiert werden kann.

Ein prädiktives Interaktionsmodell besteht demnach aus drei übergeordneten Komponenten: Einer *Methode zur Aufgabenmodellierung* (Aufgabeneditor als Schnittstelle für den Anwender), einer *Methode zur Interaktionsvorhersage* (Körperhaltungs- und Bewegungserzeugung in Abhängigkeit eines vordefinierten Produktverhaltens und den Eigenschaften von Mensch, Produkt und Umgebung) sowie einer *Methode zur*

Ergebnisbewertung (Bewertungskonzepte der Simulationsergebnisse). Der Fokus dieser Arbeit liegt auf einer Erforschung der erst- und zweitgenannten Methode. Deshalb werden im Folgenden die identifizierten Methoden zur Interaktionsvorhersage und Aufgabenmodellierung vorgestellt.

2.5.2 Methoden zur Interaktionsvorhersage

Es existieren verschiedene Ansätze, um menschliches Interaktionsverhalten in Form von Körperhaltungen oder Bewegungen vorherzusagen. FARAHANI et al. [76] unterscheiden in Anlehnung an CHAFFIN [42] zwei grundlegende Ansätze (siehe Bild 26). Bei Verwendung des *phänomenologischen Ansatzes* erfolgt die Vorhersage menschlichen Verhaltens auf der Grundlage von Beobachtungen. Bei Verwendung des *optimierungsbasierten Ansatzes* wird die Vorhersage menschlichen Verhaltens mithilfe von Optimierungsalgorithmen realisiert. Diese haben zumeist zum Ziel, menschliches Verhalten unter möglichst minimaler Einbindung von Beobachtungen zu prädizieren. CARRUTH und DUFFY [41] unterteilen den phänomenologischen Ansatz weiter in die *Nachahmung von Beobachtungen* und die *Modifikation von Beobachtungen*. FARAHANI et al. [76] unterteilen den optimierungsbasierten Ansatz weiter in *kinematische* und *dynamische Optimierungsprobleme* (siehe Bild 26).

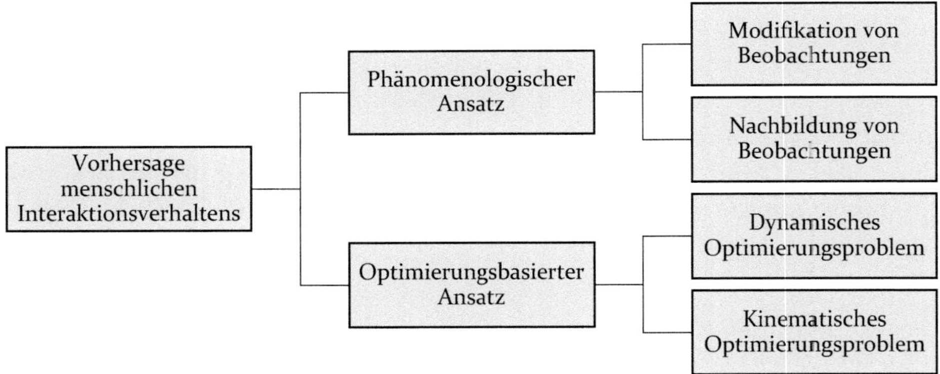

Bild 26: Mögliche Einteilung der Methoden zur Interaktionsvorhersage hinsichtlich ihres Ansatzes.

Modifikation von Beobachtungen

Nach dem Ansatz der Modifikation von Beobachtungen, werden gemessene Gelenkwinkelwerte oder Endeffektor-Trajektorien (Ort-Zeit-Kurven) modifiziert und dadurch an neue Situationen angepasst. Ziel dieses Vorgehens ist das Finden eines bestmöglichen Kompromisses aus den beobachteten Referenzhaltungen oder -bewegungen und den kinematischen oder dynamischen Randbedingungen, die eine spezifische Interaktion beschreiben. Methoden zur Modifikation von **Körperhaltungen** verwenden überwiegend Regressionsalgorithmen [153, 155, 223] oder Korrelationsmethoden [19], wobei die Anpassung der beobachteten Daten mit vorwärts- oder invers kinematischen Algorithmen realisiert wird. PARK et al. [203], PARK et al. [204], ALEXOPOULOS et al. [12], AIT EL MENCEUR et al. [7] sowie MONNIER et al. [188] nutzen Algorithmen zur Modifikation spezifischer **Bewegungen**. Dabei werden gemessene Bewegungstrajektorien parametrisiert (z.B. mittels einer Formulierung als Spline), um diese an neue Situationen anpassen zu können.

Nachbildung von Beobachtungen

Die Methoden zur Nachbildung von beobachteten **Körperhaltungen** verwenden mathematische Parametrisierungen spezifischer Körperhaltungen. Dies wird zumeist mittels einer Parametrisierung der generalisierten Koordinaten eines Menschmodells (zumeist als Gelenkwinkel) realisiert. Die Vorhersage von Haltungen erfolgt über eine statistische Beschreibung der Beziehung zwischen bestimmten Gelenkwinkelwerten und bestimmten Prädiktoren, wie externen Kräften [114, 116], einer spezifischen Aufgabenbeschreibung [107] oder Diskomfort [48]. LEE et al. [154] präsentieren ein Verfahren zur Haltungsvorhersage, welches klassische Manipulationsfunktionen (vgl. Kapitel 2.4.2) mit statistischen Daten hinterlegt. Die Nachbildung von **Bewegungsdaten** erfolgt zumeist durch die Parametrisierung von Gelenkwinkelwerten oder Endeffektor-Trajektorien und deren Anpassung für gegebene Prädiktoren. Mehrere Arbeiten befassen sich mit der Vorhersage von Greifbewegungen mittels unterschiedlicher Modelle. So werden datengetriebene invers kinematische Algorithmen [79], Petri-Netze [262], neuronale Netze [158], klassische statistische Modellierungen [175], ein datengetriebenes Ruck-Kriterium [167] oder ein datengetriebener Optimalsteuerungsansatz [197] verwendet. LIM et al. [157] untersuchten darüber hinaus die dynamische Komponente von Greifbewegungen im Hinblick auf die Synchronität von Gelenkwinkeln. WAGNER et al. [275, 276] beobachten und beschreiben mathematisch das menschliche Verhalten in Bezug auf die Fußbewegung / Fußplatzierung bei der Handhabung von Gegenständen. KIM et al. [144] präsentieren eine Bewegungsvorhersage für Ein- und Ausstiegsbewegungen am Automobil unter Verwendung künstlicher neuronaler Netze. WOLF et al. [P3] präsentieren eine Bewegungsvorhersage für Hebebewegungen unter Verwendung eines Regressionsmodells in Kombination mit inverser Kinematik.

Während die bisher aufgezählten Methoden der Bewegungsnachbildung für spezifische Anwendungsfälle entwickelt wurden, stellen andere Arbeiten eine vielseitig anwendbare Ganzkörper-Bewegungsvorhersage in den Fokus. So besteht das HUMOSIM Framework [87, 128, 267] aus mehreren, miteinander verbundenen, hierarchisch gegliederten Haltungs- und Bewegungsvorhersagemodulen. Diese setzen sich aus statistischen und mathematischen Modellen zusammen, die beobachtetes menschliches Verhalten vielseitig beschreiben können [222]. Eine ähnlich universelle Methode wird von FRITZSCHE et al. [84, 85], ILLMANN et al. [123] und BAUER et al. [20] in Verbindung mit dem DMM-Tool ema zur Bewertung menschlicher Arbeit vorgestellt. Weitere Ganzkörperbewegungsvorhersagen werden von KUO und WANG [148, 149] unter Verwendung eines Vorgängers des Virtual Ergonomics Tools von Dassault Systèmes und von WINTER et al. [285] innerhalb des Smart Virtual Worker vorgestellt.

Dynamische Optimierungsprobleme

Dynamische optimierungsbasierte Ansätze greifen auf Optimierungsalgorithmen unter Verwendung einer physiologisch, dynamisch begründeten Zielfunktion zurück. Durch eine mathematische Beschreibung der Menschmodellkinematik und -dynamik kann diese optimiert werden, indem menschliche Leistungsmerkmale (z. B. Energieverbrauch, Muskelaktivität, Muskelermüdung etc.) unter Berücksichtigung kinematischer oder dynamischer Randbedingungen (z. B. Einhaltung des dynamischen Gleichgewichts oder gewisser Drehmomentgrenzen) minimiert werden. KRÜGER [146] entwickelte ein gradientenbasiertes Optimierungsverfahren zur vielseitig anwendbaren Vorhersage von **Körperhaltungen**. KIM et al. [140] beschreiben eine dynamische Vorhersage von Greifhaltungen. Die Weiterentwicklung dieser Methode [141, 142] ermöglicht die Vorhersage von Greifbewegungen unter Verwendung eines dynamischen Optimierungsproblems. YANG et al. [291] und ABDEL-MALEK et al. [2] stellen einen wiederum weiterentwickelten Stand dieses Modells als vielseitig anwendbare **Bewegungsvorhersage** des digitalen Menschmodells SANTOS vor. FARAHANI et al. [75–77] beschreiben eine auf inverser Dynamik basierende Bewegungsvorhersage spezifischer Aufgaben namens "inverse-inverse dynamics“.

Kinematische Optimierungsprobleme

Kinematische optimierungsbasierte Ansätze greifen auf Optimierungsalgorithmen unter Verwendung einer physiologisch, kinematisch begründeten Zielfunktion zurück. Durch eine mathematische Beschreibung der Menschmodellkinematik kann diese optimiert werden, indem kinematische Kriterien (z. B. Abweichungen von Vorgaben oder kinematische

Komfortfunktionen) unter Berücksichtigung kinematischer Randbedingungen (z. B. Einhaltung von Gelenkwinkelgrenzen oder Endeffektor-Trajektorien) minimiert werden. HAREESH et al. [106] präsentieren eine **Körperhaltungsvorhersage** für stehende Tätigkeiten basierend auf einer priorisierenden invers kinematischen Architektur [17, 249]. GRAGG et al. [99, 100], JUNG et al. [130] und RASMUSSEN et al. [220] präsentieren Ansätze zur Vorhersage spezifischer Sitzhaltungen (mehrheitlich im Kontext der Evaluation von Fahrzeugcockpits). Zudem ermöglichen kinematische Optimierungsalgorithmen die Vorhersage von **Bewegungen**. MIEHLING et al. [184], WOLF und WARTZACK [P2], RASMUSSEN und CHRISTENSEN [219], RASMUSSEN et al. [218] und PELLICCIA et al. [207] prädizieren mittels unterschiedlicher kinematischer Parametrisierungen spezifische Bewegungen (wie das Radfahren, das Anheben von Gegenständen oder Ein- und Ausstiegsbewegungen). Eine vielseitig anwendbare kinematische Bewegungsvorhersage ist im IPS IMMA Menschmodell enthalten [105, 121]. Dieses Vorhersagemodell besteht aus einer quasi-statischen Optimierung auf Basis einer kinematischen Komfortfunktion, welche kinematische Randbedingungen (z. B. Endeffektor-Trajektorien), externe Kräfte und eine Kollisionsabfrage berücksichtigt [31, 56, 104, 120, 172].

2.5.3 Methoden zur Aufgabenmodellierung

Das Erzeugen eines spezifischen menschlichen Interaktionsverhaltens mithilfe einer Interaktionsvorhersage erfordert das Definieren einer spezifischen Aufgabe (siehe Bild 25). Dabei wird eine Körperhaltung bzw. Bewegung indirekt über die Vorgabe unterschiedlicher Eingangsgrößen erzeugt. Viele der in Kapitel 2.5.2 erläuterten Methoden nutzen kinematische Randbedingungen (zumeist Endeffektor-Trajektorien bzw. -Positionen) oder dynamische Randbedingungen (zumeist externe Kräfte) als Eingangsgrößen. Die Vorgabe dieser Randbedingungen erfordert eine gute Kenntnis der zugrundeliegenden numerischen bzw. statistischen Methoden, deren Parameter sowie den zugrundeliegenden Annahmen [P6] und sind deshalb eher für die Anwendung durch Experten konzipiert.

Aus diesem Grund werden vor allem für Methoden, die in dediziert dafür entwickelten DMM-Tools eingebettet sind, sogenannte Aufgabeneditoren verwendet. Diese sollen die Benutzerfreundlichkeit bzw. Zugänglichkeit der Interaktionsmodelle erhöhen, indem Vorwissen hinterlegt wird und die Eingangsparameter so abstrahiert werden (mathematisch, semantisch oder optisch), dass diese weitestgehend intuitiv verwendet werden können. Dies wird entweder mittels der Verwendung sogenannter High-Level Sprachen oder durch die Implementierung aufgabenspezifischer Editoren realisiert.

High-Level Sprachen

Einige Aufgabeneditoren verwenden sogenannte High-Level Sprachen bzw. Instruktionssprachen. Diese enthalten Vorwissen bzw. empirische Daten in Form eines Katalogs semantisch, wie mechanisch beschriebener Standardbewegungen bzw. -interaktionen inklusive deren Zeitbedarf. Die Ausprägung dieses Katalogs bestimmt die generelle Anwendbarkeit des entsprechenden Interaktionsmodells. Die mechanische Beschreibung entspricht dabei oftmals einer Bewegungs- oder Körperhaltungsdatenbank [149]. So lehnen sich beispielsweise KUO und WANG [149], WINTER et al. [285] und MÅRDBERG et al. [172] an das Method Time Measurement System (MTM) [176] an. Jede Standardinteraktion kann mit der virtuellen Umgebung verknüpft werden. Beispielsweise kann eine Standardinteraktionen „Hebe auf" mit einer virtuell modellierten Kiste verbunden werden (fiktives Beispiel). Aus diesen Informationen und dem hinterlegten empirischen Daten sagt die Interaktionsvorhersage eine entsprechend angepasste Hebebewegung voraus [123], ohne dass diese gesondert vom Anwender des Aufgabeneditors modelliert werden muss. Durch ein Aneinanderreihen dieser Standardinteraktionen können ganze Arbeits- bzw. Interaktionsprozesse modelliert werden. Diese Art der Aufgabenmodellierung findet sich in den meisten fortschrittlichen DMM-Tools, wie dem IPS IMMA [105], dem Siemens Jack [213], dem Editor menschlicher Arbeit [20] oder dem HUMOSIM Framework [222].

Aufgabenspezifische Editoren

Neben den zumeist vielseitig anwendbaren High-Level Sprachen existieren aufgabenspezifische Editoren. Diese fokussieren spezifische Interaktionen und enthalten entsprechend aufgabenspezifisches Vorwissen bzw. empirische Daten. Die prominentesten Beispiele hierfür sind Aufgabeneditoren für die Vorhersage menschlichen Interaktionsverhaltens in Fahrzeugkabinen [19, 99, 130, 147, 154, 155, 205, 286]. So erfordert beispielsweise der aufgabenspezifische Editor des Menschmodells RAMSIS [286] das Erstellen von Verknüpfungen zwischen den Komponenten des Menschmodells und den Objekten des Fahrzeugkabinenmodells, um eine zu analysierende Interaktion zu modellieren [40]. Mittels einer hinterlegten parametrisierten Körperhaltungsdatenbank können aus diesen Informationen Körperhaltungen synthetisiert werden. Ein ähnlicher aufgabenspezifischer Editor wird von JUNG et al. [130] vorgestellt. Dieser stützt sich auf vordefinierte Möglichkeiten der Mensch-Produkt Interaktion. Beispiele für weitere aufgabenspezifische Editoren sind die Methode von SUN et al. [262] zur Modellierung von Greifbewegungen, oder die Methoden von HAREESH et al. [106] und LEE et al. [153] zur Modellierung stehender und sitzender Arbeit an Tischen.

KRÜGER [146] beschreibt einen hybriden Ansatz zwischen aufgabenspezifischem Editor und vielseitig anwendbarer High-Level-Sprache. Der hybride Ansatz ermöglicht die Beschreibung von Interaktionen zwischen Menschmodell und Produkt- bzw. Umgebungsmodell mit vordefinierten Interaktionsmöglichkeiten. Zudem existieren Ansätze [87, 267], welche die Aufgabenmodellierung teilweise durch kognitive Modelle ersetzen.

3 Handlungsbedarf und Lösungsansatz

3.1 Ableitung des Handlungsbedarfs

Im Kontext der Produktentwicklung haben digitale Menschmodelle trotz der hohen Potentiale und der Vielzahl an Methoden zur Vorhersage und Modellierung menschlichen Verhaltens [P6] nur geringe Relevanz in der praktischen Anwendung [11, 106, 208, 212, 222, 259, 288]. SPITZHIRN et al. [259] stellen fest, dass sich der Einsatz digitaler Menschmodelle hauptsächlich auf große Unternehmen aus den Branchen Automobilbau und Luftfahrt sowie auf akademische Einrichtungen beschränkt. In anderen Branchen sowie kleinen und mittelständischen Unternehmen kommen diese hingegen kaum zum Einsatz. Diese Feststellung bestätigt sich bei Betrachtung der identifizierten Methoden (siehe Kapitel 2.5). Die Mehrheit der bestehenden Methoden setzt sich aus Insellösungen für akademische Fragestellungen oder für spezifische Anwendungsfälle (bspw. Fahrzeugcockpit-Analysen [286, 287]) zusammen. Laut unterschiedlichen Expertenbefragungen und Anforderungserhebungen hinsichtlich des Praxiseinsatzes und der Defizite digitaler Menschmodelle [43, 160, 208, 212, 259, 288] sind die prädiktiven Möglichkeiten digitaler Menschmodelle auch für andere Branchen bzw. kleine und mittelständische Unternehmen höchst relevant. Für deren Anwendungsfälle existieren jedoch selten gesondert entwickelte Interaktionsmodelle. Aus diesem Grund wird in den genannten Befragungen [43, 160, 208, 212, 259, 288] vor allem die Simulationserstellung mittels digitaler Menschmodelle als zu komplex und zeitaufwändig angegeben und die Validität bzw. Vertrauenswürdigkeit der Methoden und Ergebnisse oftmals angezweifelt. Zumeist fehlen den Anwendern Informationen darüber, welches Vorwissen bzw. welche Eingangsgrößen zur validen Interaktionsvorhersage erforderlich sind. Da nicht für jeden Anwendungsfall ein spezifisches Interaktionsmodell entwickelt werden kann, besteht ein Bedarf hinsichtlich eines vielseitig anwendbaren und vertrauenswürdigen Interaktionsmodells, mit welchem sich unterschiedliche Aufgaben modellieren und die entsprechenden Interaktionen vorhersagen lassen. Die Bundesanstalt für Arbeitsschutz und Arbeitsmedizin [288] sowie weitere Forschende [43, 160, 208, 212, 259] stellten einen ähnlichen Bedarf fest. Die HUMOSIM-Arbeitsgruppe ermittelte im Jahre 2006, dass nur wenige Methoden existieren, welche eine solche valide Interaktionsvorhersage für vielseitige Aufgaben ermöglichen [222]. Dabei gehen die Forschenden in ihrer Analyse noch weiter und konstatieren, dass die derzeitigen prädiktiven Möglichkeiten digitaler Menschmodelle weit von der Vorstellung eines "digitalen

Menschen", der realistisch mit Produkten und Umgebungen interagieren kann, entfernt sind [222]. Mit einem Blick auf den gegenwärtigen Stand der Wissenschaft (vgl. Kapitel 2.5) fällt auf, dass diesbezüglich Fortschritte gemacht wurden. Diese beschränken sich jedoch auf die Simulation menschlicher Arbeit [P6]. Sowohl die vorgestellten Aufgabenmodellierungen mittels High-Level Sprachen (vgl. Kapitel 2.5.3) als auch die Mehrheit der beschriebenen vielseitig anwendbaren Interaktionsvorhersagen (vgl. Kapitel 2.5.2) befassen sich mit der Vorhersage von Arbeitsprozessen bzw. Montagesequenzen [289]. Diese Art der Interaktionsmodellierung eignet sich nur bedingt zur Bewertung von Mensch-Produkt Interaktionen, da der Fokus der Interaktionsmodellierung auf Prozessen, statt auf Produkten liegt. *Im Kontext der Produktentwicklung besteht entsprechend ein Bedarf hinsichtlich eines vielseitig anwendbaren und vertrauenswürdigen Interaktionsmodells, mit Fokus auf die Bewertung von Mensch-Produkt Interaktionen.*

Die Interaktionsmodellierung mit DMM wird oftmals als wenig intuitiv / gebrauchstauglich und kaum standardisiert beschrieben [43, 160, 208, 212, 259, 288]. Nach HÖGBERG [119] sind intuitive Aufgabeneditoren für den Einsatz in der Produktentwicklung entsprechend essentiell, da die Interaktionsmodellierung auch für „unerfahrene" Produktentwickler (auf dem Gebiet der Ergonomie und des menschlichen Verhaltens) zugänglich sein muss. Ohne die entsprechende Zugänglichkeit nehmen viele Produktentwickler das Berücksichtigen ergonomischer Aspekte nicht als Teil ihres Aufgabengebietes wahr [143]. Somit bleiben die Simulationstools weitestgehend Experten vorbehalten, die wiederum selten und unter Vorbehalten in Entwicklungsprozesse einbezogen werden [127]. Zumeist wird die Zugänglichkeit zusätzlich durch eine unzureichende Datendurchgängigkeit zwischen DMM-Tools und der bestehenden Softwarelandschaft (vornehmlich den CAD-Programmen) gemindert [43, 146, 208, 212, 259, 288]. *Es besteht im Kontext der Interaktionsmodellierung entsprechend ein Bedarf hinsichtlich einer zugänglichen (intuitiven / gebrauchstauglichen, standardisierten und datendurchgängigen) Methode zur Aufgabenmodellierung. Hierbei stellt sich die Frage, welches Vorwissen zur Interaktionsvorhersage vom Anwender (Produktentwickler) eingebracht werden kann und muss.*

Zusammenfassend lässt sich feststellen, dass ein Bedarf hinsichtlich eines **prädiktiven Interaktionsmodells** besteht, welches eine Kombination aus einer **zugänglichen und vielseitig anwendbaren Methode zur Aufgabenmodellierung** sowie einer **vertrauenswürdigen und vielseitig anwendbaren Methode zur Vorhersage menschlichen Interaktionsverhaltens** bereitstellt.

Vor dem Hintergrund dieses Handlungsbedarfs sind im Rahmen dieser Forschungsarbeit drei fundamentale Forschungsfragen zu beantworten:

FORSCHUNGSFRAGE I: *Welches Vorwissen ist zur vielseitig anwendbaren und vertrauenswürdigen Interaktionsvorhersage erforderlich?*

FORSCHUNGSFRAGE II: *Wie können Aufgaben zur Interaktionsvorhersage im Kontext der Mensch-Produkt Interaktion vielseitig anwendbar und zugleich zugänglich modelliert werden?*

FORSCHUNGSFRAGE III: *Wie kann menschliches Interaktionsverhalten im Kontext der Mensch-Produkt Interaktion mittels digitaler Menschmodelle vielseitig anwendbar und vertrauenswürdig vorhergesagt werden?*

Ziele und Abgrenzung der Forschungsarbeit

Primäres Ziel dieser Forschungsarbeit ist die Erforschung und Entwicklung eines prädiktiven Interaktionsmodells, welches zur Analyse der Mensch-Produkt Interaktion am digitalen Produktmodell verwendet werden kann. Im Kontext dieser Arbeit wird der Begriff Interaktionsmodell als ein Modell zur Modellierung und Vorhersage menschlichen Interaktionsverhaltens in Form physischer, menschlicher sowie grobmotorischer Körperhaltungen oder Bewegungen verstanden. Perspektivisch soll dadurch eine prädiktive und virtuelle Analyse von Produktergonomie und Gebrauchstauglichkeit möglich werden. Für diese ist jedoch eine Erforschung und Evaluation geeigneter Bewertungskonzepte (vgl. Kapitel 2.4.4) von Nöten, was nicht im Fokus dieser Forschungsarbeit liegt. Die angestrebten Methoden werden entsprechend mit dem Ziel entwickelt, eine vertrauenswürdige, zugängliche und vielseitig anwendbare Modellierung und Vorhersage menschlichen Interaktionsverhaltens als Voraussetzung für eine prädiktive Bewertung von Produktergonomie und Gebrauchstauglichkeit zu ermöglichen.

Die geforderte Erhöhung der Datendurchgängigkeit zwischen Menschmodell und CAD-System wurde von KRÜGER [146] ausführlich untersucht, indem eine Methode zur bidirektionalen Kopplung von Menschmodell und CAD-System erforschte wurde. Aus diesem Grund wird die Gewährleistung der Datendurchgängigkeit von Aufgabenmodellierung und prädiktiver Interaktionsvorhersage im Rahmen dieser Forschungsarbeit berücksichtigt, aber nicht primär fokussiert. Bei Verwendung digitaler Menschmodelle im Kontext der Produktentwicklung ist zudem die Abbildung unterschiedlicher Nutzereigenschaften bzw. Nutzergruppen von hohem Interesse. Diese ist jedoch nicht Teil des Forschungsgegenstandes dieser Arbeit, da durch MIEHLING [181] bereits eine entsprechende Methode zur nutzergruppenspezifischen Modellierung erforscht und entwickelt wurde.

3.2 Methodische Vorgehensweise

Diese Forschungsarbeit wurde methodisch anhand der *Design Research Methodology* (DRM) nach BLESSING und CHAKRABARTI [28] durchgeführt. Die DRM bietet ein methodisches Rahmenwerk zur Bearbeitung von Forschungsvorhaben im Kontext der Produktentwicklung. Dabei werden zwei Forschungsstränge unterschieden: Das sogenannte *Verständnis* und der sogenannte *Support*. Das *Verständnis* beinhaltet Wissen, Tools und Methoden zur Beherrschung des betrachteten Designphänomens. Der Begriff Designphänomen resultiert aus dem Fakt, dass die Produktentwicklung eine komplexe Aktivität ist, an der Produkte, Menschen, Werkzeuge, Prozesse, Organisationen und deren Umfeld beteiligt sind. Die Forschung in der Produktentwicklung zielt darauf ab, das *Verständnis* für die Phänomene in der Produktentwicklung zu erhöhen. Der *Support* ist hingegen eine konkrete Methode, ein Programm, ein Simulationstool, ein Leitfaden etc., welche ein Phänomen adressieren bzw. ein identifiziertes Problem in der Produktentwicklung lösen. Die DRM ist in vier aufeinander aufbauende Phasen unterteilt (siehe Bild 27), wobei das Vorgehen stark von Iterationen geprägt ist.

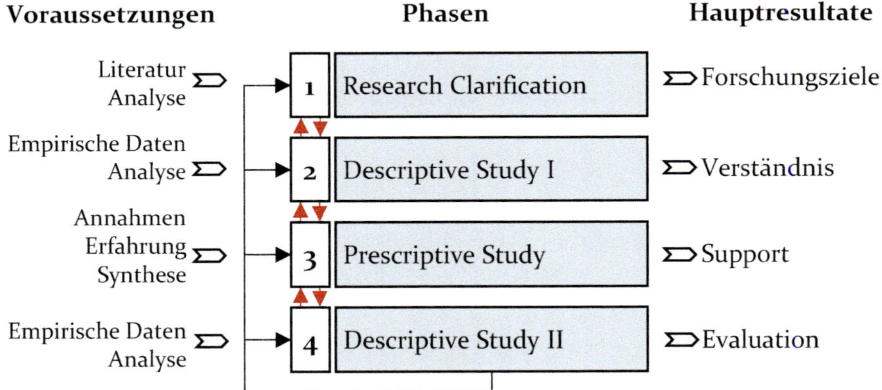

Bild 27: Vorgehensweise nach der DESIGN RESEARCH METHODOLOGY [28]

Im Rahmen der **Research Clarification** (RC) wird das angestrebte Forschungsziel im Kontext der Produktentwicklung verortet sowie deren geplanter Einfluss auf die Produktentwicklung benannt. Im Rahmen der vorliegenden Dissertation wurde mithilfe eines *Initial Reference Models* und eines *Initial Impact Models* der gegenwärtige und angestrebte Stand der Wissenschaft beschrieben und realistische und erstrebenswerte Ziele definiert sowie messbare Erfolgskriterien identifiziert.

In der **Descriptive Study I** (DS I) wird die Aufgabenstellung spezifiziert und ein verbessertes *Verständnis* für die Aufgabenstellung gewonnen. Zur

Spezifizierung der Aufgabenstellung wurden Einflussfaktoren und Schlüsselfaktoren zur Verbesserung der aktuellen Situation identifiziert, indem der Stand der Wissenschaft und Technik sondiert wurde (siehe Kapitel 2). Zudem wurden im Rahmen einer initialen Literaturrecherche Metastudien hinsichtlich des Praxiseinsatzes digitaler Menschmodelle ausgewertet. Aus diesen Untersuchungen wurde der beschriebene Handlungsbedarf (siehe Kapitel 3.1) abgeleitet, die Forschungsfragen definiert und ein Lösungsansatz erarbeitet (siehe Kapitel 3.3). Zur weiteren Ausarbeitung dieses Lösungsansatzes wurde das identifizierte Designphänomen (prädiktive Interaktionsmodelle in der Produktentwicklung) in Form einer systematischen Literaturrecherche (siehe Kapitel 4) untersucht und das *Reference Model* komplettiert sowie das *Initial Impact Model* aktualisiert. Dadurch konnte ein verbessertes *Verständnis* hinsichtlich des Designphänomens bzw. der Aufgabenstellung gewonnen und erste Erkenntnisse zur konkreten Umsetzung des *Supports* ermittelt werden.

Die Umsetzung dieses *Supports* ist Ziel der **Prescriptive Study** (PS). Hier soll eine Lösung erarbeitet und umgesetzt werden, welche die zuvor identifizierten Einflussfaktoren möglichst effizient adressiert und zu der gewünschten Verbesserung der bestehenden Situation führt (*Impact Model*). Zur effizienten Erforschung eines Supports wird zwischen dem *angestrebten Support* und dem *tatsächlichen Support* unterschieden.

Der *angestrebte Support* beschreibt die Vision bzw. das Langzeitziel des Forschungsvorhabens. Das Langzeitziel dieses Forschungsprojekts ist ein ausgereiftes Computer Aided Ergonomics Tool. Dieses Langzeitziel wurde mithilfe eines *Intended Impact Model,* einer *Intended Support Description* sowie eines *Intended Introduction Plan* formalisiert. Als Teil der *Intended Support Description* wurde eine Anforderungsliste erstellt. Die darin beschriebenen Anforderungen adressieren mehrheitlich die geforderten Eigenschaften der zu entwickelnden Methoden (Zugänglichkeit durch eine intuitive / gebrauchstaugliche und standardisierte Aufgabenmodellierung sowie eine datendurchgängige Integration in die CAx-Landschaft; vielseitige Anwendbarkeit; Vertrauenswürdigkeit der Methoden und Resultate).

Der *tatsächliche Support* ist jener, der sich im Rahmen eines Forschungsvorhabens realistisch umsetzen lässt und die Kernfunktionalitäten des *angestrebten* Supports aufweist. Durch eine Evaluation dieser Kernfunktionalitäten können die gestellten Forschungsfragen effizient beantworten werden. Der *tatsächliche Support* wurde durch ein *Actual Impact Model,* eine *Actual Support Description* und einen *Actual Introduction Plan* beschrieben. Als Kernfunktionalitäten wurden entsprechend der Forschungsfragen die *„vielseitig anwendbare und zugleich zugängliche Aufgabenmodellierung in einer CAD-Umgebung"* sowie *„die vielseitig anwendbare und vertrauenswürdige Vorhersage menschlichen Interaktionsverhaltens"* festgelegt. Mithilfe eines *Outline Evaluation Plan* wurde beschrieben, wie die Kernfunktionalitäten zu evaluieren sind. Die Anforderungsliste der *Intended Support Description* wurde zur Unterstützung der zielgerichteten Erforschung des *tatsächlichen Supports* genutzt. Da es sich bei der vorliegenden Dissertation um eine Forschungsarbeit handelt, stand das Evaluieren der Kernfunktionalitäten jedoch im Vordergrund. Das Einhalten und Abprüfen von Anforderungen ist ein Instrument zur Absicherung von Implementierungsarbeit und hat deshalb in dieser Arbeit einen untergeordneten Stellenwert.

Auf Grundlage dieser Vorarbeiten und der Erkenntnisse aus der *Descriptive Study I* wurde der *tatsächliche Support* in Form eines prädiktiven Interaktionsmodells erforscht und als Softwaredemonstrator umgesetzt (siehe Kapitel 5). Den Abschluss der *PS* bildet eine Evaluation bzw. Verifikation des Supports, hinsichtlich der korrekten Funktionalität der entwickelten Methode. Diese wurde anhand einer explorativen Parameterstudie nachgewiesen (siehe Kapitel 6.1).

Die **Descriptive Study II** (DS II) ist die vierte und abschließende Phase der DRM. In dieser wird der *tatsächliche Support* hinsichtlich der identifizierten Kernfunktionalitäten evaluiert. In der Anwendungsevaluation wird geprüft, ob der Support für die vorgesehenen Aufgaben verwendet werden kann und dabei die erwartete Wirkung auf die Schlüsselfaktoren erzielt wird. In der Erfolgsevaluation wird geprüft, ob der Support den angestrebten Einfluss auf die festgelegten Erfolgskriterien in der praktischen Anwendung erzielen kann. Eine vollständige Evaluation des Supports erfordert das langjährige Begleiten realer Produktentwicklungsprojekte unter Einsatz des geplanten Supports. Aus diesem Grund stellt eine solche Validierung zumeist ein separates Forschungsvorhaben dar. Im Rahmen dieser Forschungsarbeit wird eine sogenannte *Initial Descriptive Study II* durchgeführt. Im Fokus steht dabei das Ermitteln von Implikationen der sinnhaften Anwendbarkeit des *tatsächlichen Supports* (bzw. dessen Kernfunktionalitäten) im Sinne einer Anwendungsevaluation (siehe Kapitel 6.2).

3.3 Lösungsansatz

Zur Beantwortung der abgeleiteten Forschungsfragen wurde ein Lösungsansatz für ein prädiktives Interaktionsmodell entwickelt [P4] (siehe Bild 28). Um die *Zugänglichkeit der Aufgabenmodellierung* zu erhöhen, soll diese standardisiert vonstattengehen, dem Anwender möglichst wenig

Vorwissen (Fachwissen bzgl. Ergonomie und menschlichem Verhalten) abverlangen, sich durch einen einfachen Aufbau auszeichnen und eine hohe Datendurchgängigkeit zu CAD-Systemen und anderen Softwaretools aufweisen. Dies soll durch die Verwendung von Affordanzen (siehe Kapitel 2.2.4) realisiert werden. Der Lösungsansatz stützt sich auf die Annahme, dass viele in der Technik vorkommende Interaktionskonzepte zwischen Mensch und Produkt auf einen relativ kleinen Katalog elementarer Affordanzen reduziert werden können. Diese elementaren Affordanzen sind als CAD-Features [281] in einem Aufgabeneditor (integriert in ein CAD-System) zu implementieren. Die dadurch entstehenden Affordanz-Features sollen es dem Produktentwickler ermöglichen, einem digitalen Produktmodell in einer zugänglichen Vorgehensweise Informationen über dessen Interaktionsmöglichkeiten anzuhängen. Dadurch soll das Produktmodell zum Träger von Interaktions-Informationen werden. Diese Informationen sollen im Nachgang genutzt werden können, um Randbedingungen für eine Vorhersage und Analyse menschlichen Interaktionsverhaltens zu erzeugen, welche automatisiert mittels eines digitalen Menschmodells vonstattengehen sollen.

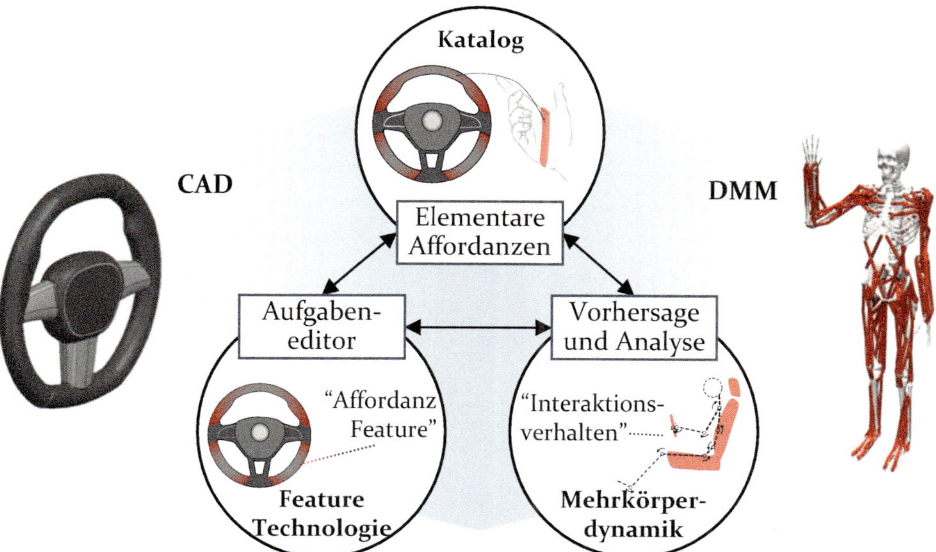

Bild 28: Lösungsansatz eines prädiktiven Interaktionsmodells zur Modellierung und Vorhersage menschlichen Interaktionsverhaltens.

Als digitales Menschmodell soll ein muskuloskelettales Menschmodell verwendet werden. Aufgrund dessen detaillierter Modellierung des Bewegungsapparates sowie dessen zugrundeliegenden Mehrkörperansatzes soll eine bestmögliche *Vertrauenswürdigkeit der Vorhersage* menschlichen Interaktionsverhaltens erreicht werden. So ermöglicht ein muskuloskelettales Menschmodell eine physiologisch begründete Bewegungsausführung unter Ausschluss unnatürlicher Gelenkstellungen. Durch die Möglichkeit der dynamischen Analyse kann zudem überprüft werden, ob sich das erzeugte menschliche Verhalten im dynamischen Gleichgewicht befindet. Dadurch kann die potenzielle Durchführbarkeit des prädizierten Interaktionsverhaltens nachgewiesen werden. Durch die Möglichkeit zur dynamischen Auswertung biomechanischer Kenngrößen (bspw. Muskelkräfte und -aktivierungen oder Gelenkmomente und Gelenkreaktionskräfte) wird zudem eine physiologisch begründete Analyse der Mensch-Produkt Interaktion bzw. der Produktergonomie und Gebrauchstauglichkeit möglich [142, 176].

Dem vorgestellten Lösungsansatz liegen drei Prämissen zugrunde:

PRÄMISSE I: *Wiederkehrende Interaktionskonzepte in der Technik basieren auf einem kleinen Set elementarer Affordanzen.*

PRÄMISSE II: *Eine Implementierung der elementaren Affordanzen als CAD-Features erhöht die Zugänglichkeit der Aufgabenmodellierung.*

PRÄMISSE III: *Menschliches Interaktionsverhalten kann mithilfe muskuloskelettaler Menschmodelle und geeigneter Rand- und Startbedingungen prädiktiv synthetisiert werden.*

Zur weiteren Ausarbeitung dieses Lösungsansatzes wurde gemäß der *Descriptive Study I* der DRM eine erste Untersuchung des Designphänomens in Form einer systematischen Literaturrecherche durchgeführt. Deren Durchführung sowie die daraus gewonnen Resultate und Erkenntnisse sind im nachfolgenden Kapitel beschrieben.

4 Systematische Literaturrecherche

4.1 Überblick

Zum Erlangen eines verbesserten *Verständnisses* hinsichtlich der prädiktiven Interaktionsmodellierung wurde im Rahmen der *Descriptive Study I* der DRM eine systematische Literaturrecherche – veröffentlicht in WOLF et al. [P6] – durchgeführt. Diese hatte zum Ziel, erste Erkenntnisse hinsichtlich der gestellten Forschungsfragen und der konkreten Gestaltung des angestrebten Interaktionsmodells zu erheben. Dazu wurde der gewählte Lösungsansatz auf Systemebene betrachtet (siehe Bild 29).

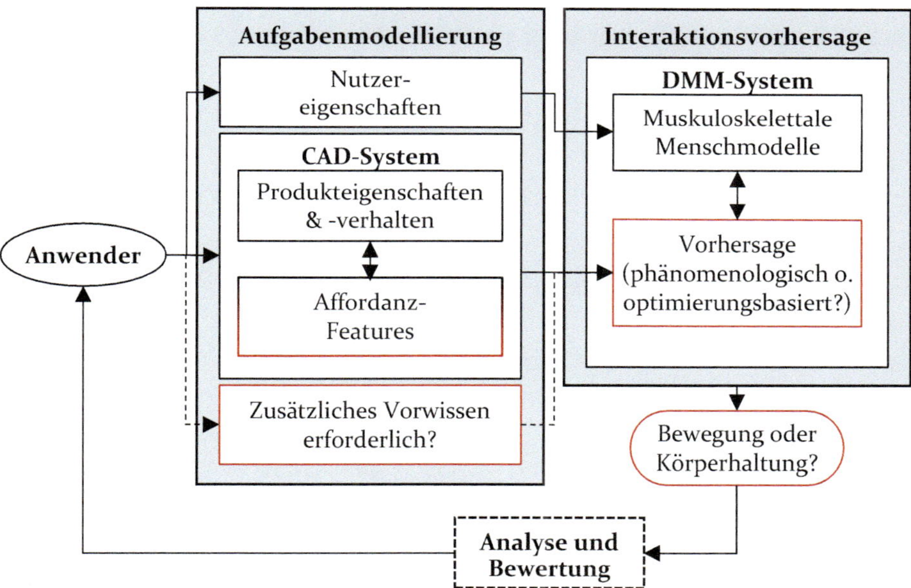

Bild 29: Systembetrachtung des Lösungsansatzes zur prädiktiven Interaktionsmodellierung. Bestehende Unklarheiten hinsichtlich der Gestaltung des Ansatzes (rote Kästen) sollen mittels der systematischen Literaturrecherche aufgelöst werden.

Gemäß des Lösungsansatzes wählt der Anwender im Rahmen der Aufgabenmodellierung muskuloskelettale Menschmodelle aus, welche die biomechanischen Nutzereigenschaften der zu analysierender Nutzergruppe abbilden. Zudem beschreibt der Anwender die Interaktion zwischen Mensch und Produkt mithilfe der Affordanz-Features. Mit Hinblick auf FORSCHUNGSFRAGE I sollte überprüft werden, ob dieses Vorwissen zur vielseitig anwendbaren Interaktionsvorhersage ausreichend ist oder ob zusätzliches Vorwissen in der Aufgabenmodellierung hinterlegt werden muss. Als Vorwissen werden dabei alle relevanten Informationen (Randbedingungen,

Startlösungen etc.) verstanden, die zur prädiktiven Interaktionsvorhersage benötigt werden. In Bezug auf FORSCHUNGSFRAGE II kann mit diesem Wissen festgelegt werden, welche Teile des benötigten Vorwissens durch den Anwender (den Produktentwickler ohne vertieftes Fachwissen bzgl. menschlichen Verhaltens & Interaktionsmodellierung) eingebracht werden können und welche Teile in der Aufgabenmodellierung hinterlegt / modelliert werden sollten. Vor dem Hintergrund von FORSCHUNGSFRAGE III sollte zudem ermittelt werden, ob eine vielseitig anwendbare und zugleich vertrauenswürde Interaktionsvorhersage im Kontext der Mensch-Produkt Interaktion eher durch die Vorhersage von Bewegungen oder Körperhaltungen zu realisieren ist und ob dazu ein phänomenologischer oder ein rein optimierungsbasierter Ansatz verwendet werden sollte. Zur Beantwortung dieser Fragestellungen wurden mithilfe der systematischen Literaturrecherche bestehende Methoden der Aufgabenmodellierung und Interaktionsvorhersage identifiziert und tiefergehend untersucht.

4.2 Methodik des systematischen Literaturrecherche

Zur Identifikation relevanter Literatur wurde eine systematische Vorgehensweise angewendet (Siehe Bild 30). Die Literaturrecherche wurde in der Datenbank Scopus durchgeführt. Dabei wurde ein Suchstring verwendet, welcher Titel und Abstracts englischsprachiger Veröffentlichungen durchsuchte:

((musculoske) OR (anthropo*) OR (digital*) OR (virtual*) OR (biomech*)) AND (("digital human*") OR ("digital man*") OR ("human model*") OR ("musculoske* model*") OR ("musculoske* simulat*") OR (manikin*) OR (mannequin*) OR ("man model*")) AND ((ergonom*) OR ("human factor*") OR (usabili*) OR (comfor*)).*

Dieser generische Suchstring wurde angewendet, um virtuelle Ergonomietools und deren Methoden zu identifizieren und anschließend jene Arbeiten herauszufiltern, die eine prädiktive Interaktionsmodellierung am digitalen Menschmodell beschreiben.

Mittels des Strings wurde eine Gesamtzahl von 802 Veröffentlichungen identifiziert. Anschließend wurden die Veröffentlichungen anhand von vordefinierten Ausschlusskriterien manuell untersucht und aussortiert. Ausgeschlossen wurden Beiträge, welche keine proaktiven Methoden zur Interaktionsmodellierung beschreiben (bspw. Manipulationsfunktionen, VR-Schnittstellen oder Motion Capturing Methoden). Ferner wurden jene Veröffentlichungen aussortiert, welche sich nicht mit anthropometrischen oder muskuloskelettalen Menschmodellen beschäftigen (bspw. Haptik-Modelle, FEM-Menschmodelle oder Menschmodelle zum Kleidungsdesign). Im ersten Schritt wurden Titel und Abstracts untersucht (448 Beiträge ausgeschlossen), im zweiten Schritt Einleitungen und Zusammenfassungen betrachtet (233 Beiträge ausgeschlossen) und in einem dritten Schritt die kompletten Inhalte gelesen (25 Beiträge ausgeschlossen). Zudem wurde relevante und weiterführende Literatur aus den untersuchten Beiträgen hinzugefügt (7 Beiträge).

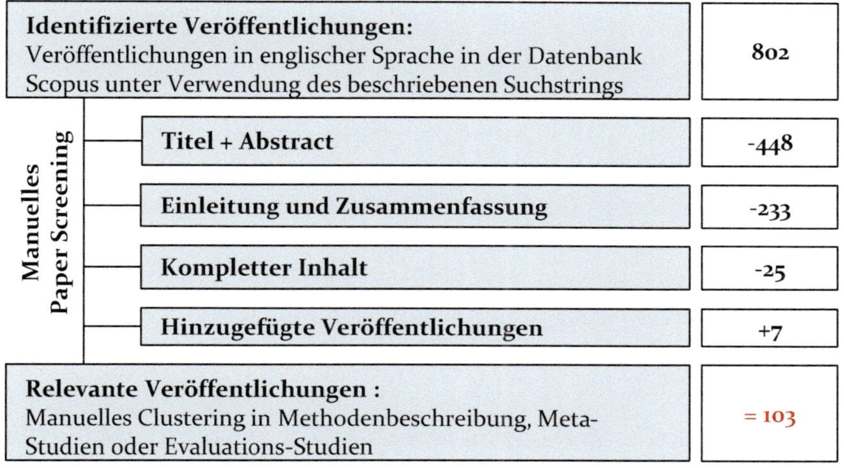

Bild 30: Systematische Vorgehensweise zur Identifikation relevanter Veröffentlichungen

Insgesamt wurden so 103 relevante Veröffentlichen identifiziert. Aus diesen wurden konkrete Methoden zur Aufgabenmodellierung und Interaktionsvorhersage ermittelt und nach deren Ansätzen (vgl. Bild 26) gruppiert (siehe [P6]). Zur tiefergehenden Untersuchung der Methoden zur Interaktionsvorhersage wurde für jede Methode das benötigte Vorwissen bzw. die benötigten Eingangsgrößen sowie die Limitationen und Stärken bzw. Schwächen der Methoden erfasst und ausgewertet.

4.3 Resultate der systematischen Literaturrecherche

Die identifizierten Methoden wurden bereits im Stand der Technik (Kapitel 2.5) beschrieben. Im Folgenden werden die Resultate der tiefergehenden Untersuchungen zusammengefasst. Zum besseren Verständnis werden zunächst die Limitationen und Stärken bzw. Schwächen der verschiedenen Ansätze zur Interaktionsvorhersage beschrieben. Nachfolgend wird das benötigte Vorwissen zur Interaktionsvorhersage dargestellt. Abschließend werden die Unterschiede hinsichtlich der Vorhersage von Körperhaltungen und Bewegungen erläutert.

Ansatz zur Interaktionsvorhersage

Methoden mit einem *phänomenologischen Ansatz* ermöglichen eine vertrauenswürdige Vorhersage spezifischer Anwendungsfälle, da auf eine empirisch ermittelte Datengrundlage zurückgegriffen wird. So kann menschliches Interaktionsverhalten vorhergesagt werden, solange die Vorhersage innerhalb eines ausreichend charakterisierten Parameterraums stattfindet. Findet die Vorhersage außerhalb dieses Parameterraums statt, ist diese mit dem Risiko behaftet, dynamisch inkonsistente und damit unrealistische Bewegungen und Körperhaltungen zu erzeugen. Grundsätzlich sind phänomenologische Ansätze vielseitig anwendbar, solange eine entsprechend große Datenmenge hinterlegt ist. Beispiele vielseitig anwendbarer Methoden sind das HUMOSIM-Framework [222] oder der Editor menschlicher Arbeit [20]. Bei der Erhebung der Daten muss neben der Vielzahl an möglichen Aufgaben eine große Zahl an denkbaren Einflussgrößen berücksichtigt werden. Da dies jedoch oftmals nicht praktikabel ist, haben phänomenologische Methoden zumeist Limitationen hinsichtlich der Vorhersage menschlichen Interaktionsverhaltens in Abhängigkeit von äußeren Kräften oder individuellen menschlichen Eigenschaften (z. B. Anthropometrie, Kraft oder Beweglichkeit).

Optimierungsbasierte Methoden streben die Vorhersage menschlichen Interaktionsverhaltens auf Grundlage möglichst weniger oder gar keiner experimenteller Daten an. Körperhaltungen und Bewegungen werden durch das Formulieren und Lösen eines Optimierungsproblems identifiziert. Dabei wird zumeist eine Zielfunktion zur Minimierung des physiologischen Bewertungskriteriums mit zugehörigen Randbedingungen formuliert [146]. Ein entscheidender Vorteil dieses Ansatzes ist die Möglichkeit, den Einfluss von externen Kräften, menschlicher Individualität oder anderer Randbedingungen im Optimierungsproblem berücksichtigen zu können. Eine dynamische Formulierung ermöglicht das Berücksichtigen von Kräften und Trägheit [27]. Kinematische Formulierungen lassen diese Möglichkeit vermissen [188, 277], sind jedoch im Regelfall weniger komplex aufgebaut und stellen geringere Anforderungen an die Modellierungsexpertise sowie an die Rechenzeit. Damit ein mathematisches Optimierungsproblem valide bzw. realistische Körperhaltungen oder Bewegungen erzeugen kann, ist ein aufwändiger Modellierungsprozess zu durchlaufen. Dieser erfordert in den meisten Fällen Vorwissen bzw. empirische Daten hinsichtlich des zu erzeugenden menschlichen Verhaltens. Entsprechend kommen auch optimierungsbasierte Methoden nicht gänzlich ohne Beobachtungen bzw. empirische Daten aus, auch wenn diese nicht zwangsläufig als Bewegung bzw. Körperhaltung vorliegen müssen. Oftmals besteht das Vorwissen aus

Annahmen (z.B. Dauer einer Bewegung), Startlösungen (z.B. Standposition) oder kinematischen bzw. dynamischen Randbedingungen (z.B. Greif-Trajektorien, Gelenkwinkelverläufe oder externe Kräfte). Aus diesem Grund sind die Mehrheit der optimierungsbasierten Methoden ausschließlich für spezifische Anwendungsfälle ausgelegt [76, 184, 219, 220], [P2], [P3] und damit nicht für eine vielseitig anwendbare Interaktionsvorhersage geeignet. Es existieren jedoch optimierungsbasierte Methoden, welche eine vielseitig anwendbare Vorhersage menschlichen Interaktionsverhaltens anstreben. Hier sind die Körperhaltungsvorhersagen von KRÜGER [146] oder die Bewegungsvorhersagen nach ABDEL-MALEK et al. [1] zu nennen. Diese finden im Optimierungsprozess jedoch oftmals Lösungen, welche lokalen Konvergenzen (lokalen Minima) entsprechen. Demnach werden Lösungen gefunden, die sich in der Nähe der Startlösung (Körperhaltung oder Bewegung) befinden. Das Finden des globalen Minimus ist damit stark von der Startlösung abhängig. Entsprechend ist auch hier ein gewisses Vorwissen zur Charakterisierung der angestrebten Körperhaltung oder Bewegung von Nöten. Zudem sind dynamische Optimierungsalgorithmen stark von den definierten Randbedingungen und weiteren Eingangsgrößen (wie Spezifikationen des Solvers) abhängig, weshalb diese eher als Expertentools zu bewerten sind.

Vorwissen zur Interaktionsvorhersage

Die vorangegangenen Erläuterungen zeigen, dass jede Methode auf eine gewisse Form von Vorwissen hinsichtlich des zu erzeugenden menschlichen Interaktionsverhaltens angewiesen ist [P6]. Zur Vorhersage werden entweder Körperhaltungen, Bewegungen, Endeffektor-Trajektorien, Zeitangaben, Standpositionen oder Ähnliches zur Charakterisierung des zu erzeugenden Interaktionsverhaltens verwendet. In dieser Arbeit soll dieses Phänomen als *Charakterisierung menschlichen Interaktionsverhaltens* beschrieben werden. Zur Charakterisierung menschlichen Verhaltens werden mehrheitlich Körperhaltungen oder Bewegungen (ausgedrückt in generalisierten Koordinaten) als Startlösung beziehungsweise Ziellösung verwendet [19, 85, 99, 100, 123, 130, 218, 262], [P2],[P3]. Andere Methoden parametrisieren menschliches Interaktionsverhalten mittels globaler Segmentpositionen oder -trajektorien [7, 144, 148, 188, 219, 220].

Neben der Charakterisierung des menschlichen Interaktionsverhaltens, ist zumindest die *Lage und Orientierung der in Interaktion stehenden Endeffektoren bzw. Körperteile* ein Teil des zur prädiktiven Interaktionsvorhersage benötigten Vorwissens. Die Mehrheit der untersuchten Methoden verwendet globale Endeffektor-Positionen oder -Trajektorien zur

Beschreibung des Produktverhaltens. Einige Methoden berücksichtigen zusätzlich Abstützkräfte bzw. externe Kräfte [1, 222, 291] oder eine Kollisionsvermeidung [31, 120, 172, 204]. Für freie Interaktionen (wie stehende Tätigkeiten) ist zudem die Vorgabe der Position und Orientierung des Menschmodells in Relation zum Produktmodell eine entscheidende Eingangsgröße [283]. Ein alternativer Ansatz zur Vorgabe globaler Endeffektor-Positionen oder -Trajektorien ist das kinematische und dynamische Koppeln eines Menschmodells mit einem Mehrkörper-Produktmodell. Die Kopplung wird dabei durch das Modellieren von Gelenken und Reaktionskräften zwischen den entsprechenden Segmenten des Menschmodells und den jeweiligen Körpern des Produktmodells realisiert. Das Produktverhalten wird dabei direkt vorgegeben [76, 146, 184].

Die Beschreibung der *Nutzereigenschaften* erfolgt in allen untersuchten Methoden mithilfe der digitalen Menschmodelle. Die Mehrheit der Methoden realisiert die Beschreibung unterschiedlicher Nutzereigenschaften mithilfe von Menschmodellbibliotheken [1, 20, 105, 130, 213, 286], während wenige Methoden gesonderte Editoren zur Modifikation der Menschmodelle beinhalten [181].

Körperhaltungsvorhersage versus Bewegungsvorhersage

Die Bewertung von Produktergonomie und Gebrauchstauglichkeit ist in vielen Methoden mit einer Analyse von *Körperhaltungen* realisiert (vgl. Kapitel 2.3.2 und Kapitel 2.4.4). Körperhaltungen reduzieren komplexe Bewegungsabläufe auf einen repräsentativen Zeitpunkt und Bewegungszustand. Die Vorhersage und Bewertung von Körperhaltungen ist entsprechend weniger komplex, da die zeitliche Dimension und alle damit verknüpften Effekte (bspw. Trägheitskräfte) nicht zu berücksichtigen sind. Aus diesem Grund dürfen jedoch Bewegung mit hohen dynamischen Anteilen (bspw. ruckartige Bewegungen oder das Ausnutzen von Trägheit) zur ergonomischen Bewertung nicht auf eine Körperhaltung reduziert werden.

Im Vergleich dazu bietet die Bewertung von Produktergonomie und Gebrauchstauglichkeit mittels *Bewegungen* ein vollständigeres Bild. Bewegungen ermöglichen die Betrachtung der kompletten Interaktion von Anfang bis Ende und berücksichtigen zeitabhängige Faktoren. Die Vorhersage von Bewegungen ist jedoch deutlich komplexer als das Erzeugen von Körperhaltungen, da die zeitlich-räumliche Koordination des gesamten Bewegungsapparates dynamisch konsistent vorhergesagt werden muss. Der Bewegungsablauf muss dafür so erzeugt werden, dass die resultierenden Massen- und Trägheitskräfte (-momente) von den körperinneren Kräften erzeugt bzw. ausgeglichen und von den externen Kräften kompensiert werden können. Nur dann befindet sich die Bewegung zu jedem Zeitpunkt im dynamischen Gleichgewicht und ist damit realisierbar. Diese dynamische Konsistenz können Methoden auf Basis einer kinematischen Interaktionsvorhersage oftmals nicht gewährleisten [188, 277].

Grundsätzlich haben alle Vorhersagemodelle zum Ziel, Körperhaltungen oder Bewegungen so realistisch wie möglich zu synthetisieren. Der Realismus bemisst sich dabei zunächst am physiologisch Machbaren. Dabei wird oft davon ausgegangen, dass für jede Interaktion *eine* korrekte Lösung existiert. Als korrekte Lösung wird dabei jene Bewegung oder Körperhaltung verstanden, welche von den Nutzern am wahrscheinlichsten eingenommen werden würde. Nur wenige Interaktionsmodelle berücksichtigen die Variabilität von Bewegung [233], den Einfluss von Ermüdung [163–166], die Existenz unterschiedlicher Bewegungsstrategien [7] oder Körperhaltungsanpassungen aufgrund von Diskomfort [48].

4.4 Diskussion und Erkenntnisableitung

Die geschilderten Einblicke in die verschiedenen Modellierungsansätze bieten ein besseres Verständnis hinsichtlich der identifizierten Forschungslücke. Mithilfe dieses vertieften Verständnisses konnten drei wesentliche Erkenntnisse hinsichtlich der Gestaltung des angestrebten prädiktiven Interaktionsmodells gewonnen werden:

Erkenntnis I: Jede der untersuchten Methoden zur Interaktionsvorhersage erfordert eine Charakterisierung des zu prädizierenden menschlichen Interaktionsverhaltens. Dies liegt darin begründet, dass der menschliche Bewegungsapparat mathematisch unterbestimmt ist und damit eine beliebige Anzahl möglicher Bewegungen bzw. Körperhaltungen zur Durchführung ein und derselben Aufgabe existieren. Dieses als „Redundanz menschlicher Bewegungsmöglichkeiten“ [31, 222] bekannte Phänomen ist bei der Verwendung digitaler Menschmodelle noch stärker ausgeprägt als in der Realität, da bei kinematischer Betrachtung auch jene Körperhaltungen und Bewegungen zum Lösungsraum gehören, die in der Realität aufgrund der erforderlichen Einhaltung des dynamischen Kräftegleichgewichts nicht möglich wären. Die Notwendigkeit zur Charakterisierung des menschlichen Interaktionsverhaltens erklärt, weshalb sich die existierenden vielseitig anwendbaren Interaktionsmodelle auf die Vorhersage menschlicher Arbeit beschränken. Hierfür existiert nach Jahrzehnten der Arbeitszeit- und Montagetätigkeitserfassung ein breites Vorwissen in Form von Verrichtungs- bzw. Montagetätigkeitskatalogen [20, 172, 176], die zur Aufgabenmodellierung verwendet werden können.

Damit die Charakterisierung menschlichen Interaktionsverhaltens im angestrebten prädiktiven Interaktionsmodell nicht durch den Anwender erfolgen muss (Gewährleistung einer guten Zugänglichkeit) ist für deren Abbildung eine geeignete Modellierung / ein geeignetes Konzept zu finden und in die Aufgabenmodellierung zu integrieren.

Erkenntnis II: Bestehende prädiktive Interaktionsmodelle erfordern neben der Charakterisierung des menschlichen Interaktionsverhaltens und den Nutzereigenschaften (abgebildet durch das DMM), Vorwissen bezüglich der Lage und Orientierung der in Interaktion stehenden menschlichen Endeffektoren bzw. Körperteile sowie der globalen Lage des Menschmodells (bei freier Interaktion). Bei dynamischer Betrachtung ist dieses Vorwissen mit den auftretenden Abstützkräften sowie externen Kräften zu ergänzen.

Dieses Vorwissen soll im angestrebten prädiktiven Interaktionsmodell mittels der Affordanz-Features modelliert werden. Die Affordanz-Features sollen gemäß des Lösungsansatzes als Schnittstelle zur Modellierung der Mensch-Produkt Interaktion fungieren. Zur Einhaltung der geforderten Zugänglichkeit müssen diese intuitiv verwendet werden können. Aus diesem Grund sollte sowohl deren Anzahl gering gehalten als auch deren Aufbau möglichst einfachen gestaltet werden. Deshalb ist es nicht ratsam, die Charakterisierung des menschlichen Interaktionsverhaltens in die Affordanz-Features zu integrieren. Vielmehr sollen die Affordanz-Features das benötigte Vorwissen hinsichtlich der Interaktionsmöglichkeiten mit technischen Produkten beinhalten. Dadurch kann der Anwender aus vordefinierten Interaktionsmöglichkeiten wählen und diese ggf. spezifizieren, anstatt die Lage und Orientierung der in Interaktion stehenden menschlichen Endeffektoren bzw. Körperteile händisch modellieren zu müssen.

Erkenntnis III: Die Untersuchung der identifizierten Methoden sowie die daraus abgeleitete Erkenntnis I legen nahe, dass eine vertrauenswürdige und vielseitig anwendbare Interaktionsmodellierung vornehmlich mit einem phänomenologischen Ansatz zu erreichen ist. Dies bedeutet nicht, dass die Interaktionsvorhersage nicht mittels eines Optimierungsalgorithmus erfolgen kann, sondern dass die Vorhersage auf vertrauenswürdige Daten zur Charakterisierung des menschlichen Interaktionsverhaltens zurückgreifen sollte. Die Vorhersage menschlichen Verhaltens in Form einer Körperhaltung erfordert eine deutlich weniger stark ausgeprägte Charakterisierung des Interaktionsverhaltens als die Vorhersage einer Bewegung. Gerade bei der Berücksichtigung externer Kräfte oder menschlicher Eigenschaften erspart das Vernachlässigen der zeitlichen Dimension das

Charakterisieren unterschiedlicher zeitlicher Verläufe. Aus diesem Grund ist davon auszugehen, dass eine möglichst vielseitig anwendbare Interaktionsmodellierung eher durch die Vorhersage von Körperhaltungen als durch das Prädizieren von Bewegungen zu erreichen ist (trotz den mit einer Körperhaltungsvorhersage einhergehenden Limitationen). Entsprechend ist das prädiktive Interaktionsmodell mit einer phänomenologischen, posturalen Interaktionsvorhersage umzusetzen.

Mithilfe dieser drei Erkenntnisse wurden die bestehenden Unklarheiten zur Gestaltung des Lösungsanasatzes aufgelöst und dadurch der Lösungsansatz mit Hinblick auf eine Umsetzung konkretisiert (siehe Bild 31).

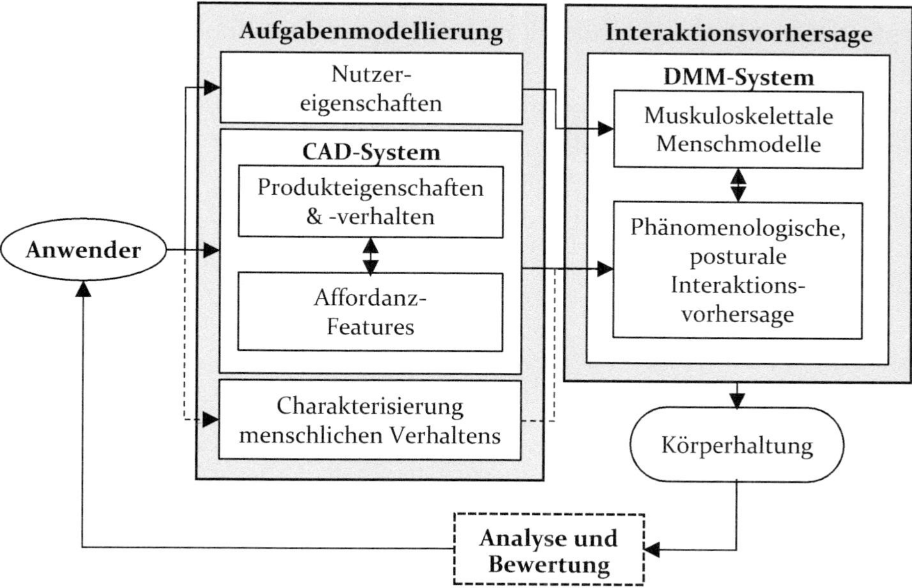

Bild 31: Systembetrachtung des konkretisieren Lösungsansatzes zur prädiktiven Interaktionsmodellierung. Die Unklarheiten hinsichtlich der Umsetzung dieses Ansatzes wurden mittels der systematischen Literaturrecherche aufgelöst.

4.5 Fazit – Systematische Literaturrecherche

Mithilfe einer systematischen Literaturrecherche konnte ein tiefgehendes *Verständnis* hinsichtlich der identifizierten Forschungslücke erreicht und FORSCHUNGSFRAGE I beantwortet werden. Durch eine Untersuchung bestehender Methoden wurden Erkenntnisse hinsichtlich des benötigten Vorwissens zur Interaktionsvorhersage ermittelt. Demnach besteht dieses zumindest aus den relevanten Nutzereigenschaften (bspw. abgebildet durch ein DMM), der Lage und Orientierung der in Interaktion stehenden Endeffektoren bzw. Körperteile, sowie einer Charakterisierung des zu prädizierenden menschlichen Interaktionsverhaltens. Für freie Interaktionen ist zudem die Vorgabe der Lage des Menschmodells erforderlich. Bei dynamischer Betrachtung zählen außerdem die auftretenden Abstützkräfte sowie externen Kräfte zum benötigten Vorwissen. Auf Basis dieser Informationen konnten Erkenntnisse hinsichtlich der Gestaltung der Methode zur Aufgabenmodellierung gewonnen werden. Demnach ist es ratsam, die Vorgabe der Lage und Orientierung der in Interaktion stehenden Endeffektoren bzw. Körperteile, die Vorgabe der Lage des Menschmodells und die Vorgabe der Abstützkräfte sowie externen Kräfte mittels der Affordanz-Features zu realisieren. Die Charakterisierung des zu prädizierenden menschlichen Interaktionsverhaltens ist durch eine gesonderte Modellierung umzusetzen. Außerdem konnten Erkenntnisse hinsichtlich der Methode zur Interaktionsvorhersage gewonnen werden. So ist eine vielseitig anwendbare und vertrauenswürdige Interaktionsvorhersage am besten durch eine posturale Interaktionsvorhersage (Vorhersage von Körperhaltungen) nach dem phänomenologischen Ansatz zu realisieren. Auf Grundlage dieser Erkenntnisse wurde der Lösungsansatz (vgl. Kapitel 3.3) konkretisiert und die Basis zur Entwicklung des prädiktiven Interaktionsmodells gelegt.

5 Prädiktives Interaktionsmodell

5.1 Überblick

In diesem Kapitel wird das erforschte prädiktive Interaktionsmodell präsentiert. Dieses besteht aus einer Methode zur Aufgabenmodellierung sowie einer Methode zur posturalen Interaktionsvorhersage (siehe Bild 32). Das Interaktionsmodell wurde um eine Möglichkeit zur dynamischen Analyse der erzeugten Körperhaltung mittels einer statischen Optimierung am muskuloskelettalen Menschmodell ergänzt.

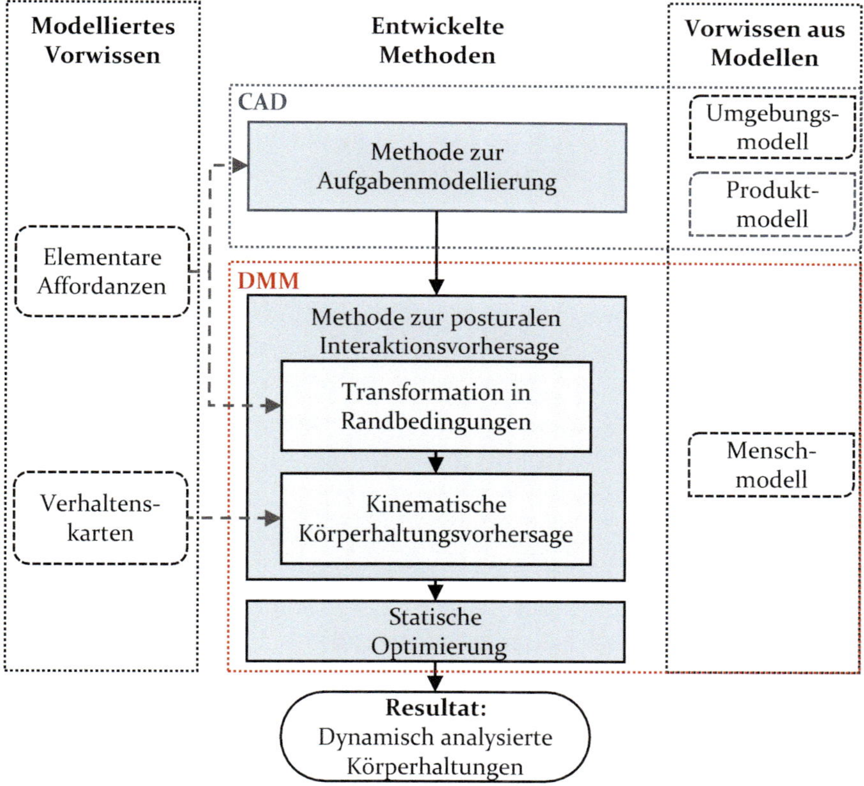

Bild 32: Prädiktives Interaktionsmodell im Überblick

Die Methode zur Aufgabenmodellierung greift auf einen Katalog elementarer Affordanzen zurück, welcher mittels einer Taxonomie abgeleitet wurde (erläutert in Kapitel 5.2). Diese elementaren Affordanzen sind als CAD-Features umgesetzt und erlauben das Modellieren einer Aufgabe durch das Definieren von physischen Interaktionen am CAD-Produkt- und Umgebungsmodell (erläutert in Kapitel 5.3). Zur posturalen

Interaktionsvorhersage (Körperhaltungserzeugung) werden zunächst die in der CAD-Umgebung definierten Affordanz-Features über ein Austauschformat in ein muskuloskelettales Simulationstool importiert. Dort werden diese mittels eines Skriptes automatisch in Randbedingungen einer kinematischen Körperhaltungsvorhersage transformiert (erläutert in Kapitel 5.4.1). Für die Charakterisierung des menschlichen Verhaltens wurde das Konzept der Verhaltenskarten entwickelt (erläutert in Kapitel 5.3.2). Ein kinematischer Optimierungsalgorithmus erzeugt aus diesen Eingangsgrößen automatisch eine oder mehrere Körperhaltungen unter Verwendung eines muskuloskelettalen Ganzkörpermodells (erläutert in Kapitel 5.4.2). Im Anschluss können diese Körperhaltungen mithilfe einer statischen Optimierung hinsichtlich deren ursächlichen Muskelkräfte untersucht werden (siehe Kapitel 5.4.3). Ergebnis des prädiktiven Interaktionsmodells sind demnach dynamisch analysierte Körperhaltungen. Die Möglichkeit zur dynamischen Analyse erlaubt eine Evaluation der entwickelten Methoden, hinsichtlich biomechanisch begründeter Kenngrößen.

5.2 Entwicklung des Katalogs elementarer Affordanzen

Die Entwicklung des prädiktiven Interaktionsmodells erfolgte auf Grundlage der Erforschung eines Katalogs elementarer Affordanzen. Dieser wurde zur vielseitig anwendbaren und zugleich zugänglichen Aufgabenmodellierung unter Berücksichtigung der ermittelten Erkenntnisse (siehe Kapitel 4.4) erarbeitet. Die Intention des Katalogs elementarer Affordanzen ist die Abstraktion wiederkehrender Interaktionskonzepte mit einer möglichst kleinen Anzahl elementarer Affordanzen. Zur Identifizierung dieses Katalogs wurde eine Taxonomie entwickelt, welche es erlaubt, physische Mensch-Produkt Interaktionen nach einem einheitlichen Schema zu klassifizieren und semantisch wie mechanisch zu beschreiben.

5.2.1 Definition elementarer Affordanzen

Affordanzen werden in verschiedensten Formen zur Beschreibung unterschiedlichster Effekte und Phänomene verwendet. Maier und Fadel [171] nutzen ein äußerst generisches Verständnis des Affordanzkonzeptes, um Produkteigenschaften zu beschreiben. Demnach bestehen Affordanzen nicht nur als Interaktionsmöglichkeiten zwischen Nutzer und Produkt, sondern auch als Möglichkeiten der Produktweiterentwicklung für Designer und Ingenieure, als Wartungsmöglichkeiten für Wartungspersonal oder als Einflussmöglichkeiten der Umwelt [170, 171]. Neben diesem weitgefächerten Verständnis des Konzeptes der Affordanzen existieren zahlreiche weitere Definitionen. HU und FADEL [122] geben einen Überblick über bestehende Definitionen und Kategorisierungskonzepte aus den Disziplinen Mensch-Computer-Interaktion, künstliche Intelligenz, Produktentwicklung, Psychologie, Wirtschaftswissenschaften und Philosophie (siehe Tabelle 1).

Tabelle 1: Zusammenfassung der identifizierten Definitionen bzw. Kategorien von Affordanzen nach HU und FADEL [122](im englischen Original belassen).

Quelle	Kategorien
GAVER [91]	sequential/nested
NORMAN [196]	perceptible/hidden
RAUBAL et al. [221]	physical/ social-institutional/ mental
SCARANTINO [234]	goal/ happening
HARTSON [109]	cognitive/ physical/ sensory/ functional
MAIER & FADEL [170]	artifact-artifact-affordances/ artifact-user-affordances
GALVAO & Sato [88]	functional/ operational
KANNENGIESSER & GERO [133]	reflexive/ reactive/ reflective
POLS [210]	Manipulation/ effect/ use/ activity

Nach dem gewählten Lösungsansatz sollen Affordanzen als Werkzeug zur Aufgabenmodellierung fungieren. Dabei sollen wiederkehrende Interaktionskonzepte in der Technik auf eine möglichst kleine Anzahl elementarer Affordanzen reduziert werden. Der Anwender der Aufgabenmodellierung soll Mensch-Produkt Interaktionen dadurch genauso intuitiv modellieren können, wie dieser Affordanzen bzw. Interaktionen im Alltag intuitiv erkennt und ausführt.

In dieser Forschungsarbeit sind elementare Affordanzen als mechanische Interaktionsmöglichkeiten definiert, die zwischen menschlichen Körperteilen bzw. Endeffektoren (z.B. Hand oder Fuß) und rudimentären Geometrien (z.B. Fläche, Zylinder oder Quader) bestehen. Da Körperhaltungen modelliert und prädiziert werden sollen, werden elementare Affordanzen zudem als zielunabhängig verstanden. Der Ausschluss von Interaktionszielen entfernt eine Abstraktionsebene und damit Komplexität [P5]. Unter Berücksichtigung des Ziels bietet eine Türklinke beispielsweise die Affordanzen "*Herunterdrücken der Klinke*", "*Öffnen der Tür*", "*Schließen der Tür*" oder „*Halt suchen*". Bei einer zielunabhängigen Beschreibung lassen sich diese Affordanzen auf „*bietet Handflächengriff*" reduzieren. Bei Betrachtung der Kategorien aus Tabelle 1 lässt sich diese Definition des

Affordanzkonzeptes als Schnitt- bzw. Teilmenge der physikalischen Affordanzen nach RAUBAL et al. [221] und HARTSON [109], der Ziel-Affordanzen von SCARANTINO [234], der Artefakt-Nutzer-Affordanzen nach MAIER und FADEL [170] und der Manipulations-Affordanzen nach Pols [210] verstehen.

Zur einheitlichen Benennung der elementaren Affordanzen wird in Anlehnung an NORMAN [196] die Nomenklatur *"[Körperteil] + [Verb] + [Geometrie]"* verwendet. Dementsprechend kann die Interaktion mit einer Türklinke durch die elementare Affordanz "*Hand greift Zylinder*" beschrieben werden. Bild 33 zeigt die Anwendung dieser Definition am Beispiel einer rudimentären Beschreibung der Aufgabe „*Autofahren*".

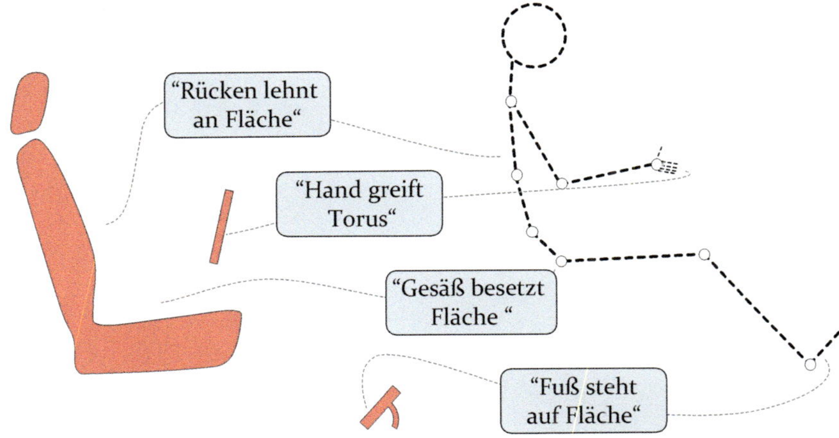

Bild 33: Rudimentäre Beschreibung der Aufgabe „*Autofahren*" durch eine Interaktionsbeschreibung mittels elementarer Affordanzen

5.2.2 Entwicklung einer Taxonomie elementarer Affordanzen

Das Ermitteln des Katalogs elementarer Affordanzen wurde durch das Klassifizieren empirisch ermittelter Interaktionsmöglichkeiten realisiert. Dabei diente eine Taxonomie als Klassifizierungswerkzeug, mit welcher sich physische Mensch-Produkt Interaktionen nach einem einheitlichen Schema klassifizieren und semantisch wie mechanisch beschreiben lassen.

Zur Entwicklung dieser Taxonomie wurde die Klassifizierungsmethode nach NICKERSON et al. [193] verwendet. Zweck dieser Methode ist das Bereitstellen einer Vorgehensweise zur Klassifizierung von Objekten eines bestimmten Interessengebiets (in diesem Fall physische Interaktionsmöglichkeiten) in Form einer Taxonomie. Eine Taxonomie lässt sich nach NICKERSON et al. [193] in Form einer mathematischen Beschreibung definieren:

$$T = \left\{D_i, i = 1, \dots, n | D_i = \left\{C_{ij}, j = 1, \dots, k_{i;} k_{i;} \geq 2\right\}\right\} \quad (9)$$

Demnach besteht eine Taxonomie aus n Dimensionen D_i $(i = 1, \dots, n)$, die sich aus k_i $(k_{i;} \geq 2)$ sich gegenseitig ausschließenden, aber in der Gesamtheit erschöpfenden Charakteristiken $C_{ij}(j = 1, \dots, k_i)$ zusammensetzen. Zur Klassifizierung eines Objekts muss sich dieses entsprechend genau einer Charakteristik C_{ij} in jeder Dimension D_i zuordnen lassen. Die Identifikation passender Dimensionen und Charakteristiken erfordert nach Nickerson mehrere Schritte und Iterationen (siehe Bild 34).

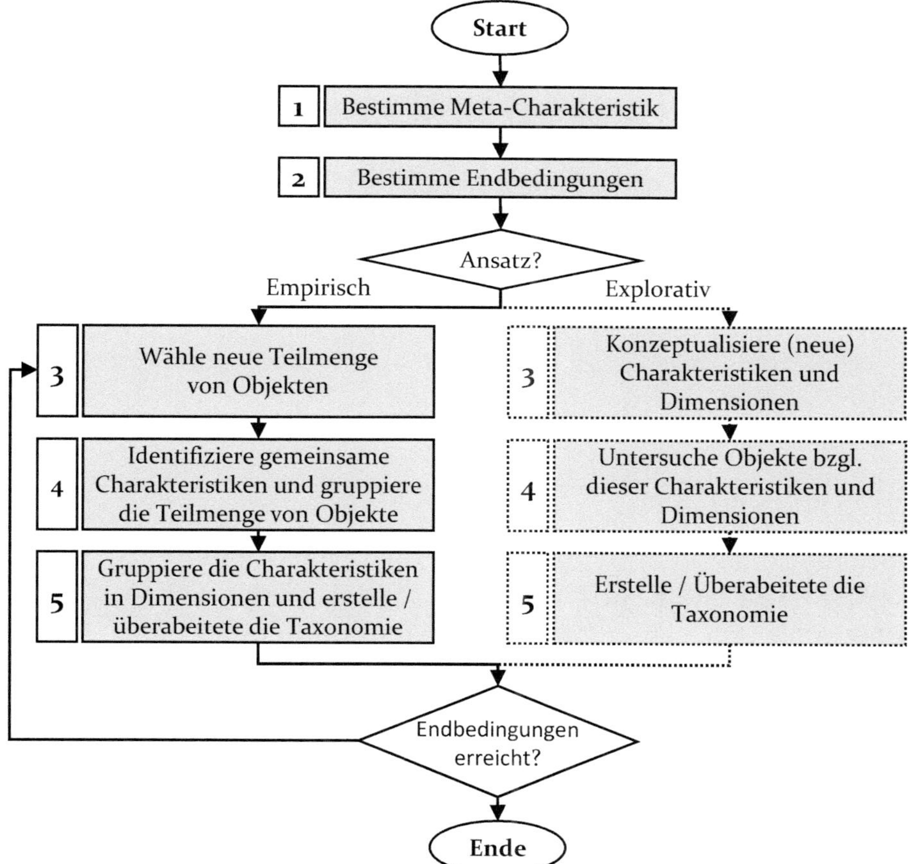

Bild 34: Methode zur Entwicklung einer Taxonomie nach NICKERSON et al. [193]

Der erste Schritt erfordert die Bestimmung einer Meta-Charakteristik. Diese beschreibt den übergeordneten Zweck bzw. den erwarteten Nutzen der Taxonomie und das Ziel der Klassifikation. Der erwartete Nutzen der Taxonomie ist das Bereitstellen einer standardisierten Struktur zur

Klassifikation von Mensch-Produkt Interaktionen in semantisch wie mechanisch beschriebene elementare Affordanzen. Das Ziel der Klassifikation ist das Identifizieren elementarer Affordanzen, welche sich sowohl als CAD-Features für die Interaktionsmodellierung als auch als kinematische und dynamische Randbedingungen einer DMM-Simulation implementieren lassen. Dies soll unter Berücksichtigung der in Kapitel 4.4 beschriebenen Erkenntnisse erfolgen.

Der nächste Schritt beschreibt das Bestimmen von Endbedingungen, um festzulegen wann der iterative Prozess zur Identifikation von Dimensionen und Charakteristiken (Schritt 3 bis 5) abgeschlossen ist. NICKERSON et al. [193] schlagen objektive Endbedingungen (beispielsweise: "*Alle Objekte wurden untersucht*" oder "*In der letzten Iteration wurden keine Dimensionen oder Merkmale zusammengeführt oder aufgeteilt*") und subjektive Endbedingungen (beispielsweise: Die Taxonomie ist *„prägnant, robust, erklärend“*) vor. Für die Entwicklung der Taxonomie elementarer Affordanzen wurden alle von NICKERSON et al. [193] vorgeschlagenen Endbedingungen berücksichtigt. Vor dem Beginn der iterativen Taxonomieentwicklung muss entschieden werden, ob ein empirischer oder ein explorativer Ansatz verwendet werden soll. In diesem Falle wurde der empirisch begründete Ansatz verfolgt, da Daten zu Mensch-Produkt Interaktionen verfügbar waren bzw. einfach generiert werden konnten.

Zum einen wurden empirische Daten aus der Literatur gewonnen. HU und FADEL [122] veröffentlichten einen Datensatz, welcher insgesamt 283 Affordanzen aus 56 Publikationen enthält. Zum anderen wurde eine Erhebungsstudie an neun unterschiedlichen Produkten durchgeführt und mögliche Interaktionen mit diesen Produkten in einem Datensatz zusammengefasst [S4]. Hierbei wurden insgesamt 126 (sich teilweise wiederholende) Interaktionsmöglichkeiten identifiziert. Eine Beschreibung der Erhebungsstudie ist WOLF et al. [P5] zu entnehmen. Die Interaktionsmöglichkeiten im Datensatz von HU und FADEL [122] sind semantisch in Form einer Affordanz-Beschreibung (z.B. *„Pressability“* oder *„Affords_being_held“*) und einer Beschreibung der jeweiligen Interaktionspartner (z.B. *„User-->button“* oder *„User-->pencil“*) hinterlegt. Die Interaktionsmöglichkeiten im Datensatz der Erhebungsstudie sind ebenfalls semantisch in Form einer Affordanz-Beschreibung hinterlegt. Diese ist jedoch mit einer detaillierteren Beschreibung der jeweiligen Interaktionspartner (menschliche Endeffektoren bzw. Körperteile sowie Bedienelement bzw. Bauteil des Produktes) realisiert. Beide Datensätze wurden hinsichtlich der definierten Meta-Charakteristik gefiltert und Einträge, die sich nicht auf physische Interaktionen beziehen oder Haptik bzw. Feinmotorik erfordern, entfernt. Am Ende verblieb ein Datensatz von 140 (sich zum Teil wiederholenden) Interaktionsmöglichkeiten, welcher zur Taxonomieentwicklung herangezogen wurde.

Die anschließenden Schritte 3-5 des Klassifikationsverfahrens beschreiben den Durchlauf einer Iteration der Taxonomieentwicklung. Zunächst wird eine Teilmenge von Objekten (in diesem Fall eine Teilmenge der Interaktionsmöglichkeiten) ausgewählt. Daraufhin werden Charakteristiken für diese Teilmenge identifiziert und die Objekte entsprechend dieser gruppiert. Abschließend werden die identifizierten Charakteristiken in übergeordnete Dimensionen gruppiert und somit eine Taxonomie erstellt bzw. überarbeitet. Diese drei Schritte wurden so lange wiederholt, bis die definierten Endbedingungen erfüllt waren. Entsprechend wurde mehrfach über die einzelnen Interaktionsmöglichkeiten des Datensatzes iteriert, um für jeden einzelnen Eintrag Charakteristiken neu zu definieren bzw. bestehende Charakteristiken zu verfeinern, aufzuteilen, zusammenzuführen oder gegebenenfalls wieder zu entfernen. Dabei mussten die Charakteristiken so gewählt werden, dass sie sich in sinnvollen Dimensionen gruppieren lassen. Bei diesem Prozess spielt nach NICKERSON et al. [193] die Erfahrung und Expertise der Forschenden sowohl in Bezug auf die Entwicklung von Taxonomien aber auch hinsichtlich des Klassifikationsgegenstandes eine entscheidende Rolle. Daher wurde eine Pilotstudie durchgeführt [P5] und mit den erworbenen Erfahrungen der Prozess zur Taxonomieentwicklung ein zweites Mal wiederholt (unter Verwendung der gleichen Daten). Daraus resultierte die finale Taxonomie elementarer Affordanzen, welche alle in den Daten aufgeführten Interaktionen mit sich gegenseitig ausschließenden, aber in der Gesamtheit erschöpfenden Charakteristiken beschreibt.

5.2.3 Identifikation elementarer Affordanzen

Die resultierende Taxonomie besteht aus vier Dimensionen:

1. *Rudimentärer Affordanzvermittler*
2. *Körperteil inkl. Endeffektor-Haltung*
3. *Kinematische Minimal-Beziehung*
4. *Dynamische Minimal-Beziehung*

Der *rudimentäre Affordanzvermittler* beschreibt die abstrahierte Form des Stellteils bzw. des Interaktionsobjektes. Durch diese Abstraktion können vielfältige Geometrien auf wenige rudimentäre Formen reduziert werden, ohne die wesentlichen Charakteristiken hinsichtlich der Kontakt- bzw. Zugriffsart zu verlieren. So lassen sich beispielsweise unterschiedlich geformte Handgriffe mittels eines Zylinders abstrahieren (siehe Bild 35). Zur grobmotorischen biomechanischen Modellierung werden haptische Unterschiede entsprechend vernachlässigt und die Form auf die reine Kontakt- bzw. Zugriffsart reduziert.

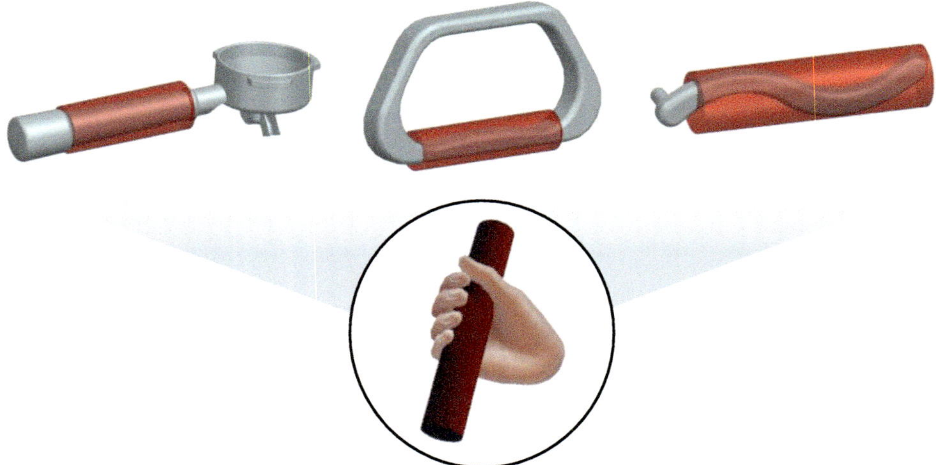

Bild 35: Abstraktion verschieden geformter Handgriffe mittels eines Zylinders. Dieser kann mit einem Handflächengriff kontaktiert werden.

Die Dimension *Körperteil inkl. Endeffektor-Haltung* beschreibt das involvierte Körperteil, bzw. spezifiziert die Art des Zugriffs durch eine Beschreibung der Endeffektor-Haltung. Zweiteres betrifft vorrangig Greif- bzw. Kontakthaltungen der Hand. Dabei wurde sich an den Griff- und Kontaktarten nach KAPANDJI [135] orientiert. Die *kinematische Minimal-Beziehung* beschreibt jene kinematische Kopplung zwischen rudimentären Affordanzvermittler und Körperteil, welche mindestens zur Charakterisierung der mechanischen Interaktion von Nöten ist. Die Beschreibung erfolgt, wie in der digitalen Menschmodellierung üblich, anhand mechanischer Gelenke bzw. kinematischer Einschränkungen (vgl. Bild 19). Beispielsweise ist der Handflächengriff eines Zylinders nur als solcher zu bezeichnen, wenn dieser zumindest durch ein Drehschubgelenk charakterisiert ist. Durch diese Modellierung wird gewährleistet, dass die Hand am Zylinder bleibt, die genaue rotatorische bzw. translatorische Positionierung am Zylinder jedoch nicht spezifiziert werden muss. Die *dynamische Minimal-Beziehung* beschreibt die minimalen Möglichkeiten der Kraftübertragung der jeweiligen Gelenkdefinition in Form von Kräften und Momenten.

Tabelle 2 in Anhang A 1 gibt einen Überblick, über die Charakteristiken der jeweiligen Dimensionen und damit über die vollständige Taxonomie elementarer Affordanzen. Mithilfe dieser Taxonomie lässt sich jede Interaktionsmöglichkeit des verwendeten Datensatzes durch die Zuordnung zu genau einer Charakteristik je Dimension klassifizieren. Durch die Klassifizierung der Objekte aus der Datengrundlage entstehen unterschiedliche Kombinationen aus Charakteristiken. Die Interaktionsmöglichkeiten aus Bild 35 lassen sich beispielsweise durch die Charakteristiken: *Zylinder*; *Hand / Handflächengriff geschlossen*; *Drehschubgelenk* und *3F* & *3M (entspricht der Möglichkeit der Kraftübertragung in alle drei Raumrichtungen und um alle drei Raumachsen)* beschreiben. Dadurch lassen sich die Objekte des Datensatzes entsprechend ihrer Kombination an Charakteristiken gruppieren. Diese Gruppierungen stellen die grundlegenden Interaktionsbeschreibungen und damit die elementaren Affordanzen dar. So entspricht jede einzigartige Kombination aus Charakteristiken einer elementaren Affordanz. Schließlich wurden dadurch ***31 elementare Affordanzen*** aus dem vorliegenden Datensatz abgeleitet. Bild 36 stellt die 31 elementaren Affordanzen dar. Die zugehörigen Charakteristik-Kombinationen sind in Tabelle 3 in Anhang A 1 aufgeführt.

Es zeigte sich, dass eine rein semantische Beschreibung der Charakteristiken (siehe Tabelle 2 und Tabelle 3 in Anhang A 1) für die Entwicklung der Taxonomie von Vorteil ist. Für die konkrete Beschreibung der elementaren Affordanzen muss diese jedoch in eine mechanische Beschreibung überführt werden. Diese ist eindeutig und veranschaulicht die Funktionsweise der elementaren Affordanzen. Zudem ist eine mechanische bzw. mathematische Beschreibung zur Implementierung der elementaren Affordanzen, sowohl in der CAD-Umgebung als auch am digitalen Menschmodell, von Nöten.

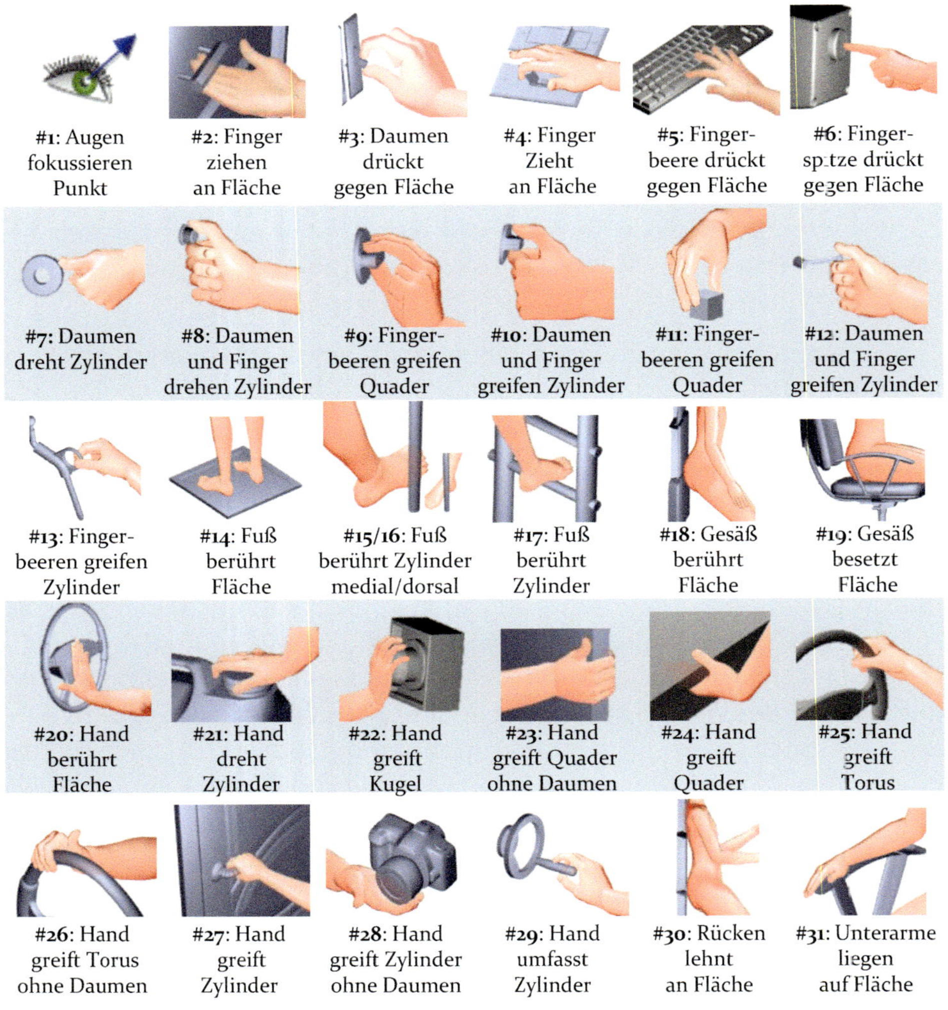

Bild 36: Visuelle Darstellung der identifizierten 31 elementaren Affordanzen. Die zugehörigen Charakteristik-Kombinationen sind in Tabelle 4 in Anhang A 1 aufgeführt.

5.2.4 Mechanische Beschreibung elementarer Affordanzen

Jede der 31 elementaren Affordanzen wurde durch eine einzigartige mechanische Beschreibung der jeweiligen Eigenschaftskombinationen definiert. Im Folgenden soll die mechanische Beschreibung stellvertretend anhand der elementaren Affordanz *„Nr. 27 - Hand greift Zylinder“* erläutert werden (siehe Bild 37).

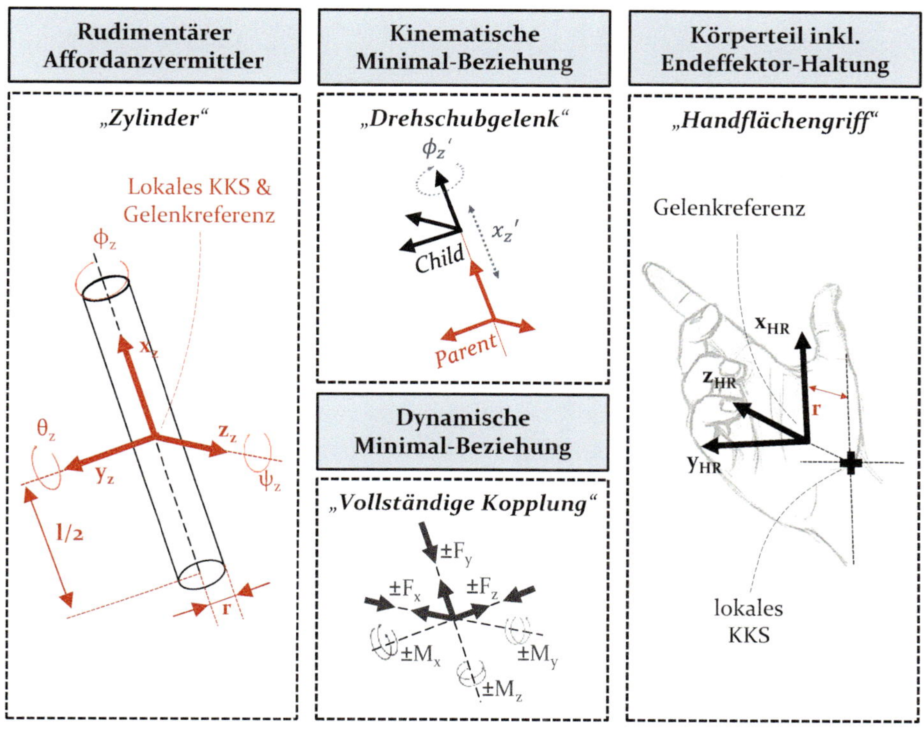

Bild 37: Mechanische Beschreibung der elementaren Affordanz *„Nr. 27 - Hand greift Zylinder“*. Die Charakteristiken (gestrichelte Kästen) ergeben zusammen eine einzigartige mechanische Beschreibung, welche die elementare Affordanz definiert.

Der rudimentäre Affordanzvermittler *„Zylinder“* ist durch eine Lageinformation des lokalen kartesischen Koordinatensystems (KKS) des Zylinders zum globalen KKS in Form einer Transformation $\boldsymbol{T_z}$ (siehe Vektor (**10**)) und durch Geometrieinformationen in Gestalt zweier Skalare l (Länge) und r (Radius) beschrieben. Die Skalare beziehen sich dabei auf das lokale KKS des Zylinders, wobei die x-Achse des lokalen KKS stets mit der Rotationsachse des Zylinders zusammenfällt und der Ursprung des lokalen KKS stets in der Mitte des Zylinders liegt (siehe Bild 37).

$$\boldsymbol{T_z}(x_z, y_z, z_z, \phi_z, \theta_z, \psi_z,) \quad \textbf{(10)}$$

Die Charakteristik *„Hand / Handflächengriff geschlossen“* der Dimension Körperteil inkl. Endeffektor-Haltung beschreibt das entsprechende Segment am digitalen Menschmodell und enthält die Haltung des Endeffektors. In diesem Falle sind die Finger so positioniert, dass die Handhaltung einem Handflächengriff entspricht (vgl. Bild 35; in Bild 37 ist die Hand aus Anschaulichkeitsgründen leicht geöffnet dargestellt). Ausgehend vom lokalen KKS des Handsegmentes wird eine Gelenkreferenz mit der

Lageinformation $\boldsymbol{T_{HR}}'$ definiert (siehe Vektor (11)). Die Lageinformationen der Gelenkreferenz sind als Relativkoordinaten im lokalen KKS des Zylinders beschrieben. Die Gelenkreferenz liegt dabei exakt den Radius r des Zylinders von der Handfläche entfernt (stets in positiver Richtung der z-Achse). Die Gelenkreferenz ist ferner so orientiert, dass die x-Achse in positiver Richtung entlang des Daumens zeigt und dabei parallel zur sogenannten palmaren Rinne liegt, in welcher (zylindrische) Objekte beim Greifen bevorzugt Halt finden [135].

$$\boldsymbol{T_{HR}}'(x_{HR}', y_{HR}', z_{HR'}, \phi_{HR}', \theta_{HR}', \psi_{HR}') \tag{11}$$

Die kinematische Minimal-Beziehung beschreibt die Kopplung dieser beiden Körper mittels einer mechanischen Gelenkdefinitionen in Relativkoordinaten (Parent-Child-Beziehung bzw. Baumstruktur). In diesem Falle handelt es sich um ein *„Dreh-Schubgelenk"*, wobei der rotatorische Freiheitsgrad ϕ_{HR} und der translatorische Freiheitsgrad x_{HR} um die x-Achse bzw. entlang der x-Achse des Zylinders (Parent) verbleiben. Damit lässt sich die relative Transformation zwischen den Körpern wie folgt beschreiben:

$$\boldsymbol{T_{HR}}'(x_{HR}', \phi_{HR}') \tag{12}$$

$$bei\text{:}\ \frac{l}{2} \leq x_{HR} \leq \frac{l}{2} \tag{13}$$

Der Freiheitsgrad x_{HR} unterliegt einer Einschränkung (siehe Bedingung (13)), welche die Länge des Zylinders berücksichtigt. Durch die Vorgabe, in welche Richtung der Zylinder-Rotationsachse die x-Achse der Gelenkreferenz des Zylinders zeigt, kann zudem bestimmt werden von welcher Seite der Zylinder gegriffen wird (siehe Bild 38). Durch Spezifizierung der verbleibenden Freiheitsgrade ϕ_{HR} und x_{HR} besteht die Möglichkeit, die kinematischen Zusammenhänge vollständig zu definieren.

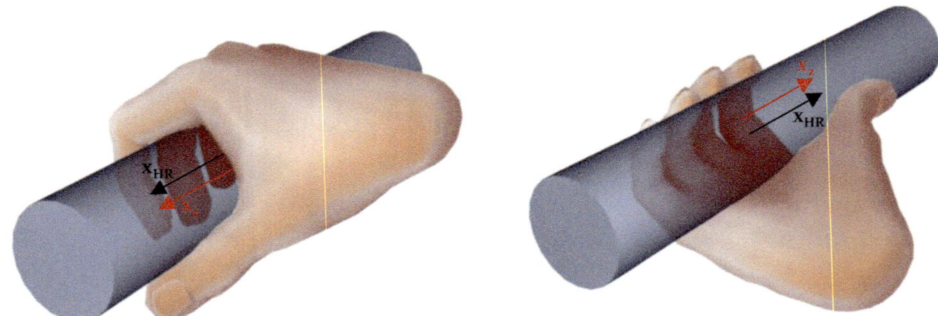

Bild 38: Definition der Griffseite durch Vorgabe des lokalen KKS des Zylinders zu dessen Rotationsachse

Die dynamische Minimal-Beziehung beschreibt die Möglichkeiten der Kraftübertragung zwischen Hand und Zylinder. Die vollständige Kopplung „*3F & 3M*" erlaubt hierbei einen Kraftaustausch entlang aller Achsen (Kräfte F_x, F_y, F_z) und einen Momentaustauch (Momente M_x, M_y, M_z) um alle Achsen des lokalen KKS des Zylinders. Die möglichen Ausprägungen dieser Kräfte bzw. Momente sind durch Optimal Forces F_{opt} bzw. M_{opt} charakterisiert. Diese geben eine Größenordnung der Reaktionskräfte bzw. -momente an und ergeben sich in Abhängigkeit des genutzten Menschmodells aus dem Gewicht der beteiligten Extremitäten. Demnach entspricht F_{opt} für die elementaren Affordanzen der Körperteile „Hand und Unterarm" der Gewichtskraft eines Armes, für die elementaren Affordanzen des Körperteils „Fuß" der Gewichtskraft eines Beines und für die elementaren Affordanzen der Körperteile „Brustwirbelsäule, Sakrum und Sitzbeinhöcker" der Gewichtskraft des Oberkörpers. M_{opt} ist für alle elementaren Affordanzen auf 5 Nm festgelegt. Diese Minimaldefinition kann durch eine Anpassung von F_{opt} bzw. M_{opt} weiter spezifiziert werden.

Die mechanischen Beschreibungen der verbleibenden 30 elementaren Affordanzen sind entsprechend deren Charakteristiken (vgl. Tabelle 3 in Anhang A 1) ähnlich aufgebaut. Die elementare Affordanz *„Nr. 29 - Hand umfasst Zylinder"* ähnelt stark der beschriebenen Affordanz *„Nr. 27 - Hand greift Zylinder"*. Der einzige Unterschied besteht darin, dass der Zylinder mit einem sogenannten Taktstockgriff kontaktiert wird. Die Gelenkreferenz der Hand ist dabei entsprechend so orientiert, dass die x-Achse nicht parallel zur palmaren Rinne liegt, sondern parallel zu den Fingern, welche den Taktstockgriff realisieren. Entsprechend unterscheidet sich lediglich die Definition der Gelenkreferenz an der Hand sowie die Handhaltung. Jede elementare Affordanz weist eine einzigartige mechanische Beschreibung auf. Die detaillierte Erläuterung jeder mechanischen Beschreibung würde den Rahmen dieser Arbeit sprengen, weshalb auf die semantischen Beschreibungen in Tabelle 4 und Tabelle 3 in Anhang A 1 verwiesen sei.

Sowohl die vorgestellte kinematische Beschreibung als auch die vorgestellte dynamische Beschreibung greift auf eine in der Menschmodellierung übliche Vereinfachung zurück, wobei die Interaktion auf die Kopplung zweier Punkte der jeweiligen Partner reduziert wird. Bild 39 zeigt diese reduzierte Kontaktannahme (links) gegenüber einem detaillierteren Modell (rechts), wie es beispielsweise in der Robotik oder in Haptik-Modellen Verwendung findet. Bei dem detaillierteren Modell finden die Kontaktierung und der Kraftaustausch über mehrere Punkte statt. Bei der reduzierten Modellierung findet die kinematische Kopplung über das Definieren von Zwangsbedingungen zwischen zwei Punkten statt. Der Kraftaustausch findet ebenso zwischen diesen beiden Punkten statt, sodass etwaige Kräfte direkt in das Handsegment eingeleitet werden. Diese Vereinfachung wird in den meisten muskuloskelettalen Simulationen verwendet, da kaum detaillierte Handmodelle existieren und die Dynamik der Hand oftmals nicht im Fokus der Untersuchungen liegt. Da in dieser Arbeit grobmotorische Ganzkörper-Interaktionen betrachtet werden, wurde diese Vereinfachung zur Modellierung und mechanischen Beschreibung aller elementaren Affordanzen verwendet.

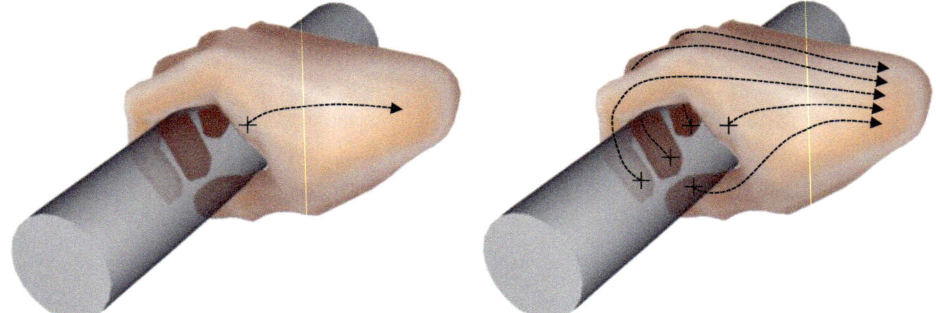

Bild 39: Vereinfachte Kontaktmodellierung mittels eines Kontaktpunktes (links) und detaillierte Kontaktmodellierung über mehrere Kontaktpunkte (rechts)

Resümee - Katalog elementarer Affordanzen

Im angestrebten prädiktiven Interaktionsmodell sollen elementare Affordanzen als Werkzeug zur Aufgabenmodellierung fungieren. Elementare Affordanzen werden als zielunabhängige, mechanische Interaktionsmöglichkeiten verstanden, die zwischen menschlichen Körperteilen bzw. Endeffektoren und rudimentären Geometrien bestehen. Durch diese Definition soll die Vielzahl an wiederkehrenden Interaktionsmöglichkeiten in der Technik auf einen kleinen und dennoch vielseitig anwendbaren Katalog elementarer Affordanzen reduziert werden. Zur Identifikation dieses Katalogs wurde eine Taxonomie elementarer Affordanzen entwickelt und ein Datensatz von 140 Interaktionsmöglichkeiten klassifiziert. Resultat dieses Klassifizierungsprozesses ist ein Katalog von 31 elementaren Affordanzen, wobei jede elementare Affordanz durch eine einzigartige mechanische Beschreibung definiert ist. Dadurch können diese als CAD-Features in der Methode zur Aufgabenmodellierung (siehe Kapitel 5.3) und als Randbedingungen der posturalen Interaktionsvorhersage (siehe Kapitel 5.4) verwendet werden.

5.3 Methode zur Aufgabenmodellierung

Die Methode zur Aufgabenmodellierung fungiert als Anwender-Schnittstelle zur Modellierung konkreter Mensch-Produkt Interaktionen. Durch den Anwender werden Aufgaben definiert, welche das nötige Vorwissen bzw. die nötigen Eingangsgrößen zur Vorhersage des menschlichen Interaktionsverhaltens enthalten (vgl. Kapitel 4.4). Für eine erhöhte Zugänglichkeit der Aufgabenmodellierung werden die Lage und Orientierung der in Interaktion stehenden Endeffektoren bzw. Körperteile, die auftretenden Abstützkräfte und externen Kräfte sowie die globale Lage des Menschmodells durch standardisierte Anwendereingaben mithilfe der elementaren Affordanzen am digitalen Produkt- bzw. Umgebungsmodell (in einem CAD-System) erzeugt. Ferner wurde zur Charakterisierung des zu prädizierenden menschlichen Interaktionsverhaltens das Konzept der Verhaltenskarten (erläutert in Kapitel 5.3.2) entwickelt und in die Aufgabenmodellierung integriert. Der Katalog elementarer Affordanzen sowie eine Verhaltenskarten-Bibliothek bilden somit das in der Aufgabenmodellierung hinterlegte Vorwissen. Dank diesem muss der Anwender des Tools die Interaktionen nicht von Grund auf neu definieren, sondern lediglich vorgefertigte Modellierungselemente spezifizieren. Bild 40 zeigt den Aufbau und die Funktionsweise der Methode zur Aufgabenmodellierung. Die Definition einer Aufgabe erfolgt mittels der folgenden Modellierungselemente:

Affordanz-Features: Die 31 elementaren Affordanzen wurden in einem CAD-System als Affordanz-Features implementiert. Mithilfe dieser Affordanz-Features lassen sich Interaktionen am digitalen Produkt modellieren. Die Lage und Orientierung der in Interaktion stehenden Endeffektoren bzw. Körperteile wird anhand des in den elementaren Affordanzen hinterlegten Vorwissens (kinematische Minimal-Beziehung) aus der zugehörigen Endeffektor-Haltung sowie der Lage und Orientierung der rudimentären Affordanzvermittler abgeleitet. Letztere können aus dem CAD-System bzw. digitalen Produktmodell extrahiert werden. Die Abstützkräfte sind in Form der dynamischen Minimalbeziehung ebenfalls als Vorwissen in den elementaren Affordanzen hinterlegt. Sowohl die kinematische als auch die dynamische Minimal-Beziehung können dabei innerhalb eines Affordanz-Features weiter spezifiziert werden. Zusätzlich zu den 31 elementaren Affordanzen wurde ein Affordanz-Feature zur *„Festlegung der globalen Lage des Menschmodells“* implementiert. Zur Modellierung einer Aufgabe können mit den Affordanz-Features die Interaktionen zwischen Mensch, Produkt und Umwelt zu einem repräsentativen Zeitpunkt definiert werden (vgl. Bild 33).

Verhaltenskarten: Die Charakterisierung menschlichen Verhaltens wird mittels sogenannter „*Verhaltenskarten*" realisiert. Eine Verhaltenskarte beinhaltet eine Ziellösung (Sollwert) in Form einer Körperhaltung sowie ein Koordinationsmuster, welches die Möglichkeiten zur Anpassung dieses Sollwerts bzw. dieser Körperhaltung beschreibt. Eine Verhaltenskarte wird zur Aufgabenerstellung aus einer Bibliothek ausgewählt. Hierbei ist es möglich, mehrere Verhaltenskarten auszuwählen.

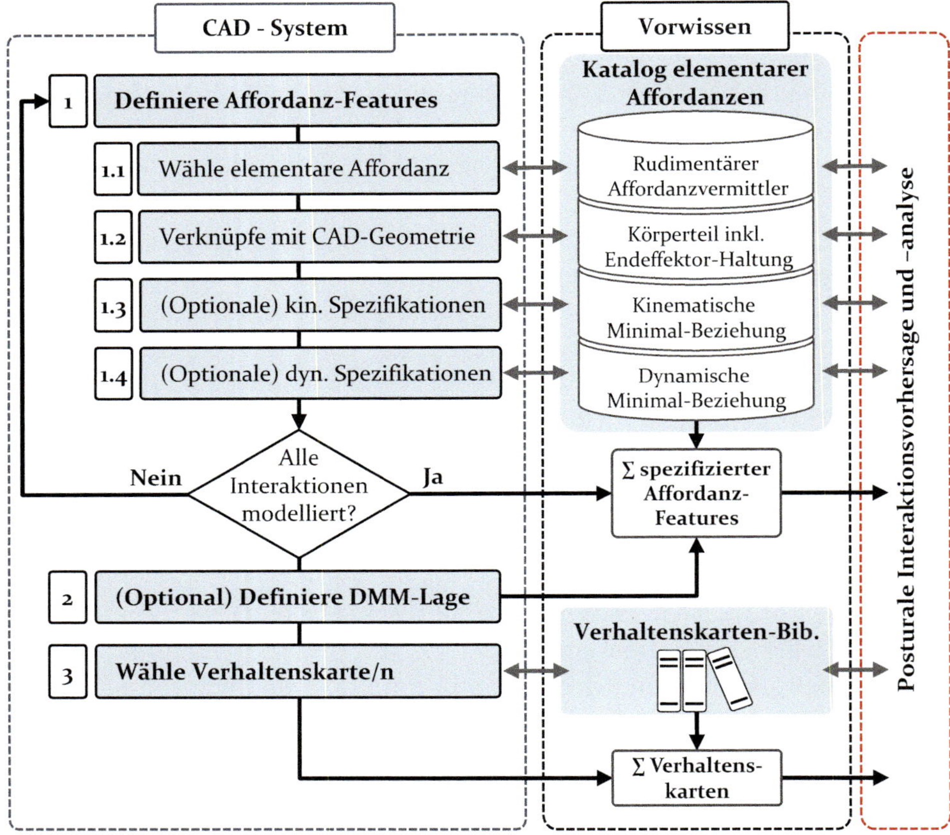

Bild 40: Aufbau und Funktionsweise der Methode zur Aufgabenmodellierung

Eine Aufgabe besteht aus einer Kombination dieser beiden Modellierungselemente und setzt sich entsprechend aus einer Summe spezifizierter Affordanz-Features und einer Summe von Verhaltenskarten zusammen (siehe Bild 40). Zur anschließenden posturalen Interaktionsvorhersage und -analyse können diese Aufgaben (bzw. die darin enthaltenen Eingangsgrößen) an ein muskuloskelettales Simulationstool übergeben werden.

Die Methode zur Aufgabenmodellierung wurde als Aufgabeneditor in Gestalt eines Plugins für das CAD-System Siemens NX implementiert [P7],

[P8]. Hierzu wurde die zugehörige API OpenNX genutzt und mittels des Block-UI-Styler eine grafische Benutzeroberfläche entwickelt. Details zur Implementierung sind der Arbeit von WAGNER [S8] sowie OßWALD [S9] zu entnehmen. Die zugrundeliegende Methode kann grundsätzlich für jedes CAD-System umgesetzt werden und soll deshalb in den folgenden Ausführungen im Vordergrund stehen. Der Softwaredemonstrator wird in Kapitel 5.5 beschrieben. Im Folgenden werden die Schritte zur Aufgabenmodellierung detailliert erläutert.

5.3.1 CAD-Affordanz-Features

Alle 31 elementaren Affordanzen wurden gemäß ihrer mechanischen Beschreibung als CAD-Features (Affordanz-Features) implementiert. Hierbei besitzt jedes Affordanz-Feature dieselbe Architektur, welche sich an den vier Modellierungsschritten (siehe Bild 40) bzw. den Dimensionen der Taxonomie orientiert. Die Affordanz-Features sind dabei nicht ausschließlich als Konstruktionsabsicht des Produktentwicklers zu verstehen. So können Affordanz-Features zwar bereits bei der Konstruktion der einzelnen Bauteile hinterlegt werden, sie können jedoch auch an bestehenden Baugruppen bzw. Bauteilen definiert werden. Die Definition eines jeden Affordanz-Features erfolgt in vier standarisierten Schritten (siehe Bild 40):

Wähle elementare Affordanz: Der Anwender wählt das gewünschte Affordanz-Feature aus einem entsprechenden Menü. Hierbei sind die Affordanzen semantisch benannt (bspw. „*Hand greift Zylinder*") und visuell dargestellt (vgl. Bild 36).

Verknüpfe mit CAD-Geometrie: Der Anwender wählt die CAD-Geometrie aus, mit welcher das Affordanz-Feature verknüpft werden soll. Mithilfe einer Hüllkörperfunktion wird der entsprechende rudimentäre Affordanzvermittler um die ausgewählte Geometrie gelegt (vgl. Bild 35 und Bild 41). Der Anwender kann den entsprechenden Hüllkörper anpassen, was das Auswählen von Teilbereichen der jeweiligen CAD-Geometrie ermöglicht (z.B. Teil einer Fläche oder eines Zylinders).

Obligatorische und optionale kinematische Spezifikationen: Die Mehrheit der Affordanz-Features benötigt zumindest eine weitere obligatorische kinematische Spezifikation. Dabei wird die kinematische Minimal-Beziehung konkret spezifiziert, indem beispielsweise die Orientierung der lokalen KKS in Form eines kanonischen Richtungsvektors vorgegeben wird. Dadurch lässt sich beispielsweise die Greifrichtung der Hand am Zylinder definieren (vgl. Bild 38). Zudem können optionale Spezifikationen vorgenommen werden. Diese betreffen die Freiheitsgrade, welche entsprechend der kinematischen Minimal-Definition verbleiben. Die optionalen Spezifikationen sind durch die Vorgabe weiterer Richtungsvektoren oder der Vorgabe eines Punktes auf der zu kontaktierenden Oberfläche des jeweiligen Hüllkörpers realisiert. Bei der Affordanz „*Nr. 27 - Hand greift Zylinder*" kann beispielsweise ein Punkt angegeben werden, welcher spezifiziert, wo ein Zylinder exakt gegriffen werden soll (siehe Bild 41). Bei der Affordanz „*Nr. 14 - Fuß berührt Fläche*" kann durch einen Punkt die exakte Position des Fußes auf der Fläche spezifiziert werden, während mittels eines Richtungsvektors die Orientierung des Fußes auf der Fläche festgelegt werden kann. Da diese Spezifikationen optional sind, wird dem Anwender nicht abverlangt, genau wissen zu müssen, wie die Segmente (bspw. die Hand) zu den jeweiligen Affordanzvermittlern stehen. Dennoch ist die Möglichkeit gegeben, die Kopplung vollständig zu spezifizieren. Wird die kinematische Kopplung nicht gänzlich spezifiziert, wird das Finden der Werte für die verbleibenden Freiheitsgrade in der posturalen Interaktionsvorhersage berücksichtigt.

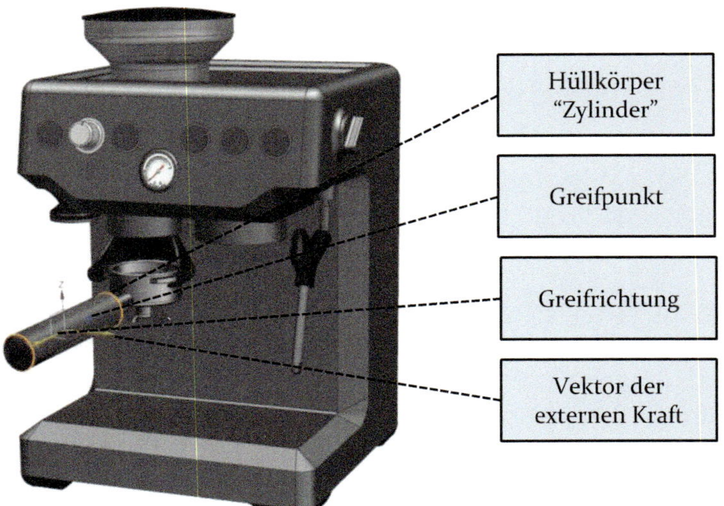

Bild 41: Modellierung der Affordanz „*Nr. 27 - Hand greift Zylinder*" als Affordanz-Feature. Zur Veranschaulichung wird eine Siebträgermaschine als Anwendungsbeispiel gezeigt. Dieses Anwendungsbeispiel wird durchgängig für die folgenden Erläuterungen der entwickelten Methoden herangezogen.

Optionale dynamische Spezifikationen: Abschließend besteht die Möglichkeit, die dynamische Kopplung über die bestehende Minimal-Beziehung hinaus zu spezifizieren. Hierbei wird zwischen externen Kräften und Reaktionskräften unterschieden. Die Reaktionskräfte beschreiben die Möglichkeiten des Abstützens des Menschmodells gegenüber dessen

Umgebung. Für diese besteht in Form der dynamischen Minimal-Beziehung (F_{opt} bzw. M_{opt}) bereits eine Standardkonfiguration, welche weiter spezifiziert werden kann. Hierzu können ein Richtungsvektor und eine prozentuale Angabe des zu tragenden Körpergewichts definiert werden. Im Gegensatz zu den Reaktionskräften beschreiben die externen Kräfte jene Kräfte, welche das Menschmodell zur Bewältigung der Interaktion aufbringen muss. Diese sind nicht in der dynamischen Minimal-Beziehung beschrieben und müssen entsprechend konkret vorgegeben werden. Dies erfolgt durch die Definition eines Kraftvektors (Richtung und Betrag).

Nach abgeschlossener Spezifikation eines Affordanz-Features wird deren mechanische Beschreibung (vgl. Kapitel 5.2.4) automatisch mit den entsprechenden Produktmerkmalen und Spezifikationen versehen. Dazu werden die globale Position, Orientierung und Geometrieinformationen des rudimentären Affordanzvermittlers aus dem CAD-System bzw. -Modell extrahiert sowie die Spezifikationen der kinematischen und dynamischen Beziehung hinterlegt.

Neben den Features aus den 31 elementaren Affordanzen wurde ein zusätzliches Affordanz-Feature zur Definition der globalen Lage des Menschmodells implementiert. Ist die Interaktion mit einem Produkt durch eine eher freie Interaktion charakterisiert (bspw. stehende Tätigkeiten), kann damit die globale Lage des Menschmodells vorgegeben werden. Die Definition dieses Affordanz-Features unterscheidet sich von den übrigen Affordanz-Features, da hier lediglich eine Position und/oder Orientierung im Raum vorgegeben wird. Diese bezieht sich, wie in der Menschmodellierung üblich, auf die Hüfte des Menschmodells. Dieser Schritt ist optional, da bei einer engen Kopplung von Mensch und Produkt keine gesonderte Lagedefinition erforderlich ist. Ein Beispiel hierfür ist das Autofahren (vgl. Bild 33). Hier wird die Position des Menschmodells durch die Positionierung am Sitz vorgegeben.

5.3.2 Verhaltenskarten

Zur Charakterisierung menschlichen Verhaltens wurde ein Konzept entwickelt, welches auf den funktionellen Ansatz zur Beschreibung menschlicher Bewegung nach Nikolai A. Bernstein – einem der Pioniere der Bewegungswissenschaften – [23] zurückgeht. Nach diesem sucht ein Individuum aktiv nach der Lösung eines motorischen Problems (bspw. Greifen eines Gegenstandes), indem eine gelernte Bewegung (Sollwert) durch steten Abgleich des aktuellen motorischen Zustands (Istwerts) an eine unbekannte Situation angepasst wird. Dieses grundlegende Prinzip wird von vielen prädiktiven Interaktionsmodellen genutzt bzw. adaptiert, um die Redundanz menschlicher Bewegungsmöglichkeiten aufzulösen [44, 222]. Das entwickelte Konzept zur Charakterisierung menschlichen Verhaltens fußt ebenfalls auf diesen Ansatz. Zur Vorhersage einer spezifischen Interaktion wird eine charakteristische Körperhaltung (Sollwert) vorgeben, welche durch die posturale Interaktionsvorhersage (siehe Kapitel 5.4.2) an eine unbekannte Situation angepasst wird. Die Anpassung erfolgt dabei mithilfe eines vorgegebenen Koordinationsmusters. Die charakteristische Körperhaltung (Sollwert) wird in den generalisierten Koordinaten des Menschmodells $\boldsymbol{q}_j$ (Gelenkwinkel) beschrieben, während das Koordinationsmuster aus Gewichtungsfaktoren $\boldsymbol{w}_j$ besteht. Dabei ist jeder generalisierten Koordinate genau ein Gewichtungsfaktor zugeordnet. Je höher dieser Faktor ist, desto weniger darf im Rahmen der posturalen Interaktionsvorhersage von der zugehörigen vorgegebenen generalisierten Koordinate abgewichen werden und vice versa (siehe Kapitel 5.4.2). Die Charakterisierung erfolgt gebündelt mit sogenannten Verhaltenskarten. Der Begriff „*Verhaltenskarte*“ lehnt sich an den aus der Strukturmechanik bekannten Begriff „*Materialkarte*“ an. Wie eine Materialkarte das Verhalten eines definierten Werkstoffes charakterisiert, charakterisiert eine Verhaltenskarte das menschliche Verhalten bei einer definierten Interaktion. Eine Verhaltenskarte beinhaltet genau eine charakteristische Körperhaltung und ein zugehöriges Koordinationsmuster (siehe Bild 42).

Verhaltenskarte I:
Ventrales Interagieren- Gestreckter Arm

Gen. Koordinate	**q_j**	**w_j**
Schulter Abduktion	70 °	203,00
Schulter Elevation	70 °	203,00
Schulter Rotation	0 °	810,00
Ellbogen Flexion	30 °	810,00
Ellbogen Rotation	-20 °	1,00
Hand Flexion	0 °	1,00
Hand Abduktion	0 °	1,00

Verhaltenskarte II:
Ventrales Interagieren - Gebeugter Arm

Gen. Koordinate	**q_j**	**w_j**
Schulter Abduktion	70 °	203,00
Schulter Elevation	30 °	203,00
Schulter Rotation	-55 °	203,00
Ellbogen Flexion	65 °	810,00
Ellbogen Rotation	25 °	1,00
Hand Flexion	0 °	1,00
Hand Abduktion	0 °	1,00

Bild 42: Darstellung zweier Verhaltenskarten. Diese enthalten Gelenkwinkelwerte des verwendeten muskuloskelettalen Menschmodelles und Gelenkwinkelgewichtungen. Aus Platzgründen sind lediglich die Werte des rechten Arms dargestellt.

Dabei können für eine Aufgabe mehrere Verhaltenskarten gewählt werden, um beispielsweise unterschliche Interaktionsstrategien abzubilden. Bild 42 zeigt zwei beispielhafte Verhaltenskarten, welche unterschiedliche Strategien charakterisieren, die zur Erfüllung derselben Aufgabe genutzt werden könnten. *Verhaltenskarte I* beschreibt eine Interaktion vor dem Körper (ventrales Interagieren) mit einer Hand und gestrecktem Arm. Das Koordinationsmuster gibt vor, dass zur Adaption dieser Körperhaltung bevorzugt die Gelenkwinkel des Handgelenks angepasst werden sollen. Die Anpassung der Schulter-Gelenkwinkel ist hingegen weniger erwünscht, während die Rotation des Arms und das Anpassen des Ellenbogen-Gelenkwinkels den geringsten Beitrag zur Adaption leisten sollen. *Verhaltenskarte II* beschreibt eine Interaktion vor dem Körper (ventrales Interagieren) mit einer Hand und gebeugtem Arm. Das Koordinationsmuster gibt ähnliche Freiheiten zur Anpassung wie das der *Verhaltenskarte I* vor.

Das Konzept der Verhaltenskarten gibt ein Rahmenwerk vor, nach welchem menschliches Verhalten für beliebige Anwendungsfälle charakterisiert werden kann. Eine vielseitig anwendbare Interaktionsvorhersage mittels dieser Verhaltenskarten erfordert demnach das Aufbauen einer Verhaltenskarten-Bibliothek. Bild 43 zeigt das grundsätzliche Konzept des Aufbauens und Verwendens einer solchen Bibliothek.

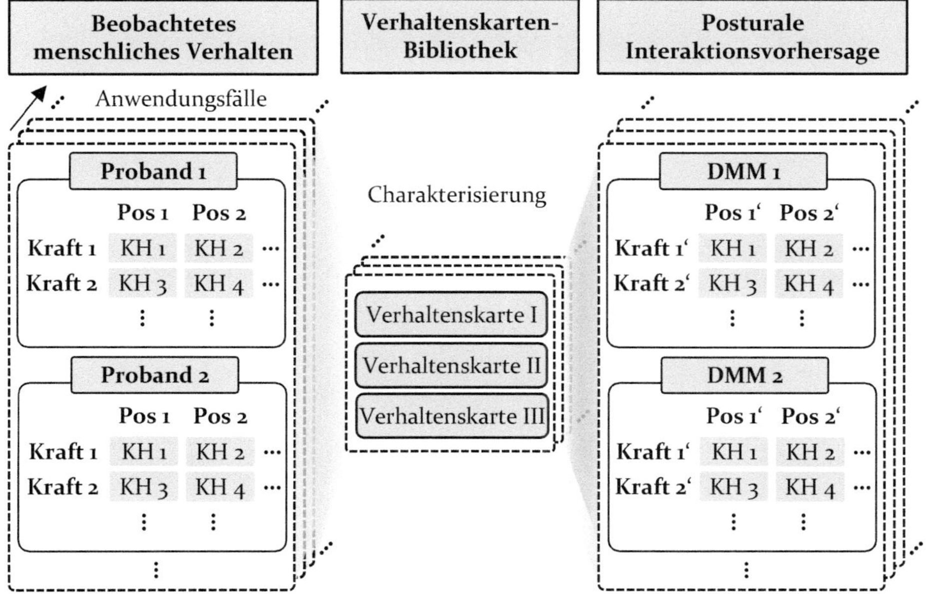

Bild 43: Konzept des Aufbauens und Verwendens einer Verhaltenskarten-Bibliothek.

Zum Aufbau gilt es beobachtetes menschliches Verhalten mithilfe des Konzepts der Verhaltenskarten zu beschreiben. Dabei können unterschiedliche

Abhängigkeiten, wie zu überwindende Kräfte oder die Positionierung der Stellteile, berücksichtigt werden. Ziel ist es, das beobachtete menschliche Verhalten eines Anwendungsfalls, mit möglichst wenigen Verhaltenskarten zu beschreiben. Bei komplexen Anwendungsfällen (große Unterschiede in den Kräften und/oder Positionen der Stellteile) kann es erforderlich sein, mehrere Verhaltenskarten zur Beschreibung ähnlicher Interaktionen verwenden zu müssen. Außerdem kann es erforderlich sein, unterschiedliche Interaktionsstrategien mit den Verhaltenskarten abzubilden. Welche Ausprägung an Verhaltenskarten zur Abbildung welcher Anwendungsfälle erforderlich ist, wird im Rahmen einer explorativen Studie in Kapitel 6.1 exemplarisch untersucht.

Sobald eine ausreichend ausgeprägte Charakterisierung des menschlichen Verhaltens eines Anwendungsfalls in Form der Verhaltenskarten vorliegt, können diese beliebig oft zur posturalen Interaktionsvorhersage herangezogen werden. Entsprechend ist ein Einmalaufwand zum Aufstellen der Verhaltenskarten für einen Anwendungsfall erforderlich, um anschließend eine vielseitig anwendbare und vertrauenswürdige Interaktionsvorhersage zu gewährleisten. Mit dem Erstellen von Verhaltenskarten für unterschiedliche relevante Anwendungsfälle der Produktentwicklung kann eine Verhaltenskarten-Bibliothek aufgebaut werden, welche die Anwendbarkeit der Methode erhöht. Eine solche Bibliothek wurde im Rahmen dieser Arbeit nicht aufgebaut. Das beschriebene Vorgehen zur Charakterisierung menschlichen Verhaltens (nach Bild 43) wird jedoch im Rahmen der Anwendungsevaluation 6.2 exemplarisch durchgeführt.

Resümee: Methode zur Aufgabenmodellierung

Die entwickelte Methode zur Aufgabenmodellierung ermöglicht eine zugängliche und vielseitig anwendbare Modellierung der Eingangsgrößen zur posturalen Interaktionsvorhersage. Mithilfe von Affordanz-Features können Lage und Orientierung der in Interaktion stehenden Körperteile, Abstützkräfte bzw. externe Kräfte sowie die Lage des Menschmodells standardisiert und intuitiv in einer CAD Umgebung modelliert und spezifiziert werden. Die Charakterisierung des menschlichen Verhaltens erfolgt mithilfe sogenannter Verhaltenskarten, bestehend aus einer Ziellösung (Körperhaltung) und einem Koordinationsmuster. Eine Aufgabe besteht aus der Kombination spezifizierter Affordanz-Features und Verhaltenskarten. Diese Aufgaben können gebündelt an ein muskuloskelettales Simulationstool zur posturalen Interaktionsvorhersage übergeben werden.

5.4 Methode zur posturalen Interaktionsvorhersage

Zur proaktiven Analyse der Mensch-Produkt Interaktion kann mittels der entwickelten Methode zur posturalen Interaktionsvorhersage menschliches Verhalten für die in der Aufgabenmodellierung erzeugten Aufgaben vorhergesagt werden. Die Methode verwendet einen phänomenologischen, posturalen und interaktionsdeduzierten Ansatz, da Randbedingungen aus den Affordanz-Features genutzt (interaktionsdeduziert), Körperhaltungen vorhergesagt (postural) sowie empirisch ermittelte Verhaltenskarten verwendet werden (phänomenologisch). Bild 44 zeigt den Aufbau und Funktionsweise der Methode zur posturalen Interaktionsvorhersage samt sich anschließender dynamischer Analyse.

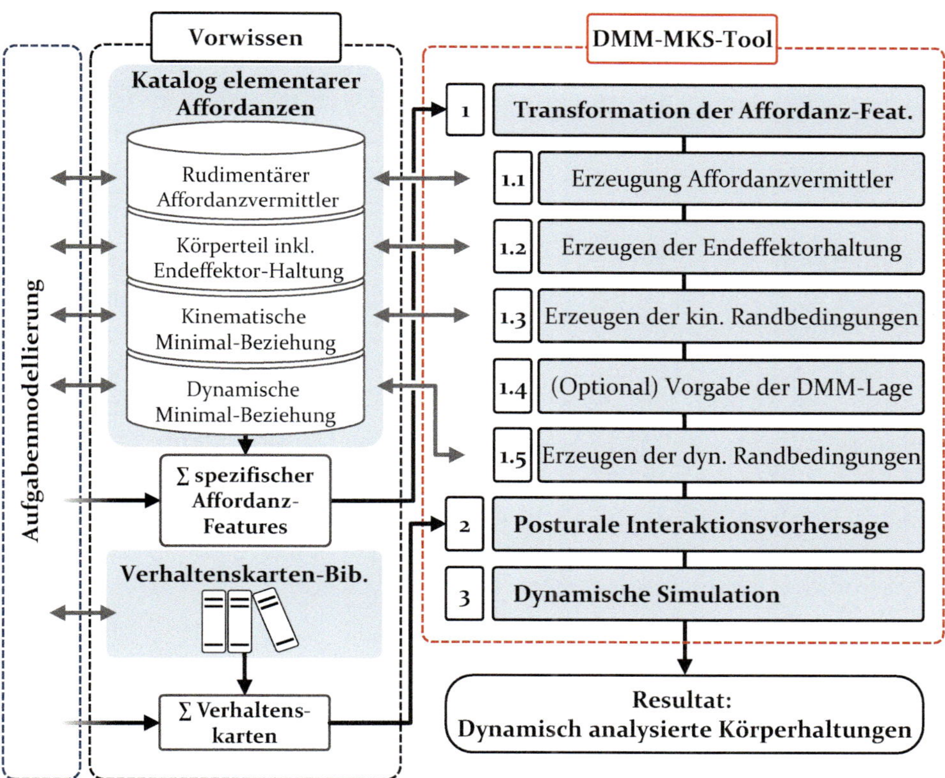

Bild 44: Aufbau und Funktionsweise der automatisierten Methode zur posturalen Interaktionsvorhersage und -analyse

Insgesamt werden zur posturalen Interaktionsvorhersage und zur dynamischen Simulation drei übergeordnete Schritte durchlaufen:

Import und Transformation der Affordanz-Features: Die spezifizierten Affordanz-Features einer Aufgabe werden in das muskuloskelettale

Simulationstool importiert und automatisch in Randbedingungen transformiert. Dies erfolgt anhand der mechanischen Beschreibungen der jeweiligen elementaren Affordanzen sowie den Spezifikationen aus den Affordanz-Features. So werden kinematische Randbedingungen für die posturale Interaktionsvorhersage und dynamische Randbedingungen für die dynamische Simulation (Statische Optimierung) erzeugt.

Posturale Interaktionsvorhersage: Die im Aufgabeneditor gewählten Verhaltenskarten werden importiert und als Ziellösung (Sollwerte) der Körperhaltungsvorhersage festgelegt. Durch einen invers kinematischen Optimierungsalgorithmus wird jene Körperhaltung gesucht, welche die Randbedingungen aus den Affordanz-Features einhält und zugleich möglichst nah an der vorgegebenen Ziellösung bleibt.

Dynamische Simulation: Ist die Körperhaltung erzeugt, wird mittels der dynamischen Randbedingungen eine inverse Dynamik unter statischer Optimierung berechnet (vgl. Kapitel 2.4.3). Durch diese können zusätzlich zur Körperhaltung deren ursächlichen Muskel- bzw. Gelenkreaktionskräfte identifiziert und zur Auswertung bzw. Bewertung herangezogen werden.

Die Methode zur posturalen Interaktionsvorhersage und -analyse wurde mit dem muskuloskelettalen Simulationstool OpenSim [251] realisiert. Als Menschmodell wurde das muskuloskelettale Ganzkörpermodell von MIEHLING [181, 182] verwendet. Die posturale Interaktionsvorhersage und -analyse erfolgt automatisch mithilfe eines dafür erstellten Skripts unter Verwendung der OpenSim-Matlab-Anbindung. Dadurch kann der Anwender des prädiktiven Interaktionsmodells vollständig im CAD-System arbeiten und muss nicht in das muskuloskelettale Simulationstool wechseln. Im Folgenden werden die automatisch ablaufenden Schritte zur posturalen Interaktionsvorhersage und -analyse detailliert erläutert.

5.4.1 Import und Transformation der Affordanz-Features

Der Import der im CAD-System spezifizierten Affordanz-Features erfolgt mithilfe eines Austauschformats auf Basis von Text-Dateien. Jedes spezifizierte Affordanz-Feature ist in einer gesonderten Text-Datei anhand der folgenden Informationen standardisiert beschrieben (siehe Bild 45):

Lageinformationen: Die Lage des Affordanzvermittlers im Raum wird mittels vier Vektoren (Punktkoordinaten) $\boldsymbol{P_m}, \boldsymbol{P_1}, \boldsymbol{P_2}, \boldsymbol{P_3}$ ausgedrückt im globalen KKS des CAD-Systems, spezifiziert. Die Punkte haben im lokalen KKS des Affordanzvermittlers stets die gleiche Anordnung: So befindet sich ein Punkt $\boldsymbol{P_m}'(0{,}0{,}0)$ im Ursprung des lokalen KKS, während drei weitere

Punkte die Koordinaten $\boldsymbol{P_1}'(1{,}0{,}1)$; $\boldsymbol{P_2}'(0,-1{,}1)$; $\boldsymbol{P_3}'(0{,}1{,}1)$ aufweisen. Die Lagebeschreibung mittels Punkten wurde anstatt der klassischen Beschreibung mittels eines Lage- und Orientierungsvektors gewählt, da das Festlegen einer Raumlage in OpenSim über sogenannte *„Punkt-zu-Punkt Zwangsbedingungen“* empfohlen wird [181].

Geometrieinformationen: Die benötigten Geometrieinformationen unterscheiden sich je elementarer Affordanz bzw. dessen elementaren Affordanzvermittlers. Die Geometrieinformationen werden in Form eines lokalen Vektors $\boldsymbol{A}'$ übergeben, wobei die Komponenten des Vektors den Geometrieinformationen in Richtung der jeweiligen Achsen des lokalen KKS entsprechen. So ist der Geometrievektor eines Zylinders als $\boldsymbol{A}'(l,r)$ definiert (Rotationsachse liegt stets entlang der x-Achse) und der Geometrievektor eines Quaders als $\boldsymbol{A}'(a_x,a_y,a_z)$ (vgl. Bild 45).

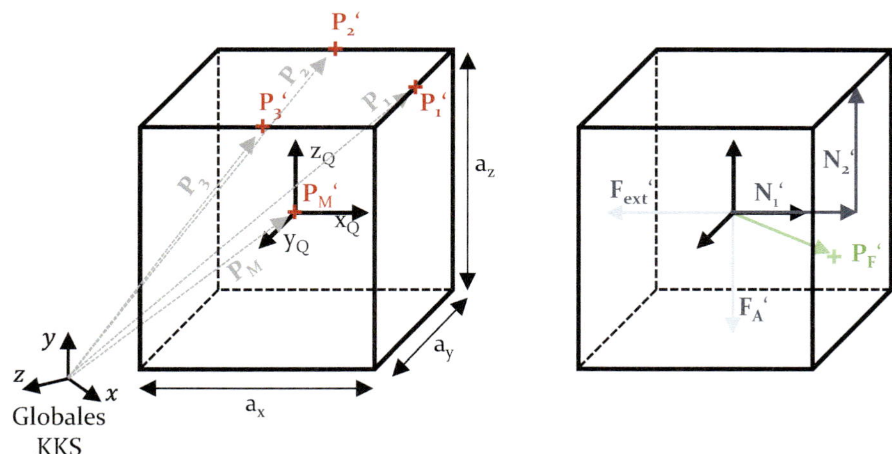

Bild 45: Übergebene Informationen eines Affordanz-Features am Beispiel eines Quaders

Kinematische Spezifikationen: Die kinematischen Spezifikationen unterscheiden sich ebenfalls je elementarer Affordanz bzw. dessen kinematischen Minimal-Beziehung (Gelenkdefinition). Die kinematischen Spezifikationen werden einerseits mittels lokaler Einheitsvektoren $\boldsymbol{N}_i'$ (i = Anzahl der benötigten Spezifikationsvektoren) übergeben. So wird die Greifrichtung am Zylinder entweder mittels $\boldsymbol{N}_1'(1{,}0{,}0)$ oder $\boldsymbol{N}_1'(-1{,}0{,}0)$ übergeben. Im Falle des Quaders sind zwei kanonische Einheitsvektoren zur Spezifikation erforderlich. Der erste lokale Vektor $\boldsymbol{N}_1'$ „zeigt“ auf die Fläche, die umgriffen werden soll, während der zweite Vektor $\boldsymbol{N}_2'$ die Orientierung der Hand an dieser Fläche vorgibt (In Bild 45 entsprechen die Vektoren $\boldsymbol{N}_1'(1{,}0{,}0)$ und $\boldsymbol{N}_2'(0{,}0{,}1)$). Die optionalen Spezifikationen verbleibender

Freiheitsgrade (vgl. Kapitel 5.3.1) werden entweder in Form eines lokalen Punktvektors $\boldsymbol{P}_F{}'$ oder ergänzender Richtungsvektoren $\boldsymbol{N}_i{}'$ übergeben.

Dynamische Spezifikationen: Externe Kräfte werden in Form eines lokalen Kraftvektors $\boldsymbol{F}_{ext}$‘ (Richtung und Betrag) übergeben, Die Möglichkeit des Abstützens am entsprechenden Interaktionsobjekt wird ebenfalls in Form eines lokalen Kraftvektors $\boldsymbol{F}_A{}'$ übergeben. Der Betrag entspricht hierbei einer prozentualen Angabe, die beschreibt, welcher Anteil des Körpergewichts durch das Abstützen aufgenommen können werden soll.

Eine vollständige Liste der zu übergebenen Informationen je Affordanz ist in Tabelle 4 in Anhang A 1 zu finden. Auf Basis dieser Informationen und der mechanischen Beschreibung der elementaren Affordanzen können kinematische und dynamische Randbedingungen erzeugt werden. Der Prozess der automatischen Transformation der Affordanz-Features in Randbedingungen des muskuloskelettalen Mehrkörpersystems erfolgt mittels mehrerer, aufeinander aufbauender Schritte (siehe Bild 44):

Erzeugung der Affordanzvermittler: Zuerst werden die rudimentären Affordanzvermittler auf Basis der Geometrieinformationen als masselose, starre Körper erzeugt. Die starren Körper werden basierend auf den Lageinformationen mittels „*Punkt-zu-Punkt Zwangsbedingungen*“ an jene globale Lage fixiert, die in den Lageinformationen spezifiziert ist (siehe Bild 46).

Erzeugen der Endeffektor-Haltung: Die Haltung des Endeffektors wird, soweit erforderlich, entsprechend der in den elementaren Affordanzen hinterlegten Haltungen (Handgriffart beschrieben in Finger-Gelenkwinkeln) festgelegt. Zudem wird die lokale Gelenkreferenz für die kinematische Kopplung mit dem rudimentären Affordanzvermittler (siehe Kapitel 5.2.4) entsprechend den Geometrieinformationen des zugehörigen Affordanzvermittlers festgelegt (bspw. wird der Abstand der Gelenkreferenz zur Handfläche gemäß des Zylinderradius festgelegt; dargestellt in Bild 37).

Erzeugen der kinematischen Randbedingungen: Die kinematischen Randbedingungen werden als Gelenke, entsprechend der Gelenkdefinition und der kinematischen Spezifikationen aus den jeweiligen Affordanz-Features erzeugt (siehe Bild 46). Hierzu wird ein sogenannter „*Custom-Joint*“ genutzt, welcher automatisch so konfiguriert wird, dass die gewünschte Gelenkdefinition entsteht.

(Optional) Vorgabe der DMM-Lage: Zur Vorgabe der globalen Lage des Menschmodells wird keine gesonderte Zwangsbedingungen eingeführt. Die Lage des Menschmodell ist, wie bei den meisten DMM üblich, durch einen „*Free-Joint*“ (Gelenk mit sechs Freiheitsgraden) zwischen

Beckensegment und globalen KKS (Boden) definiert und bildet somit zusammen mit den Gelenkwinkeln die Freiheitsgrade bzw. Minimalkoordinaten des Menschmodells. Zur Vorgabe der Lage und Orientierung werden die Freiheitsgrade dieses „*Free-Joint*" (Position und Orientierung des Menschmodells) auf die spezifizierten Werte festgelegt.

Erzeugen der dynamischen Randbedingungen: Die Erzeugung der dynamischen Randbedingungen orientiert sich an dem Vorgehen nach MIEHLING [181]. Zur dynamischen Simulation (nach erfolgreicher Durchführung der kinematischen Simulation) werden die erzeugten Gelenkdefinitionen sowie erzeugten Starrköper aus dem Mehrkörpersystem entfernt und durch sogenannte „*Point Actuators*", „*Torque Actuators*" und „*Prescribed Forces*" gemäß der dynamischen Spezifikationen aus den Affordanz-Features und den dynamischen Minimal-Beziehungen der jeweiligen elementaren Affordanzen ersetzt (Näheres zur Funktionsweise dieser krafterzeugenden Elemente wird in Kapitel 5.4.3 erläutert).

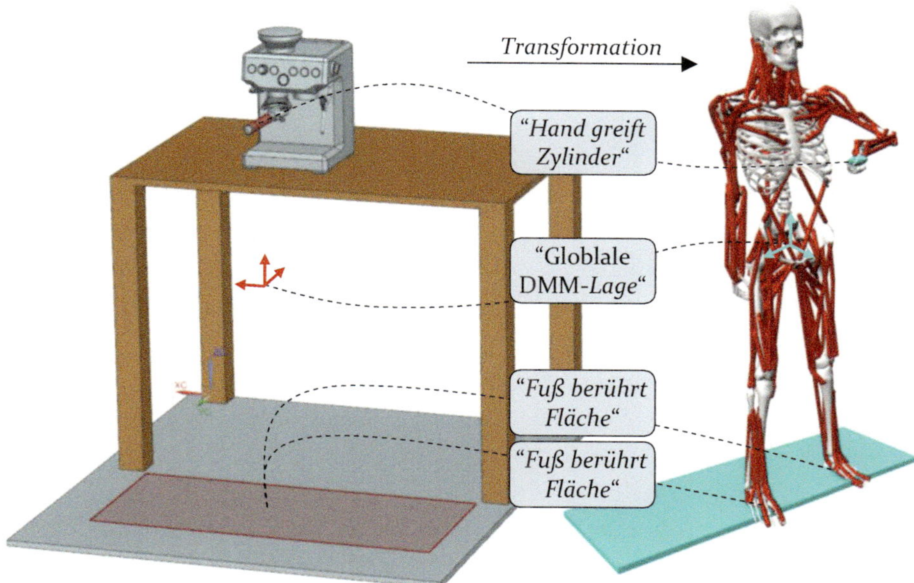

Bild 46: Transformation der Affordanz-CAD Features in kinematische Randbedingungen. Gezeigt anhand einer Siebträgermaschine. Beschrieben wird das Greifen des Siebträgers bei senkrechtem Stand vor der Maschine. Dieses Beispiel zeigt, dass neben dem Produkt selbst, auch die Umgebung modelliert werden muss (Tischhöhe bzw. Position des Bodens).

Mithilfe der so erzeugten Randbedingungen kann die posturale Interaktionsvorhersage und die statische Optimierung durchgeführt werden. Neben der hier beschriebenen Randbedingungsmodellierung wurden gemäß der identifizierten Modellierungskonzepte aus der Descriptive Study I (siehe

Kapitel 4.3) alternative Modellierungskonzepte untersucht. So prüfte HARTMANN [S5] eine markerbasierte Randbedingungsmodellierung. WESELOH [S7] untersuchte die direkte Integration von MKS-Produktmodellen in die muskuloskelettale Simulationsumgebung. Schlussendlich stellte sich jedoch der zuoberst ausführlich beschriebene hybride Ansatz zur Randbedingungsmodellierung als am besten geeignet heraus. Dabei wird nicht ausschließlich die Lage und Orientierung der Körperteile vorgegeben, sondern wie bei Verwendung eines Mehrkörper-Produktmodells Gelenkdefinitionen genutzt. Der Vorteil des beschriebenen, hybriden Ansatzes ist indes, dass nicht das gesamte Produkt als Mehrkörper-Produktmodell abgebildet werden muss.

5.4.2 Posturale Interaktionsvorhersage

Die posturale Interaktionsvorhersage geht auf das in Kapitel 5.3.2 erläuterte Prinzip der Anpassung gelernter Interaktionsmuster zurück und wird mittels eines invers kinematischen Optimierungsalgorithmus realisiert (siehe Zielfunktion (14)). Hierzu wurde die invers kinematische Optimierung nach DELP et al. [58] (siehe Zielfunktion (2)) adaptiert:

$$\min \left[\sum_{j=1}^{Koord.} \boldsymbol{w}_j (\boldsymbol{q}_j^{Strat} - \boldsymbol{q}_j)^2 \right] \tag{14}$$

Hierbei entsprechen $\boldsymbol{q}_j$ den Freiheitsgraden des Menschmodells und damit der zu erzeugenden Körperhaltung (*j* entspricht der Anzahl der zu optimierenden generalisierten Koordinaten). $\boldsymbol{q}_j^{Strat}$ entsprechen den vorgegebenen Gelenkwinkeln aus der Verhaltenskarte (Ziellösung bzw. Sollwerte). Die quadrierten Differenzen dieser Werte, werden mittels der Faktoren $\boldsymbol{w}_j$ gewichtet, welche dem in der Verhaltenskarte enthaltenen Koordinationsmuster entsprechen. Die Lösung des Optimierungsproblems unterliegt dabei Nebenbedingungen (siehe (3)). Diese fordern das Einhalten der kinematischen Gelenkdefinition (innerhalb des Menschmodells aber auch der hinzugefügten Gelenke zwischen Segmenten und Affordanzvermittlern) sowie die Einhaltung kinematischer Zwangsbedingungen (wie der *„Punkt-zu-Punkt"* Bedingungen). Ziel dieses Optimierungsalgorithmus ist es, den kinematischen Fehler zu minimieren und somit die bestmögliche Einhaltung der Zielkörperhaltung (aus Verhaltenskarte) bei exakter Einhaltung der kinematischen Randbedingungen zu ermöglichen. Dies geschieht unter Berücksichtigung des Koordinationsmusters (aus Verhaltenskarte) und der Bewegungsmöglichkeiten des muskuloskelettalen Menschmodells. Vereinfacht formuliert wird durch die Optimierung die vorgegebene Zielkörperhaltung anhand eines muskuloskelettalen Menschmodells unter

Verwendung des Koordinationsmusters bestmöglich in die kinematischen Randbedingungen gefittet (siehe Bild 47).

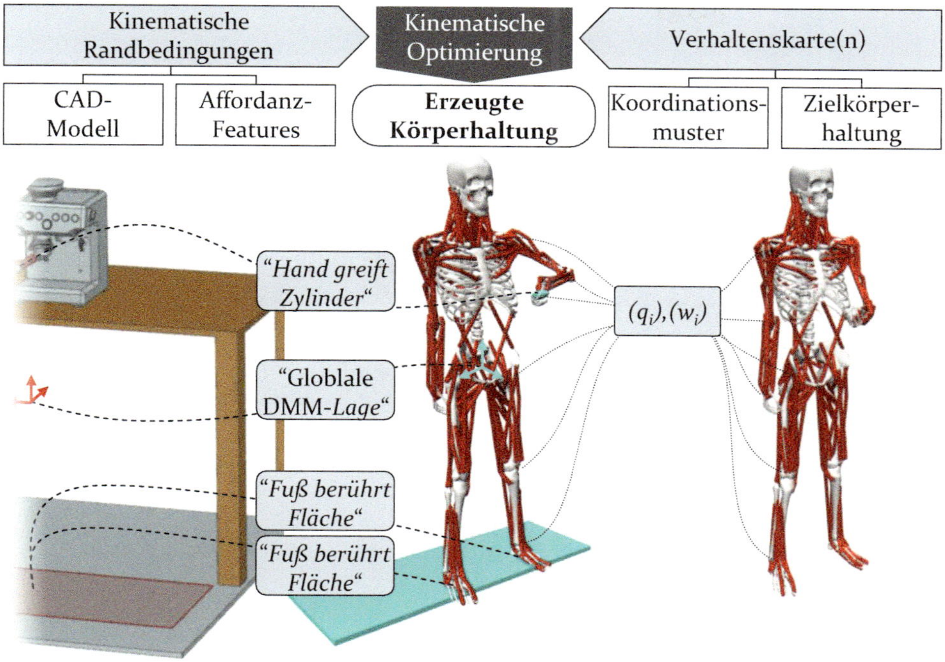

Bild 47: Funktionsweise der posturalen Interaktionsvorhersage. Die vorgegebene Zielkörperhaltung wird mithilfe des Koordinationsmusters bestmöglich in die kinematischen Randbedingungen (links angedeutet aus Bild 46) gefittet.

Wird die kinematische Kopplung eines Affordanz-Features nicht gänzlich spezifiziert, wird das Finden der Werte für die verbleibenden Freiheitsgrade (vgl. Transformationsvektor (**12**)) in der posturalen Interaktionsvorhersage berücksichtigt. Diese Freiheitsgrade sind jedoch nicht Teil des Vektors $\boldsymbol{q}_j$, sondern werden als sogenannte *„free to satisfy constraint“*-Koordinaten berücksichtigt. Dabei wird der Zielwert der Koordinate bei der Berücksichtigung von Zwangsbedingungen ignoriert. Entsprechend sind die Werte dieser Freiheitsgrade im Rahmen der Optimierung frei wählbar. Dadurch diktieren die Koordinaten des Vektors $\boldsymbol{q}_j$ den Wert der *„free to satisfy constraint“*-Koordinaten. Die möglichen Werte dieser Gelenkfreiheitsgrade sind dabei jedoch durch die Abmessungen der entsprechenden Affordanzvermittler eingeschränkt (vgl. Bedingung (**13**)).

Neben der hier beschriebenen kinematischen Interaktionsvorhersage wurden gemäß der identifizierten Modellierungskonzepte aus der Descriptive Study I (siehe Kapitel 4.3) auch der Einsatz dynamischer Modellierungskonzepte erwägt. So wurden von WESELOH [S7] Algorithmen zur vorwärtsdynamischen Trajektorienoptimierung muskuloskelettaler Menschmodelle [59] untersucht. In WOLF et al. [P1] wurde eine dynamische Optimierung von Körperhaltungen gemäß des „invers-invers dynamischen" Ansatzes nach FARAHANI et al. [78] geprüft. KRÜGER [146] untersuchte einen ähnlichen Ansatz zur dynamischen Körperhaltungsvorhersage. Schlussendlich stellte sich jedoch der beschriebene kinematische Ansatz als am besten geeignet heraus. Die dynamischen Modellierungskonzepte sind weit komplexer aufgebaut und sind in der Anwendung weniger robust. Das Hauptproblem ist hierbei, dass im Rahmen dynamischer Optimierungen zumeist lokale Konvergenzen (lokale Minima) gefunden werden oder keine Reproduzierbarkeit der Ergebnisse gewährleistet ist. Das Finden der gewünschten Ergebnisse ist dabei stark von den definierten Randbedingungen und weiteren Eingangsgrößen (wie Spezifikationen des Solvers oder Gewichtungen einzelner Faktoren) abhängig, weshalb die Anwendung dynamischer Interaktionsvorhersagen vorrangig Experten der dynamischen Simulationsmethodik vorbehalten ist.

5.4.3 Invers dynamische Analyse und Ergebnisauswertung

Nach Erzeugung der Körperhaltung wird diese dynamisch analysiert, um die während der Interaktion auftretenden Muskelkräfte und Gelenkreaktionskräfte zu ermitteln. Hierfür wird die Standardmethode der statischen Optimierung (siehe Kapitel 2.4.3) unter Verwendung einer quadratischen Muskelaktivierung (Aktivierung-Exponent $p = 2$) verwendet. Zusätzlich zur Körperhaltung werden zur statischen Optimierung dynamische Randbedingungen in Form der Reaktionskräfte und externen Kräfte benötigt [58]. Diese werden aus den dynamischen Minimal-Beziehungen der elementaren Affordanzen und den dynamischen Spezifikationen aus den Affordanz-Features erzeugt. Die Umsetzung der Reaktionskräfte wird in Anlehnung an das Vorgehen von MIEHLING [181] mittels sogenannter *„Point Actuators"* und *„Torque Actuators"* realisiert. Hierbei handelt es sich um Koppelkräfte bzw. -momente die ähnlich wie Muskelkräfte keinen vorgegeben Kraftwert aufweisen, sondern in der statischen Optimierung bestimmt werden [83]. Anstelle der maximal isometrischen Kraft wird für diese eine sogenannte *„Optimal Force"* vorgegeben. Die Höhe dieser *„Optimal Force"* gibt vor, welche Reaktionskraft bzw. welches Reaktionsmoment in der jeweiligen Raumrichtung möglich bzw. zu erwarten ist. Im Falle der dynamischen Minimalbeziehung entspricht die *„Optimal Force"* aller Raumrichtungen der Gewichtskraft der zugehörigen Extremität. Wurde eine spezifische Abstützkraft definiert, entspricht die *„Optimal Force"* dem spezifizierten Wert (Der Wert wird auf Basis des Körpergewichts und der prozentualen Angabe aus der Aufgabenmodellierung berechnet; vgl. Kapitel 5.3.1). Im Rahmen der statischen Optimierung werden diese Reaktionskräfte und -momente so aktiviert, dass diese das Menschmodell in der jeweils vorherrschenden Körperhaltung gegenüber der Umgebung abstützen. Da der Betrag dieser Kräfte nicht direkt vorgegeben ist, sondern im Rahmen der statischen Optimierung bestimmt wird, wird auch von einer Reaktionskraftvorhersage gesprochen [83, 181]. Die in den Affordanz-Features festgelegten externen Kräfte werden als „*Prescribed Force*" modelliert. Diese erzeugt einen vorgegebenen Kraftvektor an einem Angriffspunkt des entsprechenden Segments. Befinden sich an diesem Segment Reaktionskräfte (*Optimal Forces*) in gleicher Raumrichtung, werden diese deaktiviert, da sonst die externen Kräfte nicht vom Menschmodell ausgeführt, sondern von den Reaktionskräften kompensiert werden. Zusätzlich werden, wie in der muskuloskelettalen Menschmodellierung üblich, sogenannte Residualkräfte verwendet. Die Residualkräfte bestehen wie die Reaktionskräfte aus „*Point Actuators*" und „*Torque Actuators*", welche entlang jeder Raumrichtung bzw. um jede Raumachse an der Hüfte des Menschmodells angreifen. Die Residualkräfte zeichnen sich durch eine geringe „*Optimal Force*" aus. Dadurch werden diese nur aktiviert, sobald das Menschmodell seinen dynamischen Zustand nicht aus eigener Kraft ausbalancieren kann [83, 131, 258]. Zu hohe Residualkräfte sind demnach ein Hinweis, dass die entsprechende Körperhaltung nicht durch die Reaktionskräfte und externen Kräfte gestützt werden kann und sich damit nicht im dynamischen Gleichgewicht befindet.

Resümee: Posturale Interaktionsvorhersage und -analyse

Mit der Methode zur posturalen Interaktionsvorhersage und -analyse können Körperhaltungen mithilfe eines muskuloskelettalen Menschmodells automatisch prädiziert und analysiert werden. Hierzu werden mittels der in der Aufgabenmodellierung spezifizierten Affordanz-Features und den Charakteristika der elementaren Affordanzen kinematische und dynamische Randbedingungen erzeugt. Die Interaktionsvorhersage verwendet einen kinematischen Optimierungsalgorithmus. Mithilfe eines muskuloskelettalen Menschmodells fittet dieser eine gegebene Ziellösung (Körperhaltung) unter Verwendung eines gegebenen Koordinationsmusters (beide Informationen werden mittels einer Verhaltenskarte beschrieben) in die erzeugten kinematischen Randbedingungen. Die resultierende Körperhaltung wird im Nachgang unter Verwendung einer statischen Optimierung und der dynamischen Randbedingungen analysiert. Ergebnis der statischen Optimierung sind die körperinneren Muskel- und Gelenkreaktionskräfte.

5.5 Softwaredemonstrator

In diesem Kapitel soll ein Überblick hinsichtlich der Funktionalitäten des entwickelten Softwaredemonstrators gegeben werden. Wie bereits erläutert besteht das Tool aus einem Aufgabeneditor (Methode zur Aufgabenmodellierung) und der Methode zur posturalen Interaktionsvorhersage. Der Aufgabeneditor wurde als Plugin für Siemens NX umgesetzt, während die Methode zur posturalen Interaktionsvorhersage und -analyse automatisch im biomechanischen Simulationstool OpenSim erfolgt. Der Anwender des Tools arbeitet dabei ausschließlich im CAD-System. Aus diesem Grund beschränkt sich die Beschreibung des Softwaredemonstrators auf den Aufgabeneditor. Details zur Implementierung des Aufgabeneditors sind den Arbeiten von WAGNER [S8] und OßWALD [S9] zu entnehmen. Bild 48 zeigt die Benutzeroberfläche von Siemens NX mit dem integrierten Aufgabeneditor.

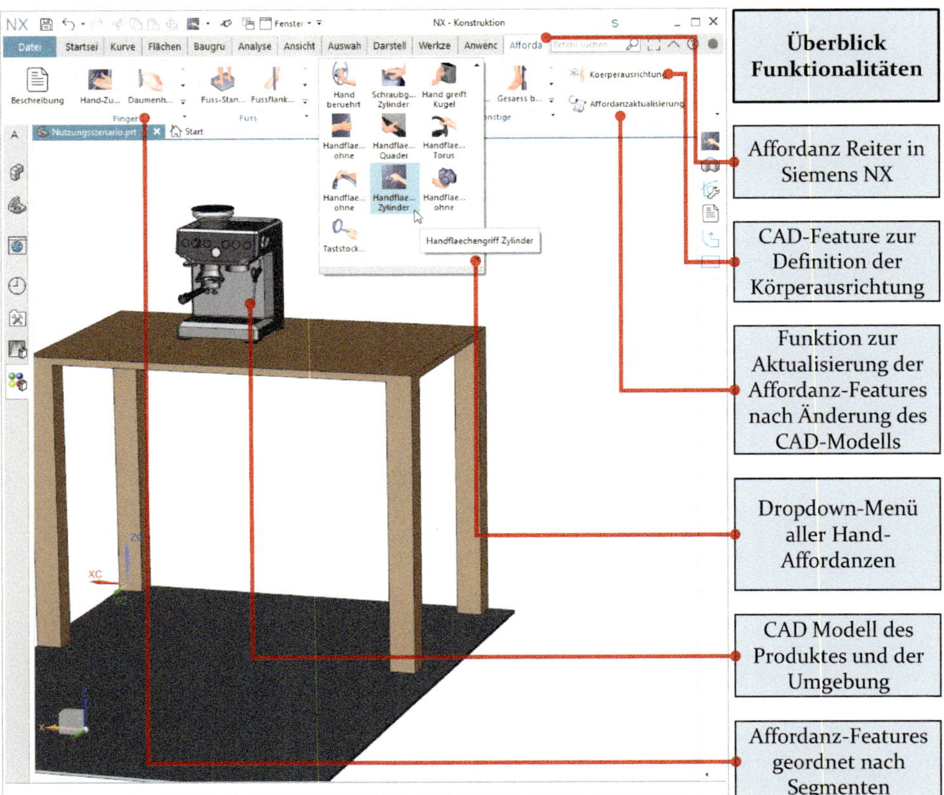

Bild 48: Benutzeroberfläche des entwickelten Aufgabeneditors in Siemens NX

Affordanz-Features können sowohl an einem Bauteil als auch in einer Baugruppe definiert werden. Die folgenden Erläuterungen demonstrieren die grundlegenden Funktionalitäten des Aufgabeneditors am Beispiel des Erzeugens eines Affordanz-Features *„Nr. 27 - Hand greift Zylinder“*. Dafür wird wie bisher das Anwendungsbeispiel der Siebträgermaschine genutzt und die Interaktion zum Greifen des Siebträgers modelliert. Zunächst muss die elementare Affordanz *„Nr. 27 - Hand greift Zylinder“* aus dem Affordanz Menü (dargestellt in Bild 48) ausgewählt werden. Daraufhin öffnet sich ein Dialogfenster (siehe Bild 49), welches den Anwender schrittweise durch die in Kapitel 5.3 erläuterte Aufgabenmodellierung führt.

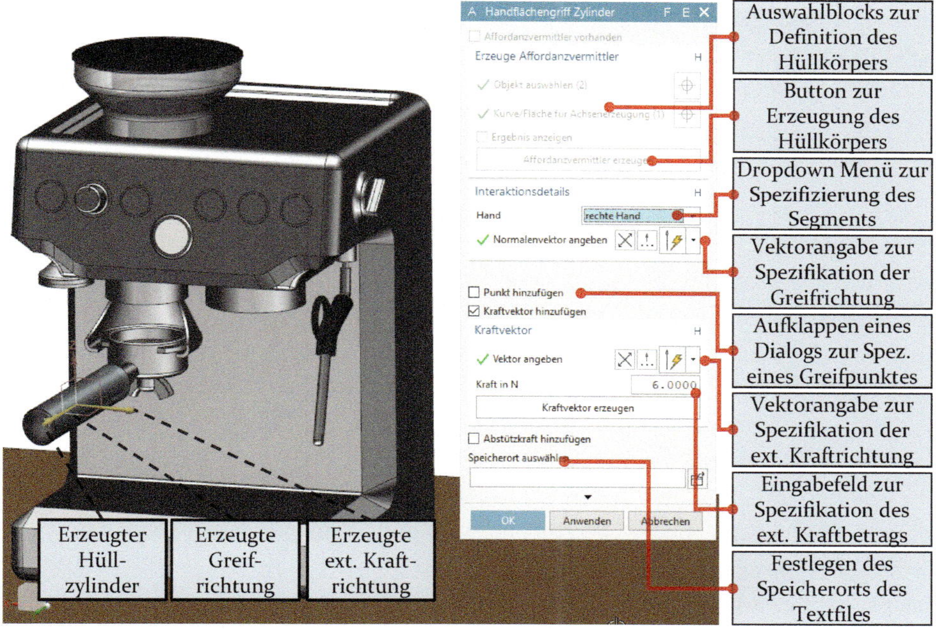

Bild 49: Erstellung eines Affordanz-Features im dafür vorgesehenen Dialogfenster

Im ersten Schritt muss die elementare Affordanz mit der gewünschten Geometrie verknüpft und der rudimentäre Affordanzvermittler erzeugt werden. Hierzu wird ein Hüllkörper gebildet, indem Referenzobjekte und Kurven der entsprechenden CAD-Geometrie ausgewählt werden (in diesem Falle die Flächen und Kurven des Handgriffs). Im nächsten Schritt muss die kinematische Minimal-Beziehung spezifiziert werden. Dabei ist festzulegen, ob die Interaktion mit der linken oder rechten Hand erfolgen soll. Zudem ist ein Vektor zu definieren, welcher die Greifrichtung vorgibt. Zusätzlich kann die kinematische Minimal-Beziehung weiter spezifiziert werden, indem ein Greifpunkt auf der Oberfläche des Affordanzvermittlers vorgegeben wird. Abschließend kann die dynamische Minimal-Beziehung weiter spezifiziert werden. Der Anwender kann eine externe Kraft unter Angabe eines Vektors für die Kraftrichtung und eines Skalars für den Betrag hinzufügen. Auf die gleiche Weise kann der Anwender eine Abstützkraft bzw. Reaktionskraft hinzufügen. Abschließend kann das fertig definierte Affordanz-Feature bestätigt werden und die relevanten Informationen (vgl. Kapitel 5.4.1) über eine Textdatei in einem zu definierenden Ordner gespeichert werden.

Zur Erstellung der Aufgabe aus Bild 46 müsste der Anwender diesen Modellierungsvorgang wiederholen, um weitere Affordanz-Features zu erzeugen. So müsste das Affordanz-Feature *„Nr. 14 - Fuß berührt Fläche“* für beide Füße definiert und die globale Lage des Menschmodells mittels des gesonderten CAD-Features *„Festlegung der globalen Lage des Menschmodells“* spezifiziert werden. Das Dialogfenster bietet hierfür, je nach Definition der jeweiligen elementaren Affordanz, unterschiedliche Eingabemöglichkeiten, weist dabei jedoch stets denselben standardisierten Aufbau auf.

Die exportierten Textdateien (.txt-Files) lassen sich in einem Ordner zu einer Aufgabe bündeln. Die Verhaltenskarten liegen in Form gesonderter Tabellendateien (.csv-Files) vor. Diese beinhalten die Gelenkwinkel einer charakteristischen Körperhaltung (Ziellösung) und das zugehörige Gewichtungsset (Koordinationsmuster; vgl. Kapitel 5.3.2) und können der Aufgabe bzw. dem Ordner hinzugefügt werden. Ebenso können unterschiedlich skalierte muskuloskelettale Menschmodelle (.osim-Files) der Aufgabe bzw. dem Ordner hinzugefügt werden, um unterschiedliche Nutzereigenschaften berücksichtigen zu können. Eine Aufgabe wird demnach mittels mehrerer Affordanz-Feature-Textdateien und einer oder mehrerer Verhaltenskarten-Tabellendateien übergeben. Diese werden mittels eines Matlab-Skriptes eingelesen und der in Kapitel 5.4 erläutere Ablauf automatisch mit den hinterlegten muskuloskelettalen Menschmodellen durchgeführt. Ergebnis dieses Ablaufs ist eine oder mehrere Bewegungsdateien (.mot-File), welche die erzeugten Körperhaltungen enthalten. Diese können optional mittels eines Menschmodells in OpenSim visualisiert werden. Die ermittelten Muskelaktivierungen und Muskelkräfte werden als Ergebnisdateien (.sto-File) abgespeichert.

Soll ein anderes Produkt, eine andere Produktkonfiguration, eine andere Aufgabe am gleichen Produkt oder ähnliches analysiert werden, muss eine neue Aufgabe und damit neue Textdateien erzeugt werden. Hierzu können bei Änderung des CAD-Modells bestehende Affordanz-Features aktualisiert oder neue hinzugefügt werden (siehe Bild 48). Durch diesen inkrementellen Ansatz können unterschiedliche Produktkonfiguration oder ganze Nutzungsprozesse analysiert werden.

5.6 Fazit - Prädiktives Interaktionsmodell

Auf Basis der Erkenntnisse aus der systematischen Literaturrecherche (*Descriptive Study I*), des methodischen Vorgehens nach der *Prescriptive Study* und der Identifikation des Kataloges elementarer Affordanzen wurde ein prädiktives Interaktionsmodell entwickelt und als Softwaredemonstrator implementiert. Das prädiktive Interaktionsmodell beinhaltet eine Methode zur Aufgabenmodellierung, welche als Aufgabeneditor in einer CAD-Umgebung umgesetzt ist. Mithilfe von CAD-Affordanz-Features können vielseitige Aufgaben zur Interaktionsvorhersage zugänglich am digitalen Produkt modelliert werden. Die Charakterisierung des menschlichen Interaktionsverhaltens erfolgt dabei mithilfe sogenannter Verhaltenskarten. Die Vorhersage des menschlichen Interaktionsverhaltens ist durch eine Methode zur posturalen Interaktionsvorhersage an einem muskuloskelettalen Menschmodell realisiert. Diese ermöglicht das automatische Vorhersagen und dynamische Analysieren von Körperhaltungen auf Basis der im Aufgabeneditor spezifizierten Affordanz-Features und der ausgewählten Verhaltenskarten. Damit weist das prädiktive Interaktionsmodell alle Kernfunktionalitäten auf, die für dessen Evaluation und die Beantwortung der gestellten Forschungsfragen erforderlich sind. Im nachfolgenden Kapitel werden die hierzu durchgeführten Evaluationsstudien vorgestellt.

6 Evaluationsstudien

6.1 Explorative Parameterstudie

Nach der Umsetzung des prädiktiven Interaktionsmodells erfolgt zum Abschluss der *Prescriptive Study* dessen Evaluation bzw. Verifikation. Hierbei wird die korrekte technische Funktionalität der entwickelten Methode verifiziert. In einer explorativen Simulations- bzw. Parameterstudie soll dazu das prädiktive Interaktionsmodell zur Analyse unterschiedlicher Konfigurationen zweier Anwendungsfälle verwendet werden. Neben der Überprüfung der korrekten Funktionalität soll mit Hinblick auf Forschungsfrage III überprüft werden, wie das Vorwissen zur Charakterisierung des menschlichen Verhaltens ausgeprägt sein muss, um eine vertrauenswürdige Anwendung der posturalen Interaktionsvorhersage zu gewährleisten.

Im Rahmen der *Descriptive Study I* wurde ermittelt, dass zur Bewältigung identischer Aufgaben unterschiedliche Interaktionsstrategien möglich sind [25, 114, 116, 117]. Entsprechend sollte hinterfragt werden, in welchen Fällen eine Bewertung der Mensch-Produkt Interaktion auf Basis einer einzelnen repräsentativen Körperhaltung sinnvoll bzw. zulässig ist. Des Weiteren wurde ermittelt, dass zur prädiktiven Interaktionsvorhersage stets Vorwissen zur Charakterisierung des zu prädizierenden menschlichen Verhaltens von Nöten ist (*Erkenntnis I*; siehe Kapitel 4.4). Dieses Vorwissen wird im entwickelten prädiktiven Interaktionsmodell (siehe Kapitel 3.1) in Form einer Verhaltenskarten-Bibliothek bereitgestellt. Da das Aufstellen einer solchen Bibliothek aufwändig ist, stellt sich die Frage, welche Ausprägung der Charakterisierung des menschlichen Verhaltens zur vertrauenswürdigen Analyse unterschiedlicher Produktmerkmalskonfigurationen erforderlich ist. Diese Fragestellungen lassen sich in drei Kernaspekte herunterbrechen:

Aspekt I: Sind zur Abbildung der Heterogenität menschlichen Verhaltens mehrere Interaktionsstrategien zur Analyse identischer Produktmerkmalskonfigurationen zu berücksichtigen?

Aspekt II: Sind zur Abbildung der Anpassung des Interaktionsverhaltens an veränderte Produktkonfigurationen unterschiedliche Haltungsausprägungen einer Interaktionsstrategie zu berücksichtigen?

Aspekt III: Ist zur Charakterisierung menschlichen Verhaltens empirisch begründetes Vorwissen zu verwenden?

Im Sinne einer möglichst effizienten Nutzung des prädiktiven Interaktionsmodells ist eine minimale Ausprägung des Vorwissens (Anzahl der erforderlichen Verhaltenskarten) bei ausreichender Charakterisierung des menschlichen Verhaltens anzustreben. In dieser Studie wird diese minimale Ausprägung explorativ für zwei Anwendungsfälle ergründet.

6.1.1 Methodik der explorativen Studie

Der erste Anwendungsfall orientiert sich an den empirischen Untersuchungen von Körperhaltungen bei beidhändigem Ziehen an horizontalen Griffen (bzw. eines ausreichend langen horizontalen Griffes) durch HOFFMAN et al. [115] (siehe Bild 50). Der zweite Anwendungsfall fokussiert die generische Aufgabe des einhändigen Drückens an vertikalen Griffen (siehe Bild 51). In beiden Anwendungsfällen wird sowohl die vertikale Position der Griffe (drei Positionen) als auch die zu erzeugenden externen Kräfte (vier Kraftbeträge) variiert. Zur Untersuchung des Einflusses unterschiedlich ausgeprägten Vorwissens wird jede der Konfigurationen mit maximal 12 Verhaltenskarten simuliert. Diese beschreiben drei grundsätzlich unterschiedliche Interaktionsstrategien je Anwendungsfall (Aspekt I), wobei jede Strategie in vier Haltungsausprägungen (HA) unterteilt ist. Die HA beschreiben eine Anpassung der charakteristischen Körperhaltung einer Interaktionsstrategie an die externe Kraft (Aspekt II; siehe Bild 50 rechts). Die Untersuchungen wurden anhand eines Menschmodells, skaliert nach dem 50. Perzentil der deutschen Bevölkerung [182], durchgeführt. Bei voll-faktorieller Analyse der 12 Produktkonfigurationen (3 Positionen x 4 Kraftstufen) mit den 12 Verhaltenskarten ergeben sich 144 Aufgaben je Anwendungsfall.

In Anwendungsfall I wird ein Szenario unter hohem Kraftaufwand betrachtet. Dabei befindet sich der Griff auf Höhe des Ellenbogens (bei aufrechtem Stand). Diese Griffhöhe wird jeweils um $\pm\ 10\ cm$ variiert. Die zu erzeugenden Zugkräfte lehnen sich an das von HOFFMAN et al. [115] untersuchte Kraftspektrum an und betragen $80\ N, 160\ N, 240\ N$ und $320\ N$. Die Verhaltenskarten wurden auf Basis der veröffentlichten Körperhaltungsdaten von HOFFMAN et al. [115] am verwendeten OpenSim Menschmodell reproduziert (Aspekt III; siehe Bild 50). HOFFMAN et al. [115] beschreiben drei unterschiedliche Strategien sowie die Anpassung der mit diesen Strategien verbundenen Körperhaltungen an die externe Kraft. Aus diesen Anpassungen wurden die konkreten Haltungsausprägungen gewonnen. Strategie I-I beschreibt das Ziehen in geteilter Beinstellung mit angewinkelten Armen, Strategie I-II das Ziehen in geteilter Beinstellung mit ausgestreckten Armen und Strategie I-III das Ziehen in paralleler Beinstellung mit angewinkelten Armen. Die HA dieser Strategien stellen dabei die Anpassung der

Körperhaltung an die externe Kraft dar (HA 1 für 80 N bis HA 4 für 320 N). Dies prägt sich bei allen Strategien durch ein stärkeres Ausnutzen des Eigengewichts, in Form eines „nach hinten Lehnens", aus (siehe Bild 50 rechts). Die Zielkörperhaltungen der 12 Interaktionsstrategien sind dabei so gestaltet, dass sich die Hände auf der mittleren Griffhöhe befinden.

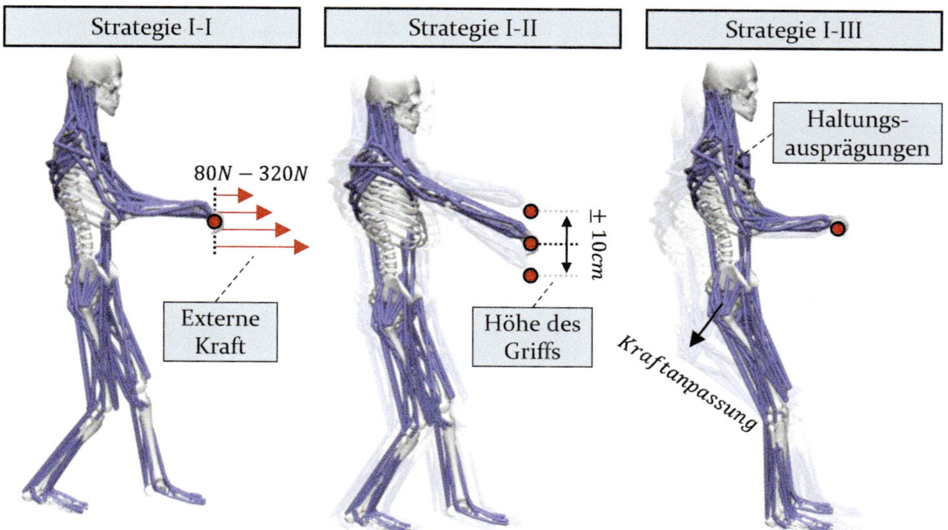

Bild 50: Anwendungsfall I - Beidhändiges Ziehen an horizontalen Griffen. Dargestellt sind die drei Interaktionsstrategien unter jeweiliger Variation der externen Kraft, der Höhe des Griffs sowie von vier Haltungsausprägungen (repräsentativ dargestellt für Strategie I-III).

In Anwendungsfall II wird mit dem einhändigen Drücken an einem vertikalen Griff ein Szenario unter geringem Kraftaufwand betrachtet (siehe Bild 51). Dabei befindet sich der Griff auf Höhe des Schultergelenks (bei aufrechtem Stand) und wird mit der rechten Hand gedrückt. Die Höhe wird hierbei ebenfalls um $\pm$ 10 cm variiert. Die externen Kräfte betragen 10 N, 20 N, 30 N und 40 N. Die Verhaltenskarten beruhen im Gegensatz zu Anwendungsfall I nicht auf empirischen Untersuchungen, sondern werden angenommen (Aspekt III). Die Charakteristika der Annahmen beziehen sich jedoch auf die Strategien aus Anwendungsfall I (siehe Bild 51). Strategie II-I beschreibt das Drücken in geteilter Beinstellung mit angewinkeltem Arm, Strategie II-II das Drücken in geteilter Beinstellung mit ausgestrecktem Arm und Strategie II-III das Drücken in paralleler Beinstellung mit angewinkeltem Arm. Die HA stellen wiederum eine Anpassung der Strategie (Körperhaltung) an die externe Kraft dar (HA 1 für 10 N bis HA 4 für 40 N). In Strategie II-I und II-II prägt sich diese Anpassung durch eine Veränderung der Standposition bzw. ein Eindrehen des gesamten Körpers aus (linke Schulter zum Griff, rechte Schulter weg vom Griff). Bei Strategie II-I wird der rechte Arm mit zunehmender externer Kraft zunehmend gebeugt. In Strategie II-III prägt sich die Anpassung durch das stärkere Beugen des Arms und das Annähern der Standposition an den Griff aus (siehe Bild 51 rechts). Auch bei diesem Anwendungsfall sind die Zielkörperhaltungen der 12 Verhaltenskarten so gestaltet, dass sich die Hände auf der mittleren Griffhöhe befinden.

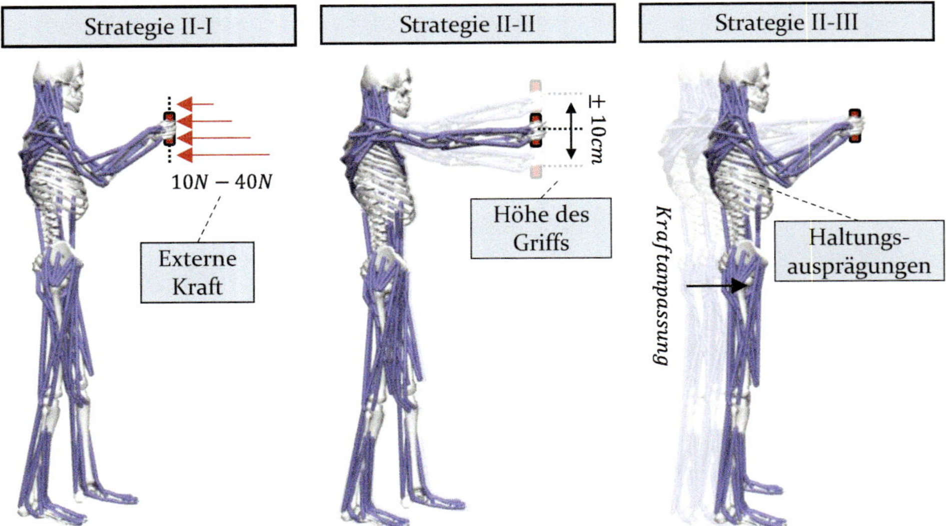

Bild 51. Anwendungsfall II – Einhändiges Drücken eines vertikalen Griffs. Dargestellt sind die drei Interaktionsstrategien unter jeweiliger Variation der externen Kraft, der Höhe des Griffs sowie von vier Haltungsausprägungen (repräsentativ dargestellt für Strategie II-III).

Für beide Anwendungsfälle ergeben sich somit 288 Aufgaben, welche mittels des entwickelten Aufgabeneditors erzeugt wurden (wie in Kapitel 5.6 beschrieben). Dafür wurden die Affordanz-Features *„Nr. 27 - Hand greift Zylinder“* und *„Nr. 14 - Fuß berührt Fläche“* verwendet. Die Standposition des Menschmodells wurde nicht vorgegeben. Die Orientierung des Menschmodells wurde hingegen mit dem Affordanz-Feature *„Festlegung der globalen Lage des Menschmodells“* spezifiziert. Bei Strategie II-I und II-II wurde dadurch das Eindrehen des Körpers modelliert. Die Affordanz-Features der Hände wurden jeweils mit den vorgesehenen externen Kräften definiert. Bei Anwendungsfall I wurde die Zugkraft gleichmäßig auf beide Hände verteilt. Die Reaktionskräfte wurden so modelliert, dass das Körpergewicht zum Großteil über die Füße auf den Boden übertragen wird. Zudem besteht die Möglichkeit einen Teil des Körpergewichts über die Hand bzw. die Hände abzustützen. Die Werte der entsprechenden *„Optimal Forces“* (vgl. Kapitel 5.2.3) sind Tabelle 5 in Anhang A 2 zu entnehmen.

Die Koordinationsmuster der Verhaltenskarten wurden jeweils so gewählt, dass die wesentlichen Charakteristiken der Strategien und deren Ausprägungen beibehalten werden. So sind für alle Strategien die Gelenkwinkel der Beine hoch gewichtet. In den Strategien mit ausgestrecktem Arm bzw. ausgestreckten Armen ist beispielsweise der Gelenkwinkel zur Ellenbogenflexion hoch gewichtet, damit der Arm in der posturalen Interaktionsvorhersage nicht angewinkelt wird. Tabelle 6 und Tabelle 7 in Anhang A 2 beinhalten die verwendeten Verhaltenskarten (Gelenkwinkelwerte und Koordinationsmuster).

Die erzeugten Aufgaben wurden mittels der Methode zur posturalen Interaktionsvorhersage simuliert, dynamisch analysiert und die Ergebnisse zur Beantwortung der Fragestellung wie folgt untersucht. Zunächst werden die resultierenden Körperhaltungen betrachtet. Es wird untersucht, ob die posturale Interaktionsvorhersage grundsätzlich funktioniert und ob die wesentlichen Charakteristiken der Strategien auch nach der Anpassung der Körperhaltung durch die invers kinematische Optimierung erhalten bleiben. Zudem wurde überprüft, ob sich die resultierenden Körperhaltungen im dynamischen Gleichgewicht befinden. Hierzu werden die Residualkräfte betrachtet und für diese Grenzwerte eingeführt. Sobald eine Residualkraft 10 N bzw. ein Residualmoment 10 Nm überschreitet, wird diese Körperhaltung als dynamisch inkonsistent betrachtet. Die Grenzwerte entsprechen den Empfehlungen der OpenSim Dokumentation zur Evaluierung dynamischer Ergebnisse [199]. Zur Quantifizierung der Beanspruchung durch die jeweiligen Aufgaben wird die resultierende Ganzkörper-Muskelaktivierung (GKMA) als Bewertungskennzahl herangezogen (siehe Gleichung (15)).

$$GKMA = \sum_{i=1}^{n} \boldsymbol{\alpha}_i \tag{15}$$

Die GKMA entspricht der Summe sämtlicher Muskelaktvierungen $\boldsymbol{\alpha}_i$ des Körpers. Der Parameter n entspricht hierbei der Anzahl der berücksichtigten Muskelmodelle. In Anlehnung an das Belastungs-Beanspruchungs-Konzept (vgl. Kapitel 2.4.4) kann diese Kenngröße als ergonomisches Bewertungskriterium interpretiert werden.

Zur Untersuchung der benötigten Ausprägung des Vorwissens, werden Teilmengen der erzeugten Körperhaltungen und berechneten GKMA isoliert ausgewertet und die daraus resultierenden Rückschlüsse miteinander verglichen. Damit soll ermittelt werden, ob unterschiedliche Entscheidungsgrundlagen (unterschiedliches Vorwissen) zu anderen Handlungsempfehlungen führen. Als Handlungsempfehlung wird hierbei die Auswahl jener Konfiguration verstanden, welche die geringste GKMA hervorruft bzw. welche die Mehrzahl der niedrigsten GKMA-Werte (über mehrere Strategien bzw. HA gesehen) auf sich vereint. Es werden die folgenden fünf Fälle (Entscheidungsgrundlagen) betrachtet:

Fall 1: Das Vorwissen beläuft sich auf **eine Strategie** bestehend aus **vier HA** je Kraftstufe. Jede Kraftstufe wird mit der **zugehörigen** HA simuliert und analysiert (12 Aufgaben je Anwendungsfall).

Fall 2: Das Vorwissen beläuft sich auf **drei Strategien** bestehend aus **jeweils vier HA** je Kraftstufe. Jede Kraftstufe wird mit der **zugehörigen** HA simuliert und analysiert (36 Aufgaben je Anwendungsfall).

Fall 3: Das Vorwissen beläuft sich auf **drei Strategien** bestehend aus **jeweils vier HA** je Kraftstufe. **Jede Kraftstufe wird mit jeder HA** simuliert und analysiert (144 Aufgaben je Anwendungsfall). Dieser Fall soll zur Überprüfung der gewählten HA und Strategien genutzt werden. Konkret soll überprüft werden, ob die gewählte Anpassung der Körperhaltungen anhand der HA tatsächlich zu den jeweiligen Kraftstufen passen bzw. ob andere HA ebenfalls zulässig sind oder gar geringere GKMA-Werte aufweisen.

Fall 4: Das Vorwissen beläuft sich auf **eine HA**. Jede Kraftstufe wird mit derselben HA simuliert und analysiert (12 Aufgaben je Anwendungsfall).

Fall 5: Das Vorwissen beläuft sich auf die physiologisch „**effizientesten**" **HA**. Als physiologisch effizienteste HA werden diejenige verstanden, welche innerhalb einer Kraftstufe die geringsten GKMA aufweisen. Jede Kraftstufe wird mit der effizientesten HA simuliert und analysiert (4 Aufgaben je Anwendungsfall).

6.1.2 Resultate der explorativen Studie

Die posturale Interaktionsvorhersage konnte für jede der modellierten Aufgaben eine Körperhaltung synthetisieren. Dabei fällt auf, dass einige Ziellösungen (Körperhaltungen) sehr nah an den resultierenden Körperhaltungen liegen, während andere stärker angepasst werden mussten. Bei der stärkeren Anpassung wurden wie gefordert hauptsächlich die Gelenkwinkel mit einer geringen Gewichtung angepasst. Dies lässt sich aus den geringen kinematischen Fehlern der posturalen Interaktionsvorhersage ableiten (siehe Bild 62 in Anhang A 2). Entsprechend haben alle resultierenden Körperhaltungen die wesentlichen Charakteristiken der Strategien und deren Ausprägungen übernommen.

Bei Betrachtung der berechneten Residualkräfte (Ergebnisse der dynamischen Simulation) fällt auf, dass sich einige der resultierenden Körperhaltungen des Anwendungsfalls I nicht im dynamischen Gleichgewicht befinden (siehe Einträge mit rotem Hintergrund in Bild 52). Bei Strategie I-I und I-II ist dies bei den resultierenden Körperhaltungen der HA 1 und HA 2 bei hohen externen Kräften und bei Strategie I-III für mindestens eine der resultierenden Körperhaltungen pro Konfiguration der Fall. Zudem konnte für die Konfiguration *„Höhe:* + 10 *cm bei Kraft:* 320 *N"* keine dynamisch konsistente Körperhaltung vorhergesagt werden.

Höhe	Kraft	Strategie I-I				Strategie I-II				Strategie I-III			
		HA1	HA2	HA3	HA4	HA1	HA2	HA3	HA4	HA1	HA2	HA3	HA4
Standard	80 N	5,11	6,34	7,37	8,75	4,37	5,69	7,13	8,23	6,58	10,67	13,90	18,92
	160 N	10,45	10,93	9,35	10,13	9,57	9,00	8,37	9,21	9,68	8,41	8,84	14,13
	240 N	20,22	16,92	14,77	13,78	23,22	15,82	13,31	12,96	16,37	12,23	11,88	12,20
	320 N	32,41	23,56	20,59	19,11	37,46	24,31	19,21	17,70	29,35	21,52	19,77	16,42
+ 10 cm	80 N	4,61	5,63	7,15	8,88	4,41	5,52	6,94	8,14	5,68	10,65	14,13	19,60
	160 N	10,11	9,46	9,22	10,31	10,60	9,19	8,53	9,01	8,02	7,39	7,94	13,40
	240 N	18,92	15,86	14,13	14,39	25,91	15,68	13,58	13,15	16,18	11,36	10,42	12,14
	320 N	26,82	22,52	19,57	18,83	36,68	24,77	18,80	18,05	26,36	22,22	19,44	16,18
- 10 cm	80 N	6,16	6,81	7,71	9,21	4,54	5,64	7,16	8,41	8,16	10,70	14,00	18,35
	160 N	11,79	11,43	10,67	10,96	10,02	10,18	9,01	9,32	11,16	10,27	10,72	14,60
	240 N	22,77	18,29	16,42	15,49	21,83	16,80	14,65	13,39	17,61	15,05	13,69	14,24
	320 N	36,62	27,35	22,64	21,44	37,29	26,34	20,31	18,61	27,98	24,07	20,58	18,28

Bild 52: Heatmap der GKMA der resultierenden Körperhaltungen von Anwendungsfall I. Die rot hinterlegten Felder markieren die dynamisch inkonsistenten resultierenden Körperhaltungen. Die roten Zahlen markieren die niedrigste GKMA je Kraftstufe und HA. Die roten Rahmen markieren die niedrigste GKMA je Kraftstufe über alle Strategien und HA.

Bild 52 gibt zudem einen Überblick über die resultierenden GKMA des Anwendungsfalls I. Die dynamisch inkonsistenten resultierenden Körperhaltungen (rot hinterlegte Felder) können nicht zur Analyse der Mensch-Produkt Interaktion herangezogen werden. Die GKMA der dynamisch konsistenten Körperhaltungen fallen für die einzelnen Konfigurationen und Strategien bzw. HA deutlich unterschiedlich aus. Es lässt sich erkennen, dass höhere externe Kräfte zu höheren GKMA führen. Dies ist nicht selbstverständlich, da die externe Kraft auch als Stützkraft dienen kann, um den Körper (je nach HA) beim „nach hinten Lehnen" zu stabilisieren. Für die betrachteten Fälle bestätigt sich demnach der naheliegende Fakt, dass eine höhere externe Kraft stets zu einer höheren Beanspruchung des aktiven Bewegungsapparates führt. Deshalb wurden zur Bewertung der Mensch-Produkt Interaktion jene Konfigurationen markiert, die innerhalb einer Kraftstufe und HA die niedrigste GKMA aufweisen (rote Zahlen). Dadurch kann für jede Kraftstufe eine Handlungsempfehlung hinsichtlich der bestgeeigneten Griffhöhe gegeben werden.

Bei einem Vorwissen gemäß Fall 1 (isolierte Betrachtung der GKMA je Strategie in den diagonalen Einträgen der Höhenstufen; siehe Bild 52) weist die Konfiguration *„Höhe: Standard“* für Strategie I-II und die Konfiguration *„Höhe: + 10 cm“* für die Strategien I-I und Strategie I-III die niedrigsten GKMA-Werte auf. Bei einem Vorwissen gemäß Fall 2 (Betrachtung aller GKMA in den diagonalen Einträgen der Höhenstufen in Bild 52) vereint die *„Höhe: + 10 cm“* die Mehrzahl der niedrigsten GKMA-Werte. Nach Fall 3 (Betrachtung aller Einträge) vereint die Konfiguration *„Höhe: + 10 cm“* ebenfalls die Mehrzahl der niedrigsten GKMA Werte. Bei einem Vorwissen gemäß Fall 4 (Isolierte Betrachtung aller GKMA einer Spalte) wären nur wenige HA zur Bewertung aller Kraftstufen geeignet (siehe dynamisches Gleichgewicht aus Bild 52). Auch würden die Handlungsempfehlungen bei isolierter Betrachtung einzelner HA unterschiedlich ausfallen (bspw. HA 3 und HA 4 der Strategie I-I) oder zu unterschiedlichen Empfehlungen je Kraftstufe führen (bspw. HA 3 und HA 4 der Strategie I-II). Die roten Rahmen in Bild 52 markieren die niedrigsten GKMA über alle Strategien und HA der jeweiligen Kraftstufe. Wäre ausschließlich die „effizienteste“ Körperhaltung je Kraftstufe bekannt (Fall 5), würde die Konfiguration *„Höhe: Standard“* für die Kraftstufen *„Kraft: 80 N“* und *„Kraft: 320 N“* sowie die Konfiguration *„Höhe: + 10 cm* für die Kraftstufen *„Kraft: 160 N“* und *„Kraft: 320 N“* die niedrigsten GKMA-Werte aufweisen.

Bei Anwendungsfall II befinden sich sämtliche resultierenden Körperhaltungen im dynamischen Gleichgewicht. Bild 53 gibt einen Überblick der resultierenden GKMA des Anwendungsfalls II. Auch hier fallen die GKMA der einzelnen Konfigurationen und Strategien bzw. HA unterschiedlich aus. Die Unterschiede sind jedoch weit geringer als in Anwendungsfall I. Auch in Anwendungsfall II lässt sich erkennen, dass eine höhere externe Kraft zu einer höheren GKMA führt. Es besteht jedoch eine Ausnahme. Bei Strategie II-III ist die GKMA für HA 1 und HA 2 für die externe Kraft von 20N geringer als für die externe Kraft von 10N. Wie für Anwendungsfall I wurden dennoch jene Körperhaltungen markiert, die für jede Kraftstufe und HA die niedrigste GKMA aufweisen (rote Zahlen). Dadurch kann für jede Kraftstufe eine Handlungsempfehlung hinsichtlich bestgeeigneten Griffhöhe gegeben werden.

Höhe	Kraft	Strategie II-I HA1	HA2	HA3	HA4	Strategie II-II HA1	HA2	HA3	HA4	Strategie II-III HA1	HA2	HA3	HA4
Standard	10 N	4,17	4,18	4,18	4,28	4,26	4,43	4,64	5,15	4,33	4,37	4,38	4,45
	20 N	4,45	4,44	4,48	4,49	4,82	4,90	5,14	5,79	4,25	4,32	4,53	4,54
	30 N	5,03	5,04	5,00	5,02	5,61	5,66	5,80	6,52	4,65	4,70	4,76	4,95
	40 N	6,02	5,94	5,80	5,64	6,60	6,53	6,55	7,31	5,55	5,41	5,48	5,75
+ 10 cm	10 N	4,23	4,26	4,28	4,31	4,31	4,55	4,76	5,19	4,44	4,32	4,38	4,50
	20 N	4,56	4,60	4,64	4,61	4,84	5,00	5,26	5,73	4,31	4,33	4,48	4,79
	30 N	5,27	5,27	5,19	5,12	5,71	5,75	5,93	6,42	4,68	4,83	4,92	5,39
	40 N	6,34	6,28	6,10	5,74	6,69	6,62	6,67	7,15	5,63	5,61	5,78	6,35
- 10 cm	10 N	4,15	4,15	4,18	4,19	4,42	4,40	4,47	4,94	4,42	4,33	4,37	4,39
	20 N	4,40	4,42	4,52	4,45	4,60	4,59	4,77	5,42	4,30	4,30	4,39	4,43
	30 N	4,92	4,83	5,07	4,98	5,11	5,07	5,25	5,96	4,54	4,60	4,66	4,71
	40 N	5,71	5,58	5,85	5,56	5,80	5,68	5,80	6,59	5,24	5,28	5,26	5,41

Bild 53: Heatmap der GKMA der resultierenden Körperhaltungen von Anwendungsfall II. Die roten Zahlen markieren die niedrigste GKMA je Kraftstufe und HA. Die roten Rahmen markieren die niedrigste GKMA je Kraftstufe über alle Strategien und HA.

Bei einem Vorwissen gemäß Fall 1 würden die resultierenden GKMA der isoliert betrachteten Strategien zu unterschiedlichen Bewertungen je Kraftstufe führen. Bei Betrachtung von Strategie II-II und Strategie II-III wären die Handlungsempfehlungen gleich, während bei isolierter Betrachtung der Strategie II-I die Empfehlung der Höhe für *„Kraft:* 10 *N"* und *„Kraft:* 30 *N"* anders ausfallen würde. Bei Betrachtung aller Strategien (Fall 2) würden die Handlungsempfehlungen so ausfallen, wie es bei isolierter Betrachtung der Strategien II-II und II-III der Fall wäre. Bei Betrachtung aller Einträge (Fall 3) vereinigt die Konfiguration *„Höhe:* – 10 *cm"* die Mehrzahl der niedrigsten GKMA. Bei einem Vorwissen gemäß Fall 4 würden die Handlungsempfehlungen für die meisten HA gleich ausfallen, da hier die Konfiguration *„Höhe:* – 10 *cm"* die Mehrzahl der niedrigsten GKMA-Werte auf sich vereint. HA 3 der Strategie II-I bildet eine Ausnahme, da hier die Konfiguration *„Höhe: Standard"* die geringsten GKMA aufweist. Auch würde die isolierte Betrachtung der HA 1 der Strategie II-II sowie der HA 1 und HA 2 der Strategie II-III zu unterschiedlichen Handlungsempfehlungen je Kraftstufe führen. Der rote Rahmen in Bild 53 markiert wiederum die niedrigste GKMA über alle Strategien und HA der jeweiligen Kraftstufe. Wäre nur die „effizienteste" Körperhaltung je Kraftstufe bekannt (Fall 5), würde die Konfiguration *„Höhe: Standard"* für die Kraftstufe *„Kraft:* 20 *N"* sowie die Konfiguration *„Höhe:* – 10 *cm* für die Kraftstufen *„Kraft:* 10 *N"*, *„Kraft:* 30 *N"* und *„Kraft:* 340 *N"* die niedrigsten GKMA-Werte aufweisen.

6.1.3 Diskussion der explorativen Studie

Die durchgeführte Parameterstudie zeigt, dass die technische Funktionalität des prädiktiven Interaktionsmodells gegeben ist. Eine Vielzahl an Aufgaben konnten mithilfe des Aufgabeneditors in der CAD-Umgebung modelliert, adaptiert und ausgeleitet werden. Die Randbedingungen für die kinematischen und dynamischen Simulationen wurden korrekt erzeugt und die Simulationen konnten ohne Komplikationen automatisch durchgeführt werden. Die posturale Interaktionsvorhersage konnte Körperhaltungen erzeugen, welche die in den Verhaltenskarten beschriebenen Charakteristiken aufweisen. Die resultierenden Körperhaltungen konnten zudem automatisch dynamisch analysiert werden.

Die Erkenntnisse hinsichtlich der nötigen Ausprägung des Vorwissens unterliegen aufgrund des Studiendesigns gewissen Einschränkungen. Zum einen sind die Erkenntnisse durch den explorativen Charakter der Studie nur für die betrachteten Anwendungsfälle gültig und damit nicht zu verallgemeinern. Es wurden zwei Anwendungsfälle gewählt, die eine sehr freie Interaktion erlauben. Entsprechend existierten alternativ denkbare bzw. durchführbare Interaktionsstrategien. Bei stärker eingeschränkten Anwendungsfällen sind die Unterschiede in den Handlungsempfehlungen unterschiedlicher Strategien und HA möglicherweise nicht in dem beobachteten Maße gegeben. Zum anderen sind die hier getroffenen Handlungsempfehlungen nur auf Basis des relativen Vergleichs zwischen den GKMA zustande gekommen. Bei Betrachtung weiterer Bewertungskenngrößen, wie der Beanspruchung des passiven Bewegungsapparates in Form von Gelenkreaktionskräften, sind andere Resultate denkbar. Zudem wurden einige Einflussfaktoren auf das menschliche Verhalten, wie die Anthropometrie, das Gewicht, die Stärke, die Beweglichkeit, das Alter oder etwaige Prädispositionen durch Bewegungsschulungen des Nutzers, nicht gesondert betrachtet.

Vor dem Hintergrund dieser Einschränkungen lassen sich die Resultate dieser Studie wie folgt diskutieren. Hinsichtlich Aspekt I der Fragestellung lässt sich feststellen, dass es zur Analyse von Anwendungsfall I ratsam ist mehrere Strategien zu berücksichtigen. Dies zeigt sich darin, dass die isolierte Betrachtung von Strategie I-II zu einer anderen Handlungsempfehlung führen würde als die isolierte Betrachtung von Strategie I-I oder Strategie I-III. Zur Analyse des Anwendungsfalls II ist das Betrachten unterschiedlicher Strategien bzw. HA ebenfalls ratsam, da das Betrachten einzelner HA (bspw. HA 3 der Strategie II-I) zu anderen Handlungsempfehlung führen würde als bei der Betrachtung mehrerer Strategien und HA.

Grundsätzlich führt ein ausgeprägteres Vorwissen (Verwendung mehrerer Verhaltenskarten) zu einer besseren Entscheidungsgrundlage. Einen interessanten Einblick erlaubt die Betrachtung des Falls 5. In vielen prädiktiven Interaktionsmodellen (vgl. Kapitel 2.5) werden einzelne repräsentative Körperhaltungen zum Ermitteln von Handlungsempfehlungen herangezogen. Dabei wird oftmals davon ausgegangen, dass der Mensch stets die energetisch günstigste Körperhaltung für eine Aufgabe einnimmt. Würde zur Bestimmung dieses energetisch günstigsten Zustands die GKMA herangezogen, würde bei der in dieser Studie vorliegenden Parametrisierung auch dieser Ansatz zu anderen Handlungsempfehlungen führen als die Betrachtung mehrerer möglicher Strategien und HA.

Aus diesen Gründen ist es grundsätzlich sinnvoll, die virtuelle Analyse der Mensch-Produkt Interaktion auf Basis mehrerer realistischer bzw. möglicher Körperhaltungen (Strategien) durchzuführen.

Dieser Ansatz entspricht zum einen stärker der Lebenswirklichkeit – Menschen wählen zur Ausführung gleicher Aufgaben unterschiedlichste Strategien [25, 114, 116, 117] – und ermöglicht zum anderen eine tiefergehende Analyse der zu untersuchenden Produktkonfigurationen sowie das abgesicherte Ableiten von Handlungsempfehlungen auf einer breiten Entscheidungsgrundlage.

Mit Hinblick auf Aspekt II der Fragestellung ist festzustellen, dass für Anwendungsfall I das Berücksichtigen mehrerer HA zur Bewertung der unterschiedlich hohen externen Kräfte unerlässlich ist. Das Erzeugen hoher Zugkräfte wird nach HOFFMAN et al. [114, 116] durch das Ausnutzen des Eigengewichtes in Gestalt eines Zurücklehnens realisiert. Die dafür gewählten exponierten Körperhaltungen können ohne die entsprechende Gegenkraft nicht aufrechterhalten werden. Aus diesem Grund ist es nötig, für jede Kraftstufe eine gesondert abgestimmte HA (Verhaltenskarte) zu verwenden, da die posturale Interaktionsvorhersage nur den kinematischen Zustand optimiert und ansonsten die Gefahr besteht, Körperhaltungen zu erzeugen, welche sich nicht im dynamischen Gleichgewicht befinden. Dies ist insbesondere bei Strategie I-III zu beobachten, da hier kein rückwärtig ausgestelltes Standbein verwendet wird. Anwendungsfall II stellt eine weniger komplexe Aufgabe dar. Die geringen externen Kräfte können ausschließlich durch Muskelkräfte realisiert werden. Alle erzeugten Körperhaltungen befinden sich im dynamischen Gleichgewicht, weshalb jede der gewählten HA für jede Kraftstufe Gültigkeit besitzt. Entsprechend ist für Anwendungsfall II das Berücksichtigen mehrerer HA als optional einzustufen (in Hinblick auf Aspekt II).

Aspekt III der Fragestellung adressiert die Notwendigkeit der Verwendung empirisch begründeten Vorwissens. Bei Anwendungsfall I zeigt sich diese Notwendigkeit vor allem darin, dass exponierte Körperhaltungen zur Erzeugung der externen Kraft nötig sind. Bei diesen können kleinere Unstimmigkeiten der Haltung in Bezug auf die externe Kraft zu dynamisch inkonsistenten Körperhaltungen führen (siehe Bild 52). Dennoch konnten für die meisten Konfigurationen gültige Körperhaltungen erzeugt werden. Zudem finden sich die geringsten GKMA-Werte je Kraftstufe und Strategie (rote Kästen) in jenen HA, die für die jeweilige Kraftstufe vorgesehen waren (siehe diagonale Einträge der Höhenstufen in Bild 52). Dies zeigt, dass die gewählten HA gut auf die externen Kräfte abgestimmt waren. Das konnte gelingen, da die von HOFFMAN et al. [116] empirisch ermittelten Haltungsdaten vorlagen. Der Fakt, dass die Anpassung der HA 4 an die Konfiguration *„Höhe: + 10 cm bei Kraft: 320 N“* eine dynamisch inkonsistente Körperhaltung zur Folge hat, zeigt wie komplex das Wählen einer gültigen Verhaltenskarte (Ziellösung) für extreme Konfigurationen sein kann. Deshalb ist zur vertrauenswürdigen Analyse des Anwendungsfalls I empirisch begründetes Wissen erforderlich. Für Anwendungsfall II konnten hingegen dynamisch konsistente Körperhaltungen auf Basis von Annahmen erzeugt werden. Die geringsten GKMA-Werte je Kraftstufe und Strategie (rote Kästen) finden sich im Gegensatz zu Anwendungsfall I jedoch nicht bei den dafür vorgesehenen HA (siehe diagonale Einträge der Höhenstufen in Bild 53). Das zeigt, dass die gewählten HA die Anpassung der Körperhaltungen (Strategien) an die externe Kraft nicht ausreichend charakterisieren. Die Ursache hierfür kann in dem Fakt liegen, dass die HA nicht auf empirischen Beobachtungen beruhen, sondern angenommen wurden.

Die bisherige Diskussion der Ergebnisse zeigt, dass die erforderliche Anzahl an Haltungsausprägungen sowie die Notwendigkeit einer empirischen Begründung des Vorwissens vom Anwendungsfall abhängt. Dabei ist vor allem der Faktorraum der Produktmerkmalskonfigurationen wesentlich. Der Faktorraum beschreibt, welche Konfigurationen untersucht werden sollen und wie groß deren Spannweite ist. Je größer der Faktorraum ist (bspw. große Unterschiede in den externen Kräften oder Positionen der Interaktionsobjekte), desto ausgeprägter muss das Vorwissen sein. So werden zur Bewertung des Anwendungsfalls I (großer Faktorraum bezüglich der externen Kraft) zwingend vier empirisch begründete HA benötigt. In Anwendungsfall II ist diese Ausprägung nicht erforderlich. Schlussendlich verbleibt bei Anwendungsfall II jedoch die Unsicherheit, ob empirische begründete Daten nicht zu anderen Strategien, einer anderen Anzahl benötigter HA und damit gegebenenfalls zu anderen Handlungsempfehlungen geführt hätten. Welches menschliche Verhalten bei welchen Produktmerkmalskonfigurationen wahrscheinlich ist, ist abschließend nur mittels Empirie zu begründen bzw. nachzuweisen.

Zur vertrauenswürdigen Interaktionsvorhersage (mittels des in dieser Arbeit gewählten Ansatzes) ist empirisch ermitteltes Vorwissen entsprechend obligatorisch. Nur durch empirische Beobachtungen lässt sich menschliches Verhalten realistisch in Form konkreter Strategien und Haltungsausprägungen charakterisieren.

Diese Erkenntnis ist dabei nicht so zu verstehen, als das eine proaktive Vorhersage nur mittels reaktiv ermittelter empirischer Daten möglich ist. Vielmehr deuten die Erkenntnisse darauf hin, dass zur proaktiven und virtuellen Analyse der Mensch-Produkt Interaktion ein Einmalaufwand zur experimentellen Erfassung und Charakterisierung menschlichen Verhaltens betrieben werden muss. Dies deckt sich mit den Erkenntnissen ergänzender Untersuchungen durch MAREIS [S10] und LAUBER [S11]. Bei der experimentellen Ermittlung des Vorwissens kann auf Basis realen menschlichen Verhaltens festgelegt werden, wie das Vorwissen zur validen Vorhersage ausgeprägt sein muss. Dabei sollte ein besonderes Augenmerk auf der Variabilität des menschlichen Verhaltens liegen. Es gilt zu untersuchen, ob unterschiedliche Strategien für bestimmte Aufgaben / Interaktionen gewählt werden und wie variabel sich diese in Abhängigkeit unterschiedlicher Rahmenbedingungen zeigen.

Resümee: Explorative Parameterstudie

In der explorativen Studie wird die korrekte technische Funktionsweise der Kernfunktionalitäten des prädiktiven Interaktionsmodells verifiziert. Zugleich werden anfängliche Untersuchung angestellt, die aufklären sollen, wie das benötigte Vorwissen in Form der Verhaltenskarten ausgeprägt sein muss, um menschliches Interaktionsverhalten für unterschiedliche Anwendungsfälle ausreichend zu charakterisieren. Hierzu wurden zwei Anwendungsfälle unter Variation von Produktmerkmalskonfigurationen sowie des zur Verfügung stehenden Vorwissens mithilfe des prädiktiven Interaktionsmodells analysiert. Die Resultate dieser Untersuchungen legen nahe, dass zur proaktiven Ergonomiebewertung ein Einmalaufwand zur experimentellen Erfassung und Charakterisierung menschlichen Verhaltens betrieben werden muss. Durch diese sollte ermittelt werden, ob unterschiedliche Strategien zur Interaktion betrachtet werden müssen und wie variabel diese in Abhängigkeit unterschiedlicher Rahmenbedingungen vorzugeben sind.

6.2 Anwendungsevaluation

Den Abschluss der durchgeführten Forschungstätigkeiten bildet eine Anwendungsevaluation im Sinne einer *Initial Descriptive Study II*. Im Fokus steht dabei das Ermitteln von Implikationen der Anwendbarkeit des prädiktiven Interaktionsmodells in der Produktentwicklung [28]. Dazu werden Interaktionen mit verschiedenen Produktmerkmalskonfigurationen eines fiktiven Anwendungsbeispiels sowohl experimentell in einer Probandenstudie als auch simulativ mit dem prädiktiven Interaktionsmodell untersucht und die Resultate von experimenteller und simulativer Studie abgeglichen.

Als fiktives Anwendungsbeispiel wurde eine Mensch-Produkt Interaktion gewählt, welche eine Ganzkörperinteraktion mit einer gewissen Komplexität beschreibt und einen Bezug zu einer realen Problemstellung aufweist. Konkret soll das Bedienen der Doppelsteueranlage einer Segeljacht untersucht werden. Der Segelsport wurde mit der Einführung der Serienfertigung von Segeljachten einer breiten Masse zugänglich und erfreut sich als Sport- und Freizeitprodukt zunehmender Beliebtheit. Gerade bei seriengefertigten und möglichst kostengünstigen Jachten besteht nach KIM et al. [139] und FERRARI et al. [81] jedoch deutlicher Nachbesserungsbedarf hinsichtlich einer ergonomischen bzw. barrierefreien Bedienung. Als Anwendungsbeispiel soll das Manövrieren unter Motor, wie es beispielsweise bei Hafenmanövern erforderlich ist, betrachtet werden. Bei seriengefertigten Jachten liegt der Gashebel zur Bedienung des Motors oftmals knapp oberhalb des Decks, weshalb das Bedienen von Ruder und Gashebel zumeist in gebeugten und unkomfortablen Körperhaltungen mit eingeschränkter Sicht über den Bug der Jacht resultiert.

6.2.1 Methodik der Anwendungsevaluation

Studiendesign

Das Studiendesign der Anwendungsevaluation ist in Bild 54 dargestellt. Das Anwendungsbeispiel *„Motorfahrt am Steuerstand der Doppelruderanlage einer Segeljacht“* wird sowohl in einer Probandenstudie anhand eines physischen Mockups als auch mithilfe des prädiktiven Interaktionsmodells anhand eines CAD Modells (digitales Mockup) analysiert.

Vor dem Hintergrund der zu beantworteten Forschungsfragen (siehe Kapitel 3.1) wird zum Ermitteln von Implikation einer sinnhaften Anwendbarkeit des prädiktiven Interaktionsmodells überprüft, inwiefern die prädizierten Körperhaltungen mit den real gemessenen Körperhaltungen übereinstimmen.

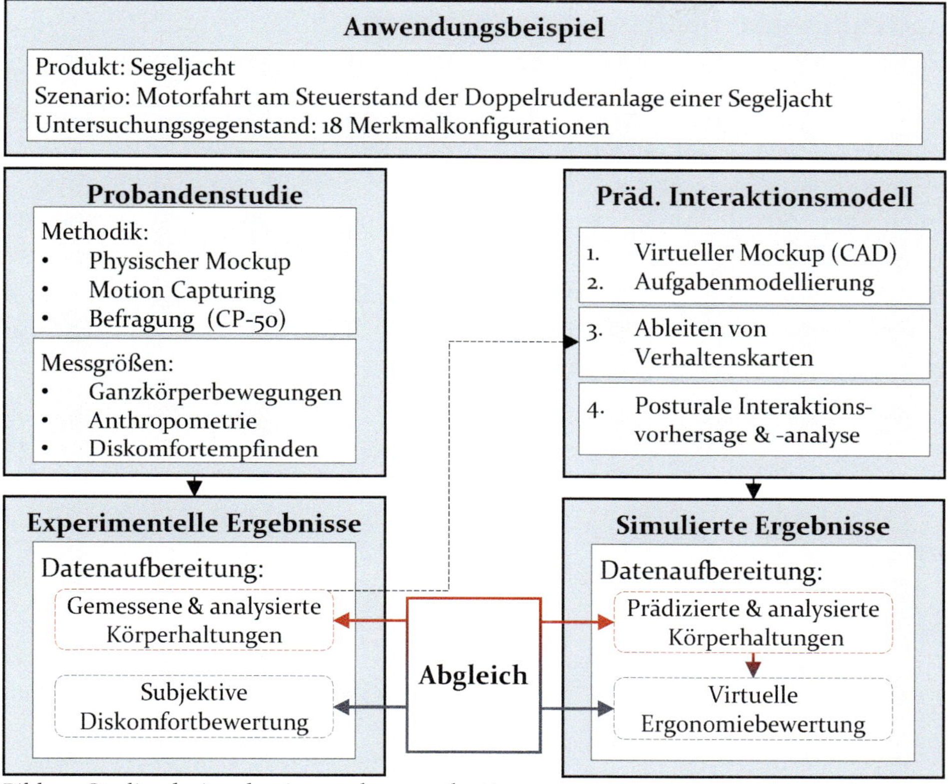

Bild 54: Studiendesign der Anwendungsevaluation

Diese Übereinstimmung wird primär mittels dynamischer Vergleichsgrößen geprüft. Dazu werden die Ganzkörperbewegungen und die Probandenanthropometrie bei der Probandenstudie erfasst, auf entsprechend skalierte muskuloskelettale Menschmodelle übertragen, eine repräsentative Körperhaltung definiert und diese dynamisch analysiert. Die für die posturale Interaktionsvorhersage benötigten Verhaltenskarten werden - entsprechend den Erkenntnissen der vorangegangenen Studie (siehe Kapitel 6.1) – aus den in der Probandenstudie empirisch ermittelten Bewegungen abgeleitet.

Mit Hinblick auf das Langzeitziel der Erforschung eines Computer Aided Ergonomics Tools, soll eine erste Einordnung des entwickelten prädiktiven Interaktionsmodells hinsichtlich bestehender Implikationen einer vertrauenswürdigen virtuellen Analyse von Produktergonomie und Gebrauchstauglichkeit erfolgen. Hierzu wird zusätzlich zur Bewegungserfassung der von den Probanden empfundene Diskomfort erhoben. Diese experimentell erfasste Diskomfort-Bewertung wird mit den dynamischen Ergebnissen des prädiktiven Interaktionsmodells verglichen.

Anwendungsbeispiel

Das Anwendungsbeispiel umfasst 18 Produktmerkmalskonfigurationen eines fiktiven Steuerstandes der Doppelruderanlage einer Segeljacht. Diese ergeben sich aus der Kombination dreier Ruderpositionen (RuP), dreier Hebelhöhen (HeH) und zweier Hebeltiefen (HeT) (siehe Bild 55). In den folgenden Ausführungen werden die Produktmerkmalskonfigurationen anhand der Nomenklatur HeH-HeT-RuP benannt. Die Produktmerkmalskonfiguration 1-2-3 entspricht demnach der HeH 1, HeT 2 und RuP 3. Die konkreten Abmessungen der einzelnen Produktmerkmalskonfigurationen sind in Bild 63 in Anhang A 3 zu finden.

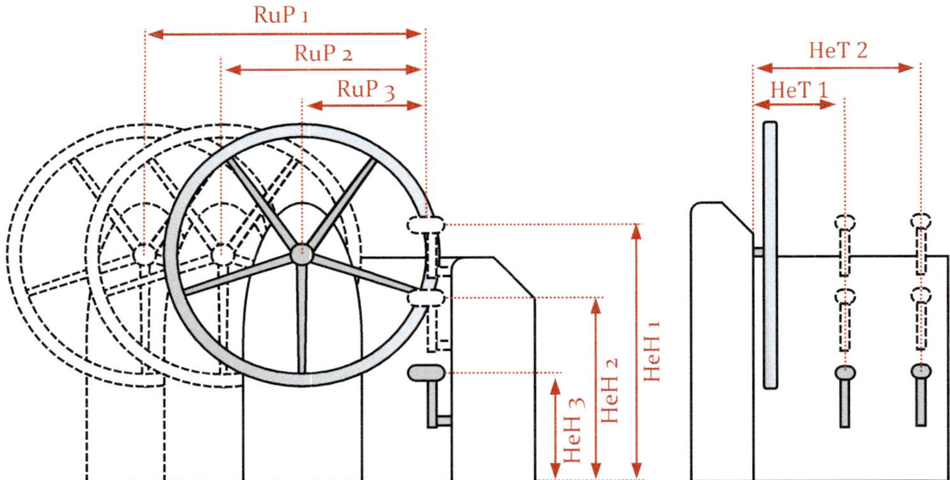

Bild 55: Produktmerkmalskonfigurationen des Anwendungsbeispiels Ruderstand der Doppelsteueranlage einer Segeljacht (Darstellung ist nicht maßstabsgetreu)

Experimentelle Probandenstudie

Zur Durchführung der Probandenstudie wurde ein Mockup des Ruderstands konstruiert [S13]. Dieser umfasst die relevanten Interaktionsstellteile und stellt deren Funktion nach (siehe Bild 56). Der Gashebel lässt sich mit geringem Kraftaufwand (Überwindung einer schwachen Rückstellkraft durch eine Torsionsfeder) nach vorne drücken und das Ruder drehen. Zudem können alle Interaktionsstellteile verstellt werden, sodass sich die 18 Produktmerkmalskonfigurationen einstellen lassen.

Ursprünglich war die Probandenstudie mit 30 Probanden und Probandinnen unterschiedlicher Anthropometrie geplant. Die Erhebung fiel jedoch in die Zeit der weltweiten SARS CoV-2 Pandemie und den damit verbundenen Regeln zur Kontaktvermeidung. Deshalb konnte diese nicht im geplanten Umfang durchgeführt werden konnte. Die Probandenstudie wurde mit fünf männlichen Probanden durchgeführt. Die relevanten Probandendaten sind in Tabelle 10 in Anhang A 3 aufgeführt.

Bild 56: Proband mit Motion Capture System während der Interaktion mit unterschiedlichen Konfigurationen des physischen Mockup

Die Probanden wurden in das zu untersuchende Szenario eingewiesen. Zur besseren Immersion wurde das Bild einer Hafeneinfahrt an die Wand projiziert und den Probanden eine Steueraufgabe gestellt. So sollte gleichzeitig der Gashebel nach vorne gedrückt, der Blick auf die Einfahrt des Hafens (Projektion) gerichtet und das Ruder bis zu einer vorgegebenen Position gedreht und wieder zurückgedreht werden. Diese Steueraufgabe wurde von den Probanden für jede Produktmerkmalskonfiguration durchgeführt. Die Reihenfolge, nach welcher die Produktmerkmalskonfigurationen verändert wurden, war für jeden Probanden unterschiedlich.

Nach jeder Interaktion wurde der Proband hinsichtlich des bei der Interaktion verspürten Diskomfort befragt. Die Einschätzung des Diskomfort erfolgte mithilfe der Kategorien der CP-50 Skala nach GÖBEL [97]. Diese wurde ursprünglich zur Einordnung des Schmerzerlebens entwickelt, hat sich jedoch als Methode zur Einschätzung des wahrgenommenen Diskomfort etabliert [179, 254]. Die Skala besteht aus sieben Stufen, die sich von *„Stufe 0 – komfortabel"* bis *„Stufe 6 - maximal unkomfortabel"* erstrecken. Die Stufen können nach GÖBEL [97] weiter untergliedert werden, womit die Skala insgesamt 50 Stufen aufweist. Diese zusätzliche Untergliederung wurde in dieser Studie jedoch nicht abgefragt. Eine Übersicht der wählbaren Stufen ist Tabelle 8 in Anhang A 3 zu entnehmen. Bei der Durchführung der Steueraufgaben trugen die Probanden ein auf Inertialsensorik basierendes Motion Capture System (Perception Neuron Studio; Hersteller: Noitom), welches die Bewegung während der Interaktion erfasste (siehe Bild 56). Dieses System erfordert die Angabe der anthropometrischen Maße der Probanden. Diese wurden vor der Durchführung der Steueraufgaben erfasst und in der zugehörigen Messsoftware (Axis Studio; Hersteller: Noitom) hinterlegt. In der Messsoftware wird basierend auf diesen Daten ein Drahtskelettmodell für jeden Probanden erstellt und die gemessene Bewegung in den Minimalkoordinaten (Gelenkwinkeln) dieses Drahtskelettmodells ausgedrückt. Die Erhebungen wurden für jede Produktmerkmalskonfiguration doppelt durchgeführt, ohne dass dies den Probanden im Vorhinein gesagt wurde. Hierdurch wird die Datengrundlage für das Ableiten der Verhaltenskarten verbessert und es kann eine Aussage über die Variabilität des menschlichen Verhaltens getroffen werden.

Aufbereitung der experimentellen Ergebnisse

Im Nachgang wurden die gemessenen Bewegungen auf muskuloskelettale Menschmodelle (Ganzkörpermodell von MIEHLING [181, 182]) übertragen, welche entsprechend den erhobenen Anthropometrie-Daten auf die jeweiligen Probanden skaliert wurden. Die Übertragung erfolgte durch das Anbringen virtueller Marker auf den Drahtskelettmodellen sowie auf den muskuloskelettalen Menschmodellen und der anschließenden Durchführung eines Markertrackings (Vorgehensweise nach KARATSIDIS et al. [137]). Die Skalierung der muskuloskelettalen Menschmodelle erfolgte ebenfalls mittels der virtuellen Marker. Die konkrete Vorgehensweise der Skalierung und Bewegungsübertragung ist in der Arbeit von FLEISCHMANN [S12] beschrieben. Das korrekte Übernehmen der Probandenanthropometrie wurde durch einen Abgleich der resultierenden Maße des muskuloskelettalen Menschmodells mit den erhobenen anthropometrischen Daten abgesichert. Aus den übertragenen Bewegungen – ausgedrückt in den Minimalkoordinaten (Gelenkwinkeln) des muskuloskelettalen Menschmodells – wurden je Produktmerkmalskonfiguration und Proband zwei repräsentative Körperhaltung extrahiert (Zweifache Bewegungserfassung je Produktmerkmalskonfiguration). Damit dies für alle Produktmerkmalskonfigurationen und Probanden gleich erfolgt, wurde ein quantitatives Auswahlkriterium festgelegt. Als repräsentative Körperhaltung wurde stets jener Bewegungszustand (Zeitschritt in der Messreihe) extrahiert, bei welcher die Hand am Ruder erstmals eine globale Höhe von 1050 mm erreicht. Diese repräsentativen Körperhaltungen, ausgedrückt in den Gelenkwinkeln der skalierten muskuloskelettalen Menschmodelle, wurden in einer statischen Optimierung dynamisch analysiert. Damit kann ein Abgleich des dynamischen Zustands von experimentell ermittelter und prädiktiv erzeugter Körperhaltung erfolgen. Zur Gewährleistung der Vergleichbarkeit wurden für diese Simulationen die gleichen dynamischen Randbedingungen wie zur statischen Optimierung der prädizierten Körperhaltungen verwendet.

Detaillierte Erläuterungen zur Durchführung der Probandenstudie, der Konstruktion des Mockups und der Aufbereitung der experimentellen Ergebnisse sind der Arbeit von FACKLER [S13] zu entnehmen.

Anwendung des prädiktiven Interaktionsmodells

Zur Anwendung des prädiktiven Interaktionsmodells, wurde der Ruderstand als CAD-Modell umgesetzt und mithilfe des entwickelten Aufgabeneditors die Aufgaben für den definierten Bewegungszustand (repräsentative Körperhaltung) erzeugt. Die Aufgabenmodellierung erfolgte mithilfe von fünf Affordanz-Features je Produktmerkmalskonfiguration (siehe Bild 57). Die linke Hand wird mit dem Affordanz-Feature *„Nr. 25 - Hand greift Torus“* an der entsprechenden Position bzw. Winkelstellung des Ruders fixiert. Mit dem Affordanz-Feature *„Nr. 27 - Hand greift Zylinder“* wird die Interaktion mit dem Gashebel beschrieben. Mithilfe des Affordanz-Features *„Nr. 14 - Fuß berührt Fläche“* wird das Stehen beider Füße auf dem Deck modelliert (ein Affordanz-Feature je Fuß). Zudem erfolgte eine Festlegung der Position des Menschmodells mit dem Affordanz-Feature *„Festlegung der globalen Lage des Menschmodells“*. Die Positionsdaten entstammen dabei den experimentell ermittelten repräsentativen Körperhaltungen. Die Orientierung des Menschmodells wurde als Teil der Verhaltenskarten spezifiziert.

Die Affordanz-Features wurden allesamt ohne externe Kräfte definiert, da sowohl die Bedienung des Ruders als auch des Gashebels vernachlässigbare Kräfte erfordert. Die Reaktionskräfte (Abstützen des Menschmodells gegenüber der Umwelt) wurden so modelliert, dass das Körpergewicht zum Großteil über die Füße auf das Deck übertragen wird. Zudem besteht die Möglichkeit einen Teil des Körpergewichts über die Hand am Ruder bzw. am Gashebel abzustützen. Die Werte der entsprechenden *„Optimal Forces“* (vgl. Kapitel 5.4.3) sowie die Definitionen der kinematischen Randbedingungen sind Bild 57 zu entnehmen. Durch das Anpassen des CAD-Modells und das Ausleiten von Aufgaben (wie in Kapitel 5.5 beschrieben) wurden die beschriebenen 18 Aufgaben erzeugt.

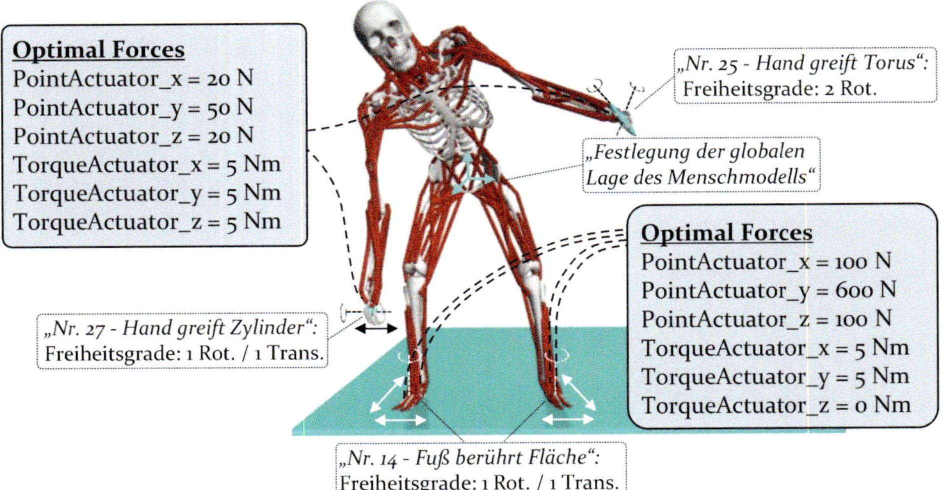

Bild 57: Kinematische und dynamische Randbedingungen aus der Aufgabenmodellierung zur posturalen Interaktionsvorhersage und -analyse. Die Kraftübertragung zwischen Fuß und Boden ist mittels zweier Kontaktstellen realisiert. Je Fuß befindet sich eine Kontaktstelle an der Ferse (Calcaneus) und eine am Ballen (Phalanx proximalis).

Die Ermittlung der zur posturalen Interaktionsvorhersage benötigten Verhaltenskarten erfolgte anhand der experimentell erhobenen repräsentativen Körperhaltungen. Hierzu wurden die repräsentativen Körperhaltungen gesichtet und manuell qualitativ nach unterschiedlichen Bewegungsstrategien gesucht. Dabei stellte sich heraus, dass vier der fünf Probanden stets ähnliche Strategien wählten, wobei das Erreichen der tieferen Hebelhöhen (HeH 2 & 3) durch ein Beugen des Rückens (Lehnen nach vorne bzw. zur Seite) bei gleichzeitigem Beugen der Beine (in die Hocke gehen) erreicht wird. Ein Proband wählte eine andere Strategie, bei welcher der Rücken gerade gehalten wurde und das Erreichen der tieferen HeH ausschließlich über ein stärkeres Beugen der Beine realisiert wird. Diese Strategie wurde als individuelle bzw. atypische Strategie eingestuft und deshalb nicht bei der Charakterisierung des menschlichen Verhaltens betrachtet. Die verbleibenden repräsentativen Körperhaltungen weisen kleinere bis deutliche Unterschiede auf, welche zu großen Teilen der unterschiedlichen Anthropometrie der Probanden zuzuschreiben ist. Es zeigt sich auch, dass einige Probanden bei der Wiederholung identischer Aufgaben unterschiedliche Körperhaltungen eingenommen haben. Bei Betrachtung der Gelenkwinkelwerte aller repräsentativen Körperhaltungen fällt auf, dass sich die Körperhaltungen vor allem nach den unterschiedlichen HeH gruppieren lassen (siehe Bild 64 in Anhang A 3). Deshalb wurde das Interaktionsverhalten mit einer Verhaltenskarte je HeH charakterisiert (insgesamt werden drei

Verhaltenskarten verwendet). Die Ermittlung der konkreten Gelenkwinkelwerte einer Verhaltenskarte erfolgte durch die Berechnung des Medians für jeden Gelenkwinkel aller Körperhaltungen einer HeH. Außerdem wurden die Spannweiten der einzelnen Gelenkwinkel aller Körperhaltungen einer HeH berechnet. Diese konnten genutzt werden, um abzuschätzen, wie stark die jeweiligen Gelenkwinkel zur Anpassung an die unterschiedlichen Produktmerkmalskonfigurationen verwendet wurden. Aus diesen Informationen konnten die Koordinationsmuster der Verhaltenskarten erzeugt werden. Bei der Wahl der Gewichtungswerte wurde der quadratische Zusammenhang der kinematischen Optimierung berücksichtigt. Zur robusten Durchführung der Körperhaltungsvorhersage wurde dabei angenommen, dass die Anpassung der Interaktionsstrategie an die Produktmerkmalskonfigurationen mehrheitlich durch die oberen Extremitäten erfolgt, da die unteren Extremitäten durch die Verhaltenskarten charakterisiert werden. Tabelle 9 in Anhang A 3 zeigt die Gelenkwinkelwerte und Koordinationsmuster der verwendeten Verhaltenskarten.

Die 18 erzeugten Aufgaben wurden mit den ermittelten Verhaltenskarten (eine Verhaltenskarte für jede Aufgabe gleicher HeH) automatisch durch das prädiktive Interaktionsmodell simuliert. Zur Gewährleistung von Vergleichbarkeit erfolgten die Simulationen für jedes der fünf (nach der Probandenanthropometrie) skalierten Menschmodelle. In Summe wurden somit 90 prädiktive Simulationen durchgeführt.

Auswertung der Studienergebnisse

Das primäre Kriterium zum Nachweis von Implikationen der sinnhaften Anwendbarkeit des prädiktiven Interaktionsmodells, ist der Vergleich der prädizierten Körperhaltungen mit den real gemessenen Körperhaltungen. Aufgrund der Redundanz menschlicher Bewegungsmöglichkeiten, ist ein direkter Vergleich von prädizierter und gemessener Körperhaltung mittels der Gelenkwinkelwerte nur von bedingter Aussagekraft. Eine prädiktiv erzeugte Körperhaltung kann ein gänzlich anderes Gelenkwinkelmuster als die gemessene Körperhaltung aufweisen und dennoch eine valide, alternative Lösung darstellen. Zur Abschätzung der Validität der posturalen Interaktionsvorhersage werden deshalb vorrangig die dynamischen Ergebnisse des prädiktiven Interaktionsmodells ausgewertet.

Zunächst werden – wie in der explorativen Studie (siehe Kapitel 6.1) – die Residualkräfte der prädizierten Körperhaltungen überprüft. Der Abgleich der dynamischen Ergebnisse findet anhand der Ganzkörper-Muskelaktivierung (GKMA; siehe Gleichung (**15**)) der prädizierten und experimentell erfassten Körperhaltungen statt. Zur Ergänzung der dynamischen

Auswertungen sollen die Körperhaltungen auch hinsichtlich der kinematischen Ergebnisse verglichen werden. Der Vergleich erfolgt durch die Betrachtung der Unterschiedlichkeiten der prädizierten und gemessenen Körperhaltungen. Hierzu wird die mittlere absolute Abweichung der experimentell erhobenen Gelenkwinkel $\boldsymbol{q}_j^e$ und der prädizierten Gelenkwinkel $\boldsymbol{q}_j^p$ (siehe Gleichung (16)) berechnet:

$$Abw = \frac{1}{GW}\sum_{j=1}^{GW} |\boldsymbol{q}_j^e - \boldsymbol{q}_j^p| \tag{16}$$

Aufgrund der unterschiedlichen Probandenanthropometrie werden die Unterschiedlichkeiten nur zwischen Körperhaltungen des gleichen Probanden bzw. Menschmodells berechnet. Zur besseren Einordnung der Unterschiedlichkeiten werden zunächst die Unterschiedlichkeiten der beiden experimentell ermittelten Körperhaltungen je Produktmerkmalskonfiguration berechnet. Daraufhin werden die Unterschiedlichkeiten dieser beiden experimentell ermittelten Körperhaltungen und der zugehörigen prädizierten Körperhaltung berechnet. Diese Informationen werden durch eine Gegenüberstellung der Gelenkwinkelwerte der prädizierten Körperhaltungen mit der Streubreite der experimentell ermittelten Gelenkwinkel ergänzt. Die experimentellen Daten von Proband 5 wurden bei der Auswertung exkludiert, da die gänzlich unterschiedliche Strategie den Vergleich verzerren würde. Zudem wurden für die Berechnung der Unterschiedlichkeiten und den Vergleich der Gelenkwinkelwerte die Hand- und Fuß-Gelenke exkludiert, da sich in deren Werten oftmals Fehlerquellen und Messungenauigkeiten der experimentellen Vorgehensweise manifestierten. Nähere Erläuterungen hierzu sind in der Diskussion der Methodik der Anwendungsevaluation in Kapitel 6.2.3 zu finden.

Zur ersten Einordnung der Eignung des entwickelten prädiktiven Interaktionsmodells hinsichtlich einer vertrauenswürdigen virtuellen Analyse von Produktergonomie und Gebrauchstauglichkeit wird in Anlehnung an das Belastungs-Beanspruchungs-Konzept (vgl. Kapitel 2.4.4) die Höhe der GKMA als ergonomisches Bewertungskriterium herangezogen. Diese wird mit den experimentell erfassten Diskomfort-Bewertungen verglichen.

6.2.2 Resultate der Anwendungsevaluation

Mithilfe des prädiktiven Interaktionsmodells konnte für jede der 90 Simulationen eine Körperhaltung im dynamischen Gleichgewicht erzeugt und analysiert werden. Entsprechend weist keine der erzeugten Körperhaltungen Residualkräfte oberhalb der in Kapitel 6.1.1 definierten Grenzwerte auf. Bild 58 zeigt eine der prädizierten Körperhaltungen im Vergleich zu der entsprechend experimentell gemessenen Körperhaltung. Weitere vergleichende Darstellungen prädizierter und experimentell gemessener Körperhaltungen sind Bild 65, Bild 66 und Bild 67 in Anhang A 3 zu entnehmen.

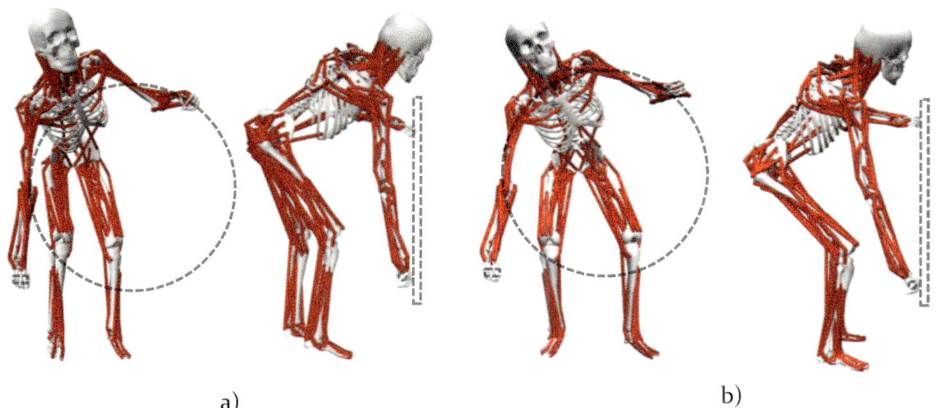

Bild 58: a) Experimentell gemessene Körperhaltung der Produktmerkmalskonfiguration 3-1-3 dargestellt mithilfe des auf Proband 4 skalierten muskuloskelettalen Menschmodells in frontaler und seitlicher Ansicht; b) Prädiktiv erzeugte Körperhaltung der Produktmerkmalskonfiguration 3-1-3 mithilfe des auf Proband 4 skalierten muskuloskelettalen Menschmodells in frontaler und seitlicher Ansicht.

Bild 59 zeigt die Verteilung und die Mittelwerte der GKMA der prädizierten Körperhaltungen und experimentell gemessenen Körperhaltungen für jede Produktmerkmalskonfiguration. Bei direktem Vergleich der Verteilungen fällt auf, dass die GKMA der prädizierten Körperhaltungen größtenteils innerhalb der Streubreite der GKMA der experimentell erfassten Körperhaltungen liegen und in den meisten Fällen weniger stark verteilt sind. Entsprechend weisen die experimentell erfassten und prädizierten Körperhaltungen sowohl in ihren Mittelwerten als auch den Verteilungen der GKMA eine ähnliche Größenordnung für jede Produktmerkmalskonfiguration auf. Zumeist decken sich dabei die Verteilungen der prädizierten und experimentell ermittelten GKMA vom 2. Quantil bis zum 3. Quantil. Ausnahmen bilden die GKMA der Produktmerkmalskonfigurationen 3-1-3, 3-2-2 und 3-2-3. Die GKMA der prädizierten Körperhaltungen sind zudem für HeH 1 und 2 im unteren Bereich und für HeH 3 im oberen Bereich der Verteilung der experimentell ermittelten GKMA angesiedelt. Außerdem nimmt die Verteilung der experimentell erfassten GKMA mit abnehmender HeH zu. Dies zeigt, dass bei einem tiefer positionierten Hebel unterschiedlichere Körperhaltungen eingenommen werden als bei Produktkonfigurationen mit höher positioniertem Hebel. Diese Unterschiedlichkeiten werden durch die verwendete Charakterisierung nicht vollends abgebildet.

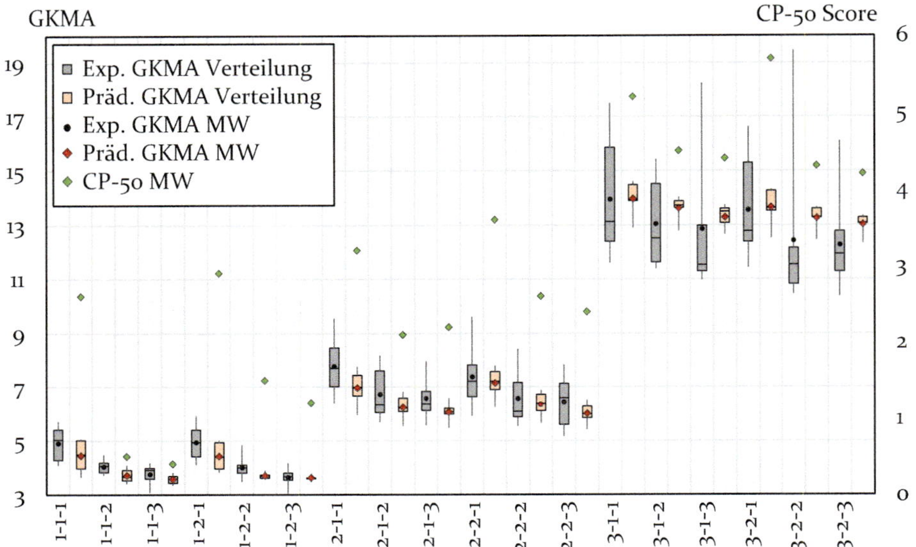

Bild 59: Verteilung (Boxplot) sowie die Mittelwerte (MW) der GKMA sowohl der prädizierten Körperhaltungen als auch der experimentell gemessenen Körperhaltungen je Produktmerkmalskonfiguration (Nomenklatur: HeH-HeT-RuP). Der Boxplot zeigt den Median (schwarze Linie in der Box), den Bereich vom 2. Quantil bis zum 3. Quantil (graue bzw. orange Box) sowie die Streubreite (bzw. den Bereich zum 1. Quantil und 4.Quantil) in Form der Whisker. Auf der Sekundärachse sind die Mittelwerte des erhobenen subjektiven Diskomfortempfindens (CP-50 Score) je Produktmerkmalskonfiguration aufgetragen.

Auf der Sekundärachse des Diagramms in Bild 59 ist die subjektive Diskomfort-Bewertung in Form der Mittelwerte der erfassten CP-50 Bewertungen aufgetragen. Die Probanden nutzten die gesamte Skala zur Bewertung der Produktmerkmalskonfigurationen. Es fällt auf, dass sich die grundsätzlichen Zusammenhänge zwischen den Produktmerkmalskonfigurationen und dem subjektiven Diskofortempfinden auch in den Zusammenhängen zwischen den Produktmerkmalskonfigurationen und den simulierten GKMA-Werten finden. Dabei ist der Einfluss der HeH bei allen Bewertungsansätzen am deutlichsten auszumachen. Je tiefer der Hebel liegt, desto höher ist der subjektiv wahrgenommene Diskomfort und die simulierten GKMA. Ferner ist zu erkennen, dass die RuP 1 (äußerste Ruderposition) innerhalb einer HeH und HeT die höchsten Diskomfort- und GKMA-Werte aufweist, während die RuP 3 innerhalb einer HeH und HeT die geringsten Diskomfort- und GKMA-Werte hervorruft. Der deutliche Abfall der subjektiven Diskomfort-Bewertungen von RuP 1 auf RuP 2 ist bei den GKMA jedoch nicht zu beobachten. Auch bildet die subjektive

Diskomfort-Bewertung von 2-1-2 eine Ausnahme. Zudem stechen die subjektiven Bewertungen der Produktmerkmalskonfigurationen 1-1-1 und 1-2-1 heraus, die teilweise sogar die Bewertungen der HeH 2 übertreffen. Diese Zusammenhänge sind bei den simulierten GKMA ebenfalls nicht zu erkennen. Die Unterschiede in der subjektiven Diskomfort-Bewertung bezogen auf die HeT sind für HeH 2 und 3 vergleichsweise gering. Auch hier sticht die subjektive Bewertung der HeH 1 heraus, bei der die Unterschiede zwischen HeT 1 & 2 deutlicher sind. Bei Betrachtung der GKMA hinsichtlich der HeT sind für alle HeH und RuP wiederum kaum Unterschiede auszumachen.

Bild 60 zeigt die Unterschiedlichkeiten (siehe Formel (**16**)) der prädizierten und der experimentell ermittelten Körperhaltungen.

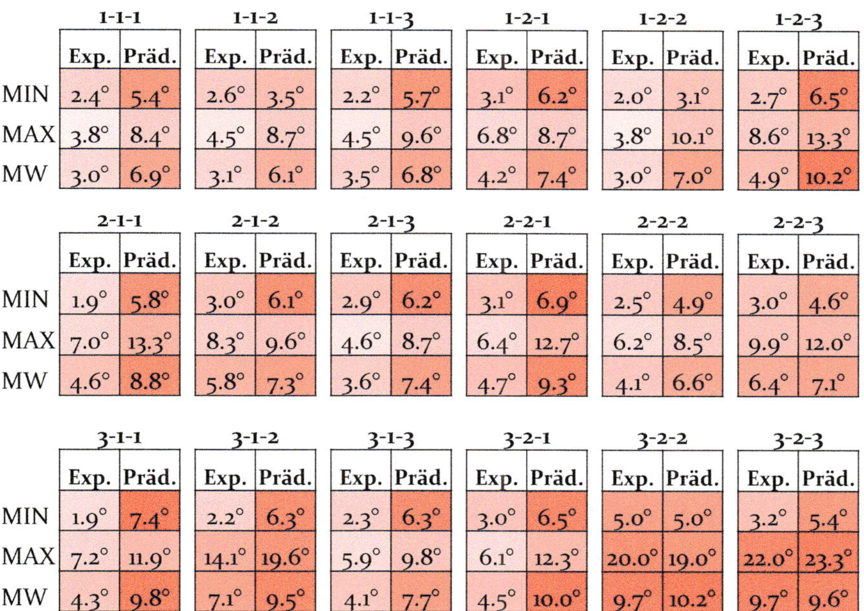

	1-1-1		1-1-2		1-1-3		1-2-1		1-2-2		1-2-3	
	Exp.	**Präd.**	**Exp.**	**Präd.**	**Exp.**	**Präd.**	**Exp.**	**Präd.**	**Exp.**	**Präd.**	**Exp.**	**Präd.**
MIN	2.4°	5.4°	2.6°	3.5°	2.2°	5.7°	3.1°	6.2°	2.0°	3.1°	2.7°	6.5°
MAX	3.8°	8.4°	4.5°	8.7°	4.5°	9.6°	6.8°	8.7°	3.8°	10.1°	8.6°	13.3°
MW	3.0°	6.9°	3.1°	6.1°	3.5°	6.8°	4.2°	7.4°	3.0°	7.0°	4.9°	10.2°

	2-1-1		2-1-2		2-1-3		2-2-1		2-2-2		2-2-3	
	Exp.	**Präd.**	**Exp.**	**Präd.**	**Exp.**	**Präd.**	**Exp.**	**Präd.**	**Exp.**	**Präd.**	**Exp.**	**Präd.**
MIN	1.9°	5.8°	3.0°	6.1°	2.9°	6.2°	3.1°	6.9°	2.5°	4.9°	3.0°	4.6°
MAX	7.0°	13.3°	8.3°	9.6°	4.6°	8.7°	6.4°	12.7°	6.2°	8.5°	9.9°	12.0°
MW	4.6°	8.8°	5.8°	7.3°	3.6°	7.4°	4.7°	9.3°	4.1°	6.6°	6.4°	7.1°

	3-1-1		3-1-2		3-1-3		3-2-1		3-2-2		3-2-3	
	Exp.	**Präd.**	**Exp.**	**Präd.**	**Exp.**	**Präd.**	**Exp.**	**Präd.**	**Exp.**	**Präd.**	**Exp.**	**Präd.**
MIN	1.9°	7.4°	2.2°	6.3°	2.3°	6.3°	3.0°	6.5°	5.0°	5.0°	3.2°	5.4°
MAX	7.2°	11.9°	14.1°	19.6°	5.9°	9.8°	6.1°	12.3°	20.0°	19.0°	22.0°	23.3°
MW	4.3°	9.8°	7.1°	9.5°	4.1°	7.7°	4.5°	10.0°	9.7°	10.2°	9.7°	9.6°

Bild 60: Heatmap zur Visualisierung der Unterschiedlichkeiten (mittlere absolute Abweichung der Gelenkwinkelwerte) zwischen den zwei experimentell ermittelten Körperhaltungen (Exp.) und der Unterschiedlichkeiten zwischen diesen experimentell ermittelten Körperhaltungen und den prädizierten Körperhaltungen (Präd.). Aufgeführt sind jeweils der Minimalwert, der Maximalwert und der Mittelwert der Unterschiedlichkeiten je Produktmerkmalskonfiguration und Proband.

Hierbei fällt auf, dass sowohl die Mittelwerte (MW) als auch die Streubreite (MIN-MAX) der Unterschiedlichkeiten der prädizierten Körperhaltungen zu den beiden experimentell erfassten Körperhaltungen höher sind als die Unterschiedlichkeiten zwischen den beiden experimentell erfassten Körperhaltungen.

Zur besseren Einordnung dieser Ergebnisse zeigt Bild 61 (sowie Bild 68 und Bild 69 in Anhang A 3) die Mittelwerte und Verteilung der Gelenkwinkelwerte aller prädizierter Körperhaltungen einer HeH sowie die Streubreite der Gelenkwinkelwerte aller experimentell ermittelten Körperhaltungen derselben HeH. Dabei ist zu erkennen, dass sich die Verteilungen der Gelenkwinkelwerte der prädizierten Körperhaltungen mehrheitlich innerhalb der Streubreite der experimentell ermittelten Gelenkwinkelwerte befinden. Eine Ausnahme bildet die Flexion des linken Ellenbogens (elbow_flexion_l) bei den prädizierten Körperhaltungen der HeH 1 sowie die Abduktion des linken Arms (shoulder_elv_l) bei den prädizierten Körperhaltungen der HeH 3.

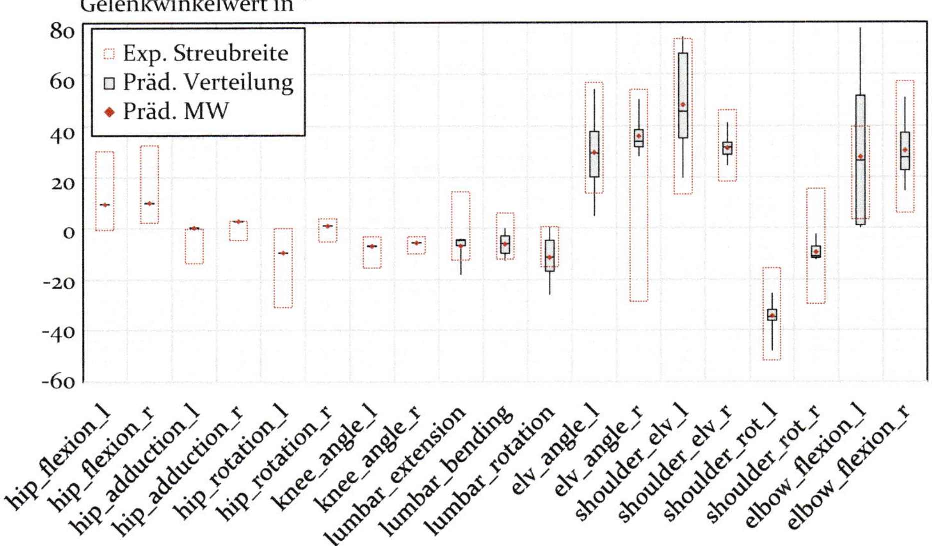

Bild 61: Verteilung (Boxplot) sowie die Mittelwerte (MW) ausgewählter Gelenkwinkelwerte aller prädizierten Körperhaltungen der HeH 1 sowie Streubreite aller experimentell ermittelten Körperhaltungen der HeH 1. Der Boxplot zeigt den Median (schwarze Linie in der Box), den Bereich vom 2. Quantil bis zum 3. Quantil (graue Box) sowie die Streubreite (bzw. den Bereich zum 1. Quantil und 4.Quantil) in Form der Whisker.

6.2.3 Diskussion der Anwendungsevaluation

Evaluation des prädiktiven Interaktionsmodells

Die verwendete Methodik zur experimentellen Erfassung repräsentativer Körperhaltungen unterliegt gewissen Limitationen, welche bei der Interpretation der Ergebnisse beachtet werden müssen. SERS et. al. [250] untersuchten die Validität des Motion Capture Systems Perception Neuron 2.0 (selbe Messtechnik wie im verwendeten Perception Neuron Studio) für das

Messen von Oberkörperbewegungen und kommen zu dem Schluss, dass das System Oberkörperbewegungen mit einer Genauigkeit von 5° je Gelenkwinkel erfassen kann. Die durchgeführte Übertragung der gemessenen Bewegungen auf das jeweilige biomechanische Menschmodell ist ebenfalls fehlerbehaftet. KARATSIDIS et. al [137] übertragen mit einer ähnlichen Vorgehensweise mit Inertialsensorik gemessene Gangbewegungen auf biomechanische Menschmodelle. Dabei beobachten sie für die Gelenkwinkel von Knöchel, Knie und Hüfte in der Sagittalebene root-mean-squared-differences (RMSD) von 4,1 ± 1,3°; 4,4 ± 2,0° bzw. 5,7 ± 2,1°. Die anthropometrischen Maße der Probanden wurden auf einen halben Zentimeter genau erfasst, wobei auch hier kleinere Fehler beim Ertasten der anatomischen Landmarken und beim Abnehmen der Maße möglich sind. Auch das Extrahieren der repräsentativen Körperhaltungen ist fehlerbehaftet, da das Motion Capture System nicht in der Lage ist, die Fingerhaltungen zu erfassen. Entsprechend ist nicht bekannt, ob die Probanden unterschiedliche Grifftechniken zum Führen des Ruders verwendet haben. Dies kann dazu führen, dass sich bei der Extraktion der Körperhaltung die linke Hand zwar auf der vorgegebenen Höhe von 1050 mm befindet, die Stellungen der Hand und des Ruders jedoch nicht für alle repräsentativen Körperhaltungen gleich ist. In Summe können diese Fehlerquellen dazu führen, dass die experimentell erfassten Körperhaltungen (ausgedrückt in den Gelenkwinkeln des biomechanischen Menschmodells) nicht exakt den real durchgeführten Körperhaltungen entsprechen. Dabei wirken sich die Fehler vor allem bei den distalen Segmenten (Hände, Füße) aus. Aus diesem Grund wurden die Gelenkwinkel der distalen Gelenke (Hand und Fußgelenk) bei der Berechnung der Unterschiedlichkeiten (siehe Bild 60) und bei dem Vergleich der Gelenkwinkel (siehe Bild 61) exkludiert. Besonders deutlich zeigt sich dies bei den Fußhaltungen der gemessenen Körperhaltungen, welche oftmals nicht parallel zum Boden liegen (siehe Bild 58). Dies ist bei den prädizierten Körperhaltungen nicht der Fall und kann nebst weiteren Abweichungen als ein Grund für die durchschnittlich leicht höheren GKMA der gemessenen Körperhaltungen gegenüber den prädizierten Körperhaltungen gesehen werden. Bei den GKMA der gemessenen Körperhaltungen der HeT 3 ist ein weiterer Aspekt zu berücksichtigen. Da die Körperhaltungen stark nach vorne gebeugt sind, können bereits kleine Fehler zu einem zu starken nach vorne Beugen bzw. nach hinten Lehnen führen. Zur dynamischen Stabilisierung (Kräftegleichgewicht) dieser Körperhaltungen werden die Abstützkräfte an den Händen stärker beansprucht als bei den prädizierten GKMA. Hierdurch werden die Muskeln teilweise entlastet, weshalb die GKMA der experimentell erfassten Körperhaltungen teils niedriger sind als die der prädizierten Körperhaltungen. Besonders deutlich wird dies bei der Verteilung der GKMA der Produktmerkmalskonfigurationen 3-2-2.

Mithilfe des entwickelten prädiktiven Interaktionsmodells konnten für alle fünf Menschmodelle und 18 Produktmerkmalskonfigurationen Körperhaltungen im dynamischen Gleichgewicht prädiziert werden. Die Unterschiedlichkeiten zwischen prädizierten und gemessenen Körperhaltungen zeigen, dass die prädizierten Körperhaltungen (bzw. die Gelenkwinkelmuster) von den gemessenen Körperhaltungen abweichen (siehe Bild 60). Die Auswertung mithilfe der Unterschiedlichkeiten ist jedoch mit Vorsicht zu betrachten, da beispielsweise eine veränderte Armstellung (z.B. Eindrehen des Armes) oder eine veränderte Standposition zu hohen Differenzen zwischen den einzelnen Gelenkwinkeln führen, obwohl sich die Körperhaltungen bei qualitativer Betrachtung nur wenig unterscheiden (siehe Bild 58). Dass sich die prädizierten und gemessenen Körperhaltungen trotz unterschiedlicher Gelenkwinkelmuster ähneln, zeigt neben der qualitativen Betrachtung (siehe Bild 65, Bild 66 und Bild 67 in Anhang A 3) die Verteilung der Gelenkwinkel gegenüber der Streubreite der experimentell gemessenen Körperhaltungen (siehe Bild 61 sowie Bild 68 und Bild 69 in Anhang A 3) und allen voran die Auswertung der GKMA (siehe Bild 59). Die GKMA der prädizierten Körperhaltungen liegen größtenteils innerhalb der Streubreite der GKMA der experimentell erfassten Körperhaltungen und beschreiben somit die gleichen Zusammenhänge zu den Produktmerkmalskonfigurationen wie die GKMA der experimentell erfassten Körperhaltungen.

Entsprechend ist die Implikation einer sinnhaften Anwendbarkeit des prädiktiven Interaktionsmodells erkennbar. Die Auswertungen zeigen, dass die gemessenen Körperhaltungen durch die Aufgabenmodellierung und die posturale Interaktionsvorhersage zwar nicht reproduziert, jedoch ähnliche, realistische und in der Ganzkörperbeanspruchung übereinstimmende Körperhaltungen erzeugt wurden.

Zur Einordnung dieser Erkenntnis muss berücksichtigt werden, dass lediglich fünf Probanden gleichen Geschlechts, ähnlichen Alters und ähnlicher Anthropometrie an der Studie teilnehmen konnten. Entsprechend ist es möglich, dass etwaige alternative Interaktionsstrategien nicht identifiziert wurden. Dadurch kann keine Aussage darüber getroffen werden, wie valide die posturale Interaktionsvorhersage bei Verwendung stark heterogener Menschmodelle funktioniert. Es ist jedoch davon auszugehen, dass mit einer ausgeprägteren Charakterisierung menschlichen Verhaltens eine größere Heterogenität menschlicher Anthropometrie berücksichtigt werden kann. Ferner muss berücksichtigt werden, dass die prädizierten

Körperhaltungen für die gleichen Aufgaben erzeugt wurden, anhand welcher die Charakterisierung menschlichen Verhaltens stattgefunden hat. In zukünftigen Evaluationsstudien könnte eine Kreuzvalidierung eine tiefere Analyse der Funktionsweise des prädiktiven Interaktionsmodells ermöglichen. Abschließend gilt es zu erwähnen, dass die Vorgabe der Position des Menschmodells ein entscheidender Faktor der Körperhaltungsvorhersage war. Das Ableiten der Positionsdaten aus den experimentell ermittelten repräsentativen Körperhaltungen stellt, neben der Ableitung der Verhaltenskarten, eine zusätzliche Charakterisierung des menschlichen Verhaltens dar. Zukünftige Studien sollten untersuchen, welche Relevanz die Standposition hinsichtlich der Charakterisierung des menschlichen Verhaltens besitzt und ob diese gegebenenfalls in die Verhaltenskarten zu integrieren sind.

Einordnung der prädiktiven Ergonomiebewertung

Die Erfassung des Diskomfort mithilfe der modifizierten CP-50 Skala unterliegt einem gewissen subjektiven Bias. Da den Probanden bei der Datenerhebung bewusst ist, dass sie eine Einschätzung der Ergonomie und Gebrauchstauglichkeit der unterschiedlichen Produktmerkmalskonfigurationen abgeben sollen, wird diese ggf. nicht ausschließlich dem Empfinden nach, sondern zu gewissen Teilen der Erwartungshaltung nach getroffen. Beispielsweise könnte ein Proband erwarten, dass die äußere Ruderposition oder die niedrigste Hebelhöhe weniger ergonomisch bzw. diskomfortabler sein könnte als bei anderen Konfigurationen und die Bewertung an dieser Erwartung ausrichten. Durch die Entscheidung, die sechs Stufen der CP50-Skala nicht weiter zu unterteilen ist das Spektrum der Auswahlmöglichkeiten zudem begrenzt und bietet ggf. weniger starke Möglichkeiten zur Differenzierung einzelner Produktmerkmalskonfigurationen.

Der Vergleich der subjektiven Diskomfort-Bewertung mit den berechneten GKMA zeigt, dass das prädiktive Interaktionsmodell unter Verwendung der GKMA als Bewertungskriterium die grundsätzlichen Zusammenhänge zwischen den Produktmerkmalskonfigurationen und dem subjektiven Diskofortempfinden abbilden kann. So wird aus der prädiktiven Ergonomiebewertung ersichtlich, dass mit abnehmender HeH der Diskomfort steigt und dass ein geringer Abstand zwischen Gashebel und Ruder (RuP) zu geringerem Diskomfort führt. Einige Zusammenhänge konnten jedoch mit der prädiktiven Methode nicht aufgelöst werden. Da sich diese Zusammenhänge jedoch auch nicht in den GKMA der experimentell erhobenen Körperhaltungen zeigen, ist nicht das prädiktive Interaktionsmodell, sondern das ergonomische Bewertungskriterium (GKMA) bzw. die subjektive

Diskomfort-Bewertung (s.o.) zu hinterfragen. In zukünftigen Untersuchungen sollte deshalb die subjektive Diskomfort-Bewertung mit objektiven Messgrößen (wie EMG-Messungen) ergänzt werden. Das ergonomische Bewertungskriterium der GKMA ist zur vollständigen Beschreibung des subjektiv geäußerten Diskomfortempfindens zudem nicht ausreichend. Zur Weiterentwicklung des prädiktiven Interaktionsmodells zu einem Computer Aided Ergonomics Tool ist es folglich erforderlich, ergänzende Bewertungskriterien heranzuziehen (beispielsweise die Beanspruchung der Gelenke). Wie diese zueinander zu gewichten sind, bzw. welche Bewertungskonzepte für welche Aufgaben welche Relevanz besitzen, sollte in zukünftiger Forschung untersucht werden.

Entsprechend ist die Implikationen einer vertrauenswürdigen virtuellen Analyse von Produktergonomie und Gebrauchstauglichkeit des prädiktiven Interaktionsmodells im Ansatz erkennbar. Die Ergebnisse zeigen jedoch, dass das gewählte Bewertungskriterium nicht alle Facetten der subjektiven Diskomfort-Bewertung abbildet und dadurch nicht alle Zusammenhänge prädiktiv ermittelt werden konnten.

Resümee: Anwendungsevaluation

In der Anwendungsevaluation wird die Implikation einer sinnhaften Anwendbarkeit des prädiktiven Interaktionsmodells in der Produktentwicklung aufgezeigt. Dazu werden Interaktionen mit verschiedenen Produktmerkmalskonfigurationen eines fiktiven Anwendungsbeispiels sowohl experimentell in einer Probandenstudie als auch simulativ mittels des prädiktiven Interaktionsmodells untersucht. Der Abgleich der Resultate zeigt, dass die gemessenen Körperhaltungen durch das prädiktive Interaktionsmodell zwar nicht reproduziert wurden, jedoch ähnliche, realistische und in der Ganzkörperbeanspruchung übereinstimmende Körperhaltungen erzeugt werden. Entsprechend ist die Implikation einer sinnhaften Anwendbarkeit des prädiktiven Interaktionsmodells in der Produktentwicklung erkennbar.

Die Implikation einer vertrauenswürdigen virtuellen Analyse von Produktergonomie und Gebrauchstauglichkeit ist ebenfalls im Ansatz erkennbar. Die experimentell erhobenen Zusammenhänge zwischen den Produktmerkmalskonfigurationen und der subjektiven Diskomfort-Bewertung konnten grundsätzlich vorhergesagt werden. Einige Zusammenhänge blieben jedoch unentdeckt. Dies ist allerdings nicht der prädiktiven Interaktionsmodellierung, sondern primär dem gewählten ergonomischen Bewertungskriterium zuzuschreiben.

6.3 Fazit - Evaluationsstudien

Die Evaluationsstudien zeigen, dass die Kernfunktionalitäten des entwickelten prädiktiven Interaktionsmodells technisch korrekt funktionieren und für die vorgesehenen Aufgaben (Interaktionsmodellierung und -vorhersage) sinnhaft angewendet werden können. Es konnte gezeigt werden, dass zur Verwendung des entwickelten prädiktiven Interaktionsmodells ein Einmalaufwand zur experimentellen Erfassung und Charakterisierung menschlichen Verhaltens betrieben werden muss. Zudem wurde festgestellt, dass weitere Forschung bezüglich geeigneter Bewertungsmodelle bzw. -schemata von Nöten ist, um das Langzeitziel eines Computer Aided Ergonomics Tools zu erreichen. Durch die durchgeführten Evaluationsstudien können Rückschlüsse auf die gestellten Forschungsfragen gezogen werden. Im nachfolgenden Kapitel sollen diese Rückschlüsse dargelegt und das gesamte Forschungsvorhaben abschließend diskutiert werden.

7 Diskussion der Forschungsarbeit

7.1 Beantwortung der Forschungsfragen

In dieser Forschungsarbeit wurde ein Handlungsbedarf hinsichtlich der Erforschung eines prädiktiven Simulationsmodells zur Analyse von Mensch-Produkt Interaktionen festgestellt. Konkret sollte ein prädiktives Interaktionsmodell, bestehend aus einer Methode zur vielseitig anwendbaren und zugleich zugänglichen Aufgabenmodellierung und einer Methode zur Vorhersage menschlichen Interaktionsverhaltens, erforscht werden. Dieser Handlungsbedarf wurde in Form dreier Forschungsfragen formuliert. Mit Abschluss der systematischen Literaturrecherche, der Methodenentwicklung und der Evaluationsstudien, wurden neue Erkenntnisse gewonnen, mit welchen sich die diese Forschungsfragen beantwortet lassen:

Forschungserkenntnis I: Das Vorwissen zur vielseitig anwendbaren Interaktionsvorhersage besteht zumindest aus den relevanten Nutzereigenschaften (bspw. abgebildet durch ein DMM), der Lage und Orientierung der in Interaktion stehenden Endeffektoren bzw. Körperteile, sowie einer Charakterisierung des zu prädizierenden menschlichen Interaktionsverhaltens. Für „freie Interaktionen" ist zudem die Vorgabe der Lage des Menschmodells erforderlich. Bei dynamischer Betrachtung zählen außerdem die auftretenden Abstützkräfte sowie externen Kräfte zum benötigten Vorwissen.

Forschungserkenntnis II: Eine vielseitig anwendbare und zugleich zugängliche Modellierung von Aufgaben zur Interaktionsvorhersage kann erreicht werden, indem elementare Affordanzen identifiziert, mechanisch und semantisch beschrieben und als CAD-Features im Rahmen der beschriebenen Methode zur Aufgabenmodellierung umgesetzt werden. Zur Aufgabenmodellierung ist zudem eine Charakterisierung menschlichen Interaktionsverhaltens erforderlich, welche mittels der vorgeschlagenen Verhaltenskarten erfolgen kann.

Forschungserkenntnis III: Menschliches Interaktionsverhalten kann phänomenologisch und interaktionsdeduziert mittels digitaler Menschmodelle in Form von Körperhaltungen anhand kinematischer Randbedingungen, einer ausreichenden Charakterisierung des gewünschten Interaktionsverhaltens sowie einer kinematischen Optimierung vertrauenswürdig synthetisiert werden.

Zur Beantwortung der Forschungsfragen wurde ein Lösungsansatz gewählt, welchem drei Prämissen zugrunde liegen. Es konnte gezeigt werden, dass sich wiederkehrende Interaktionskonzepte in der Technik mithilfe einer kleinen Anzahl elementarer Affordanzen beschreiben lassen (PRÄMISSE I). Zudem konnte gezeigt werden, dass sich menschliches Interaktionsverhalten mithilfe muskuloskelettaler Menschmodelle und geeigneter Rand- und Startbedingungen prädiktiv synthetisieren lässt (PRÄMISSE III). Ferner ist davon auszugehen, dass die Implementierung der elementaren Affordanzen als CAD-Features die Zugänglichkeit der Aufgabenmodellierung erhöht (PRÄMISSE II). Zur abschließenden Bestätigung dieser Prämisse und der vollständigen Beantwortung der Forschungsfrage II muss der vorgestellte Softwaredemonstrator von hauptberuflichen Produktentwicklern an realen Anwendungsbeispielen verwendet und bewertet werden. Diese Untersuchungen werden Teil zukünftiger Forschung sein (Vervollständigung der *Descriptive Study II* nach DRM [28]). Sowohl die gewonnenen Forschungserkenntnisse als auch die Bestätigung der Prämissen unterliegen bestimmten Limitationen, welche im Folgenden erläutert werden.

Die Identifikation des Vorwissens bzw. die konkrete Gestaltung des Lösungsansatzes wurde mithilfe einer systematischen Literaturrecherche durchgeführt. Dadurch stützen sich die gewonnen Erkenntnisse auf bestehende Methoden und Funktionsweisen. Dies birgt die Gefahr ähnliche Methoden hervorzubringen, wie die bereits Existierenden. Zur tiefergehenden Identifikation der Forschungslücke war es jedoch relevant und informativ zu ergründen, weshalb die Vielzahl an bestehenden Methoden in der praktischen Anwendung kaum Relevanz besitzen. Als ein wesentlicher Knackpunkt wurde dabei die Notwendigkeit der Charakterisierung des zu prädizierenden menschlichen Interaktionsverhaltens ausgemacht. Dieser Knackpunkt erklärt die bestehende Forschungslücke bzw. den festgestellten Handlungsbedarf, hinsichtlich der Entwicklung eines vielseitig anwendbaren, zugänglichen und vertrauenswürdigen Interaktionsmodells. Mit dem tiefergehenden Verständnis hinsichtlich der Forschungslücke konnte der Lösungsansatz konkret gestaltet und darauf aufbauend das prädiktive Interaktionsmodell entwickelt werden. Im Folgenden sollen die Limitationen dieses Modells ausführlich diskutiert werden.

Das Reduzieren menschlicher Interaktionsmöglichkeiten auf eine geringe Zahl elementarer Affordanzen erfordert ein Abstrahieren realer Interaktionen. Die Abstraktion erfolgte durch die Klassifizierung empirisch ermittelter Interaktionen mittels der entwickelten Taxonomie. Die Taxonomieentwicklung nach der Methode von NICKERSON et al. [193] wurde unter Einhaltung aller der vorgeschlagenen qualitativen und quantitativen

Qualitätskriterien durchgeführt [P7], [P8]. Nach BOWKER und STAR [34] sind empirisch entwickelte Taxonomien dann umfassend, wenn alle bekannten Objekte klassifiziert werden können (in diesem Fall die erstellte Datengrundlage an Interaktionsmöglichkeiten). Die entwickelte Taxonomie erfüllt diese Anforderung für die verwendete empirische Datengrundlage. Diese Datengrundlage deckt eine Vielzahl an möglichen und vor allem relevanten Interaktionen zwischen Menschen und Produkten ab. Dennoch kann nicht ausgeschlossen werden, dass Interaktionsmöglichkeiten übersehen wurden. Entsprechend ist davon auszugehen, dass der entwickelte Katalog elementarer Affordanzen nicht umfassend zur Abbildung aller denkbarer Interaktionen genutzt werden kann. Dass die identifizierten elementaren Affordanzen jedoch die wichtigsten Interaktionenmöglichkeiten beschreiben, zeigt der Abgleich mit vergleichbaren Katalogen, wie dem Stellteilkatalog des ERGONOMIEKOMPENDIUMS DER BUNDESANSTALT FÜR ARBEITSSCHUTZ UND ARBEITSMEDIZIN [4] oder den Standardinteraktionen nach SCHRÖPPEL et al. [244].

Die Vereinfachung der kinematischen und dynamischen Kontaktbeschreibung, mittels Kopplung zweier Punkte (Gelenkbeschreibung und Punktkräfte; siehe Bild 39), stellt eine weitere Abstraktion dar. Diese ist zur Definition von Randbedingungen einer muskuloskelettalen Simulation ausreichend, reduziert jedoch die Variabilität realer Kontakte bzw. Griffe. Dies zeigt sich beispielsweise in der Anwendungsevaluation bei der Modellierung der Interaktion zwischen linker Hand und Ruder. Die Kontaktbeschreibung gibt einen Kontakt in der Handfläche vor. Das Ruder kann in Realität jedoch ebenfalls mit den Fingern oder zwischen Zeigefinger und Daumen geführt werden. Ähnliches lässt sich bei der Modellierung der Interaktion zwischen rechter Hand und Gashebel feststellen. Es ist davon auszugehen, dass nicht jeder Handflächengriff eines zylinderförmigen Stellteils entlang der palmaren Rinne stattfindet. Die Art des Kontaktes bzw. Zugriffs kann sich je nach Stellung des Stellteils zum Menschen unterscheiden. Die Einschränkung der Variabilität realer Kontakte bzw. Griffe führt zu einer steiferen Nachbildung realer Interaktionen in der posturalen Interaktionsvorhersage und sollte bei Interpretation der Ergebnisse berücksichtigt werden. Zudem ist die beschriebene dynamische Kontaktbeschreibung der elementaren Affordanzen rudimentär gehalten. Die dynamische Minimal-Beziehung besteht aus Abstützkräften entlang jeder Raumrichtung mit einer *Optimal Force* in Höhe der Gewichtkraft der beteiligten Extremität. Diese Beschreibung ist zur Abbildung einfacher Fälle zulässig, sollte jedoch nicht darüber hinwegtäuschen, dass stets eine

Überprüfung und weitere Spezifikation der zu erwarteten Reaktionskräfte eines Affordanz-Features erfolgen sollte.

Eine Reduktion der genannten Einschränkungen könnte durch eine Erweiterung der genutzten Taxonomie und ein erneutes Klassifizieren elementarer Affordanzen erfolgen. Aus Sicht der Klassifizierung ist die Möglichkeit zur Erweiterung eine wichtige Eigenschaft von Taxonomien [18]. Dabei sollte jedoch darauf geachtet werden, dass der erklärende Charakter der Taxonomie (intuitive Modellierung von Aufgaben) nicht verloren geht. So ist es nach BAILEY [18] nicht das Ziel einer Klassifizierung, jedes denkbare Detail der Objekte zu beschreiben, sondern nützliche Erklärungen für die Natur der untersuchten Objekte zu liefern.

Zusätzlich zu den Limitationen der Affordanz-Features unterliegt die Methode zur Aufgabenmodellierung gewissen Limitationen. So werden mögliche Kollisionen zwischen Menschmodell und Produktmodell [31, 120, 172, 204] nicht berücksichtigt. Auch werden weitere Umgebungseinflüsse, wie Oberflächenbeschaffenheiten [82], nicht adressiert. Zudem werden externe Kräfte in Richtung und Betrag idealisiert modelliert. Wie Untersuchungen von HOFMANN et al. [118] zeigen, entspricht diese Idealisierung jedoch in einigen Fällen nicht der Realität.

Die kinematischen Auswertungen der Anwendungsevaluation zeigen, dass die erzeugten Körperhaltungen in ihren Gelenkwinkelmustern teils anders ausfallen als die gemessenen Vergleichskörperhaltungen. Dies ist darauf zurückzuführen, dass bei der posturalen Interaktionsvorhersage, gemäß des gewählten Koordinationsmusters, mehrheitlich die oberen Extremitäten angepasst werden. Die unteren Extremitäten werden durch die entsprechenden Verhaltenskarten charakterisiert. Diese Annahme ist zur robusten Verwendung der kinematischen Optimierung zur posturalen Interaktionsvorhersage notwendig. Alternative Methoden zur Körperhaltungserzeugung, wie die priorisierte invers kinematische Architektur von HAARESH et al. [106] und BAERLOCHER und BOULIC [17] oder die dynamische Körperhaltungsvorhersage von KRÜGER [146], ermöglichen eine synergetischere Nutzung aller Gelenkwinkel bei der Erzeugung von Körperhaltungen. Diese Methoden sind jedoch komplexer (mehr Einstellmöglichkeiten der Solver und Randbedingungen), weisen weit höhere Rechenzeiten auf und funktionieren weniger robust, da eine Konvergenz zum globalen Minimum nicht immer garantiert werden kann.

Ferner stellt die Notwendigkeit der Charakterisierung menschlichen Verhaltens eine potenzielle Einschränkung der Nutzbarkeit des entwickelten prädiktiven Interaktionsmodells dar. Diese erfordert das Durchführen einmaliger Erhebungsstudien. Entsprechend kann erst von einem prädiktiven Interaktionsmodell gesprochen werden, wenn eine Verhaltenskarten-Bibliothek aufgestellt und in den Aufgabeneditor integriert wurde.

Abschließend gilt es zu berücksichtigen, dass sich einige Mensch-Produkt Interaktionen nicht mittels Körperhaltungen analysieren lassen. Ruckartige Bewegungen bzw. das Ausnutzen von Trägheit lassen sich mittels einer Körperhaltung nicht repräsentieren. Die in dieser Forschungsarbeit präsentierte Methode könnte auf eine Modellierung und Prädiktion von Bewegungen erweitert werden. Für diese müsste die benötigte Charakterisierung menschlichen Verhaltens sowie die Beschreibung der elementaren Affordanzen jedoch weit detaillierter und komplexer ausfallen, was wiederum der Zugänglichkeit des prädiktiven Interaktionsmodells im Wege stehen würde.

7.2 Einordnung der Forschungsergebnisse und bestehende Potentiale

Das erforschte prädiktive Interaktionsmodell bzw. dessen Umsetzung als Softwaredemonstrator kann sowohl in den frühen Produktentwicklungsphasen (Konzeptphase) als auch in den darauffolgenden Phasen (Entwurfsphase und Ausarbeitungsphase) zur Analyse der Mensch-Produkt Interaktion verwendet werden. Eine Aufgabenmodellierung und posturale Interaktionsvorhersage ist sowohl anhand rudimentärer konzeptueller CAD-Modelle als auch mit vollständig ausgearbeiteten CAD-Modellen durchführbar. Den größten Benefit bietet die Methode jedoch in der Konzept- bzw. Entwurfsphase, da hier tendenziell grobe Designentscheidungen getroffen werden (wie beispielsweise die Anordnung von Stellteilen bzw. Interaktionsschnittstellen). Aufgrund des Fokus auf Ganzkörperinteraktionen, ist das vorgestellte prädiktive Interaktionsmodell für diese Art von Problemstellungen besonders gut geeignet. Das prädiktive Interaktionsmodell ist indes nicht als Ersatz bzw. Alternative klassischer Probandenstudien zur Anforderungsabsicherung, sondern vielmehr als frühzeitig anwendbare Ergänzung dieser zu verstehen.

Die Verwendung eines muskuloskelettalen Menschmodells, anstelle der sonst in der Interaktionsvorhersage üblichen anthropometrischen Menschmodelle, bringt einige Vorteile mit sich. So erhöht die detaillierte Modellierung des passiven Bewegungsapparates die Validität der kinematischen Interaktionsvorhersage, da unnatürliche Gelenkstellungen ausgeschlossen sind. Durch die Möglichkeit der dynamischen Analyse kann zudem überprüft werden, ob sich die erzeugten Körperhaltungen im dynamischen Gleichgewicht befinden (Überprüfung der Residualkräfte). Dadurch lässt sich die potenzielle Durchführbarkeit prädizierter Körperhaltungen nachweisen. Durch die Möglichkeit zur dynamischen Auswertung biomechanischer Kenngrößen (Muskelkräfte und -aktivierungen oder Gelenkmomente und Gelenkreaktionskräfte) wird zudem eine physiologisch begründete Analyse der Mensch-Produkt Interaktion bzw. der Produktergonomie und Gebrauchstauglichkeit möglich [146, 181].

Im Gegensatz zu bestehenden proaktiven DMM- bzw. Computer Aided Ergonomics-Tools (vgl. Kapitel 2.5) fokussiert das erforschte prädiktive Interaktionsmodell die Analyse von Produktkonzepten bzw. Produktmerkmalskonfigurationen, anstatt der Untersuchung von Prozessen. Dabei fokussiert die Methode nicht ein spezifisches Produkt, sondern ist vielseitig anwendbar, ohne dabei an Zugänglichkeit für den Produktentwickler zu verlieren. Voraussetzung hierfür ist eine Charakterisierung des menschlichen Verhaltens. Zur Weiterentwicklung des hier vorgestellten prädiktiven Interaktionsmodells, hin zu einem vollwertigen Computer Aided Ergonomics Tool, sollte aus diesem Grund dem Aufbauen einer entsprechenden Datenbank höchste Priorität zukommen. Hierzu sollten elementare bzw. wiederkehrende Mensch-Produkt Interaktionen (bspw. Ziehen, Heben, Drücken, Drehen, Schieben, Berühren etc.) in einer zentralen Erhebung charakterisiert und in Form einer Verhaltenskarten-Bibliothek in die Aufgabenmodellierung integriert werden. Eine anwendungsfallspezifische Charakterisierung menschlichen Verhaltens (bspw. die Interaktion mit einem Ruderstand; vgl. Kapitel 6.2.1) kann von etwaigen Interessensgruppen (bspw. Firmen) durchgeführt und ergänzt werden. Bestehende Charaktersierungen menschlichen Verhaltens, wie die Beschreibung von Körperhaltungen zur Interaktion mit und in Fahrzeugcockpits [286, 287], können zudem in Verhaltenskarten transformiert und in die Bibliothek integriert werden. Perspektivisch wäre die Erstellung eines Online-Repositoriums von Verhaltenskarten denkbar, welches von Forschung und Industrie genutzt und stetig erweitert wird. Dazu sollte untersucht werden, inwieweit die Identifikation bzw. Charakterisierung von Verhaltenskarten aus empirischen Daten standardisiert durchgeführt werden kann. Erste Ansätze zur Charakterisierung menschlichen Interaktionsverhaltens mithilfe von Machine Learning Algorithmen werden von BINDER [S1] und GLESER [S3] beschrieben. Ferner ist zu untersuchen, welche Relevanz die Position und Orientierung des Menschmodells (relativ zum Produkt) hinsichtlich der Charakterisierung des menschlichen Verhaltens besitzt und ob diese Informationen gegebenenfalls in die Verhaltenskarten zu integrieren sind.

Ein weiterer Punkt zukünftiger Untersuchungen sollte die Auflösung der zu steifen Nachbildung realer Interaktionen durch die Affordanz-Features sein. Hierzu ist die gewählte Beschreibung der kinematischen Randbedingungen mittels Gelenkdefinitionen weiterzuentwickeln, sodass definierte Abweichungen von den steifen Gelenkdefinitionen möglich werden. Zur weiteren Erhöhung der Zugänglichkeit der Aufgabenmodellierung ist eine direkte Integration des Menschmodells in die CAD-Umgebung zu prüfen. KOHNERT [S6] beschreibt hierfür grundlegende Konzepte. Zur methodischen sowie softwaretechnischen Umsetzung kann sich diesbezüglich an der Arbeit von KRÜGER [146] orientiert werden. Denkbar wäre zudem eine Echtzeitanimation der Affordanz-Features am digitalen Produktmodell (ähnlich wie in Bild 38 dargestellt). Zur Weiterentwicklung des vorgestellten prädiktiven Interaktionsmodells sollte zudem die Einbindung einer Methode zu Erzeugung nutzerspezifischer Menschmodelle erfolgen. Eine entsprechende Methode wurde von MIEHLING [181] entwickelt. Zur Erreichung des Langzeitziels der proaktiven Bewertung von Produktergonomie und Gebrauchstauglichkeit sind zudem geeignete Bewertungskonzepte bzw. -schemata zu erforschen, mit welchen sich Körperhaltungen bzw. biomechanische Kenngrößen einer muskuloskelettalen Simulation entsprechend interpretieren lassen.

8 Zusammenfassung und Ausblick

Der Ansatz der menschzentrieren Produktentwicklung gewinnt vor dem Hintergrund aktueller Megatrends zunehmend an Bedeutung. Einen wesentlichen Faktor der menschzentrieren Produktentwicklung stellt die Gewährleistung einer guten Produktergonomie bzw. Gebrauchstauglichkeit dar. Ziel dieser ist das Erreichen einer bestmöglichen Interaktion zwischen Mensch und Produkt, wodurch die Sicherheit, der Komfort, die Leistung und die Effizienz des Mensch-Produkt Systems verbessert werden sollen. Zur Absicherung dieser Anforderungen werden neben klassischen Nutzertesttests vermehrt virtuelle Methoden unter Verwendung digitaler Menschmodelle (DMM) am digitalen Produktmodell eingesetzt. Diese können als „virtuelle Nutzertests" verstanden werden, welche sowohl eine zeit- und kosteneffiziente als auch frühzeitig anwendbare und proaktive Möglichkeit zur Analyse der Mensch-Produkt Interaktion darstellen.

Zur Realisierung proaktiver Analysen mittels DMM werden Methoden zur Modellierung und Vorhersage menschlichen Interaktionsverhaltens (Körperhaltungen und/oder Bewegungen) verwendet. Die Mehrheit der existierenden Methoden fokussieren die Simulation menschlicher Arbeit. Diese Art der Interaktionsmodellierung eignet sich nur bedingt zur Bewertung von Produktergonomie und Gebrauchstauglichkeit, da deren Fokus auf Prozessen statt auf Produkten liegt. Bestehende Ansätze, welche explizit die Analyse digitaler Produktmodellkonfigurationen fokussieren, beschränken sich hingegen auf spezifische Anwendungsfälle. Eine vielseitig anwendbare, prädiktive Interaktionsmodellierung zur Analyse digitaler Produktmodellkonfigurationen ist entsprechend nach aktuellem Stand der Wissenschaft nicht ausreichend erforscht. Zudem lässt sich feststellen, dass bestehende DMM-Tools aufgrund mannigfaltiger Defizite nur geringe Relevanz in der praktischen Anwendung besitzen. Dies liegt einerseits an der oftmals unzureichenden Zugänglichkeit der Methoden zur Aufgabenmodellierung (Interaktionsmodellierung) und andererseits an der zweifelhaften Validität der Interaktionsvorhersage.

Das Ziel dieser Forschungsarbeit ist es daher, ein prädiktives Interaktionsmodell bestehend aus einer Methode zur vielseitig anwendbaren und zugleich zugänglichen Aufgabenmodellierung sowie einer Methode zur vielseitig anwendbaren und vertrauenswürdigen Vorhersage menschlichen Interaktionsverhaltens zu erforschen und zu entwickeln. Hierfür wird ein Lösungsansatz verwendet, welcher sich auf das kognitionspsychologische Konzept der Affordanzen stützt, die Interaktionsmodellierung durch

Affordanz-Features am digitalen Produktmodell (in der CAD-Umgebung) ermöglicht und die Vorhersage und Analyse menschlichen Interaktionsverhaltens mithilfe eines muskuloskelettalen Menschmodells realisiert.

Eine erste Untersuchung dieses Forschungsgegenstandes in Gestalt einer systematischen Literaturrecherche präzisiert, welches Vorwissen zur Vorhersage menschlichen Interaktionsverhaltens benötigt wird. Eine wesentliche Erkenntnis dieser Untersuchung ist, dass zur Vorhersage menschlichen Interaktionsverhaltens eine Charakterisierung des zu prädizierenden Interaktionsverhaltens erforderlich ist. Daraus ergibt sich die Notwendigkeit, die Aufgabenmodellierung um ein Modell zur Charakterisierung menschlichen Verhaltens zu erweitern. Zudem ergibt sich aus dieser Erkenntnis die Entscheidung, menschliches Interaktionsverhalten in Form von Körperhaltungen abzubilden. Mit diesen Erkenntnissen wird die Gestaltung des Lösungsansatzes konkretisiert und das angestrebte prädiktive Interaktionsmodell entwickelt.

Zur Entwicklung des prädiktiven Interaktionsmodells werden sogenannte elementare Affordanzen identifiziert. Diese sollen wiederkehrende Interaktionskonzepte in der Technik auf eine möglichst kleine Anzahl elementarer Interaktionsmöglichkeiten reduzieren. Zur Identifikation dieser elementaren Affordanzen wird eine Taxonomie entwickelt und mithilfe dieser ein Datensatz semantisch beschriebener Interaktionsmöglichkeiten klassifiziert. Resultat dieser Klassifizierung sind 31 elementare Affordanzen, welche eine mechanische Beschreibung der Zusammenhänge zwischen menschlichen Körperteilen bzw. Endeffektoren und rudimentären (Produkt-) Geometrien beinhalten. Diese elementaren Affordanzen werden als CAD-Features implementiert, welche das Modellieren der angedachten Nutzung an den jeweiligen Bereichen des digitalen Produktmodells ermöglichen. Dadurch wird eine vielseitig anwendbare und zugleich zugängliche Aufgabenmodellierung erreicht. Die Charakterisierung des menschlichen Interaktionsverhaltens erfolgt mithilfe sogenannter Verhaltenskarten. Diese beinhalten eine Ziellösung (Körperhaltung) sowie ein Koordinationsmuster und sollen in Form einer Bibliothek in der Aufgabenmodellierung hinterlegt sein. Durch die Übergabe einer Kombination von Affordanz-Features und Verhaltenskarten werden in einem muskuloskelettalen Simulationstool automatisch kinematische und dynamische Randbedingungen für eine posturale Interaktionsvorhersage erzeugt. Diese verwendet einen kinematischen Optimierungsalgorithmus, welcher die Zielkörperhaltung aus der Verhaltenskarte mithilfe des Koordinationsmusters in die gegebenen kinematischen Randbedingungen fittet. Die resultierende Körperhaltung wird im Nachgang unter Verwendung einer statischen Optimierung und der dynamischen Randbedingungen analysiert. Ergebnis der statischen Optimierung sind die körperinneren Muskel- und Gelenkreaktionskräfte. Zusammen mit den erzeugten Körperhaltungen können diese zur objektiven Bewertung der Mensch-Produkt Interaktion bzw. der Produktergonomie und Gebrauchstauglichkeit herangezogen werden.

Die korrekte technische Funktionalität des entwickelten prädiktiven Interaktionsmodells wird in einer explorativen Simulationsstudie verifiziert. Zugleich werden anfängliche Untersuchung angestellt, die zeigen, wie das Vorwissen in Form der Verhaltenskarten ausgeprägt sein muss, um menschliches Interaktionsverhalten für zwei Anwendungsfälle ausreichend zu charakterisieren. Die Resultate legen nahe, dass zur vertrauenswürdigen Interaktionsvorhersage ein Einmalaufwand zur Charakterisierung menschlichen Verhaltens betrieben werden muss. Abschließend werden im Rahmen einer Anwendungsevaluation Implikationen einer sinnhaften Anwendbarkeit des prädiktiven Interaktionsmodells in der Produktentwicklung aufgezeigt. Dazu werden Interaktionen mit verschiedenen Produktmerkmalskonfigurationen eines fiktiven Ruderstandes sowohl experimentell in einer Probandenstudie als auch simulativ mittels des prädiktiven Interaktionsmodells untersucht. Der Abgleich der Resultate zeigt, dass die gemessenen Körperhaltungen durch das prädiktive Interaktionsmodell zwar nicht reproduziert wurden, jedoch ähnliche, realistische und in der Ganzkörperbeanspruchung übereinstimmende Körperhaltungen erzeugt werden. Entsprechend ist die Implikation einer sinnhaften Anwendbarkeit des prädiktiven Interaktionsmodells gegeben.

Der Erkenntnisgewinn dieser Forschungsarbeit liegt in den neuartigen Methoden, die aufzeigen, wie eine vielseitig anwendbare und zugleich zugängliche Modellierung von Aufgaben zur Interaktionsvorhersage am digitalen Produktmodell erreicht und darauf aufbauend menschliches Interaktionsverhalten mittels digitaler Menschmodelle vorhergesagt und analysiert werden kann. Dieser Erkenntnisgewinn bildet die Grundlage für die Weiterentwicklung dieser Methoden, hin zu einem vollwertigen Computer Aided Ergonomics Tool. Hierzu sollte in weiterführender Forschung ein Repositorium relevanter Verhaltenskarten aufgestellt werden. Zudem sind neuartige Bewertungskonzepte zu erforschen, welche die Interpretation muskuloskelettaler Simulationsergebnisse hinsichtlich Produktergonomie und Gebrauchstauglichkeit ermöglichen. Ferner ist eine weitere Verbesserung der Zugänglichkeit der Aufgabenmodellierung, aber auch der Ergebnisinterpretation durch eine direkte Integration des Menschmodells in die CAD-Umgebung zu prüfen. Außerdem sollte die Möglichkeit einer einfachen Erzeugung spezifischer Menschmodelle in die Methodik integriert werden.

Mit den in dieser Forschungsarbeit entwickelten Methoden sowie der skizzierten weiterführenden Forschung, können neue Möglichkeiten zur proaktiven Bewertung der Mensch-Produkt Interaktion bzw. der Produktergonomie und Gebrauchstauglichkeit erschlossen werden. Diese sind für eine moderne, menschzentrierte Produktentwicklung von entscheidender Bedeutung und können sich zu einer richtungsweisenden Technologie hinsichtlich der Adressierung aktueller Megatrends in Forschung, Wirtschaft und Gesellschaft entwickeln.

9 Summary and Outlook

In the light of current megatrends in research, industry and society, human-centered design is increasingly gaining importance. This especially applies to the fields of product ergonomics and usability, which aim to achieve the best possible interaction between human and product, to enhance safety, comfort, performance, and efficiency of the human-machine system. In addition to conventional user tests, virtual methods using digital human models (DHM) are increasingly applied to ensure human-centred requirements. These methods can be understood as "virtual user tests", which allow for a time- and cost-efficient as well as an early and proactive assessment of user-product interactions.

Proactive DHM-based assessment of human-machine interactions is realized via the utilization of predictive interaction models, which predict human interaction behaviour (posture and movement prediction). Most of the existing interaction models focus on the simulation of occupational processes. This kind of interaction modelling is only conditionally suitable for the evaluation of product ergonomics and usability since they focus process design rather than product design. Existing approaches that explicitly focus the analysis of product design are limited to specific use cases. A predictive interaction model for the analysis of versatile product design, however, is not sufficiently researched, according to the state of the art. In addition, existing proactive DHM tools have only little relevance in engineering design due to manifold deficits. On the one hand many DHM tools offer poor accessibility, when it comes to task modelling. On the other hand, the trustworthiness of the results (posture and movement prediction) is often doubted.

Accordingly, the aim of this thesis is to research and develop a predictive interaction model, consisting of a method for versatile and accessible task modelling and a method for valid prediction of human interaction behaviour. For this purpose, a novel approach is developed, which is based on the concept of affordances, enables task modelling by utilizing affordance features in a CAD environment and realizes the prediction and analysis of human interaction behaviour using a musculoskeletal human model.

An initial study regarding this research aim, in terms of a systematic literature review, reveals which prior knowledge is necessary to predict human interaction behaviour. An essential finding of this investigation is that predicting human behaviour requires an (empirically based) characterization of the human behaviour to be predicted. This resulted in the necessity to extend the task modelling by a model for characterizing human behaviour. In addition, this insight led to the decision to represent human interaction behaviour in terms of body postures. With these findings, the design of the approach is concretized, and the targeted predictive interaction model is developed.

The development of the predictive interaction model is based on the identification of so-called elementary affordances. These are intended to reduce recurring interaction concepts in technology to a small number of elementary interaction possibilities. To identify these elementary affordances, a taxonomy is developed and a data set of semantically described interaction possibilities is classified. The result of this classification are 31 elementary affordances, which contain a mechanical description of the relationships between human body parts or end effectors and rudimentary (product) geometries. These elementary affordances are implemented as CAD features, which allow the modelling of the intended product use at the respective areas of the digital product model. Thus, a versatile and at the same time accessible task modelling is achieved. The characterization of human interaction behaviour is realized with the help of so-called behaviour-cards. These behaviour-cards contain a target solution (posture) as well as a coordination pattern and need to be embedded in the task modelling framework in terms of a database. By providing a combination of affordance features and behaviour-cards, a musculoskeletal simulation tool automatically generates kinematic and dynamic constraints for a posture prediction and analysis. The posture prediction uses a kinematic optimization algorithm that fits the target solution from the behaviour-card into the given kinematic constraints using the coordination pattern. The resulting body posture can subsequently be analysed using a static optimization under dynamic constraints. Result of the static optimization are muscle and joint reaction forces. Alongside the generated body postures, these results can be used for an objective evaluation of human-product interaction or product ergonomics and usability.

The correct technical functionality of the developed predictive interaction model is verified in an explorative simulation study. Additionally, initial investigations were conducted to investigate how distinctive the prior knowledge in terms of the behaviour cards has to be in order to sufficiently characterize human interaction behaviour. The results suggest that for valid posture prediction a onetime study has to be conducted, in order to characterize human behaviour. Finally, an application evaluation shows implications of the applicability, usability, and usefulness of the developed predictive interaction model. For this purpose, interactions with different configurations of a fictitious product are investigated both experimentally in a subject study and simulatively by using the developed predictive interaction model. The comparison of the results showed that realistic postures are produced that are consistent in terms of whole-body strain. Accordingly, the implication of applicability, usability, and usefulness of the predictive interaction model is granted.

The gain of knowledge of this research work lies in the novel methods, which show how a versatile applicable and at the same time accessible modelling of tasks for interaction prediction on the digital product model can be achieved and how human interaction behaviour can be predicted and analysed using DHM. This gain in knowledge forms the basis for the further development of these methods towards a fully-fledged Computer Aided Ergonomics tool. For this purpose, a repository of relevant behaviour-cards should be established in further research. Furthermore, novel evaluation concepts should be explored, which allow the interpretation of musculoskeletal simulation results with respect to product ergonomics and usability. Moreover, a further improvement of the accessibility of the task modelling, but also of the result interpretation could be achieved via a direct integration of the DHM into the CAD environment. Furthermore, the possibility of an accessible generation of specific DHM should be integrated into the methodology.

With the methods developed in this thesis as well as the outlined research, new possibilities for proactive evaluation of human-product interaction as well as product ergonomics and usability can be opened up. These are of crucial importance for modern human-centered design and can mature into a trend-setting technology allowing to address current megatrends in research, economy, and society.

Anhang

A 1 Taxonomieentwicklung & elementare Affordanzen

Tabelle 2: Taxonomie elementarer Affordanzen. In der Tabelle sind die Charakteristiken jeder der vier Dimensionen (fettgedruckt) aufgelistet. Jedes der zu klassifizierenden Objekte (bzw. Interaktionen) lässt sich mit genau einer Charakteristik je Dimension beschreiben. Die Bezeichnung *F* & *M* der Dimension „Dynamische Minimal-Beziehung" beschreibt entlang wie vieler Achsen die Möglichkeit des Kraftaustausches (*F*) bzw. um wie viele Achsen die Möglichkeit zur Übertragung eines Moments (*M*) gegeben ist.

Rudimentärer Affordanzvermittler	**Körperteil / Endeffektor-Haltung**	**Kinematische Min.-Beziehung**	**Dynamische Min.-Beziehung**
Punkt	Hand / Daumenhaltung	Kugelschubgelenk	3 x F & 3 x M
Fläche (Rechteck)	Hand / Fingerbeeren & -seitengriff (drehen)	Plattendrehgelenk	1 x F
Zylinder	Hand / Fingerbeeren & -seitengriff (greifen)	Drehgelenk	3 x F
Quader	Hand / Finger-Zughaltung	Zylindergelenk	3 x F & 1 x M
Kugel	Hand / Flache Hand	Drehschubgelenk	keine
Torus	Hand / Gewölbte Hand	Plattengelenk	
	Hand / Großer Schraubgriff	Kugelgelenk	
	Hand / Handflächengriff	Schubgelenk	
	Hand / Handflächengriff geschlossen		
	Hand / Handflächengriff g. ohne Daumen		
	Hand / Handflächengriff ohne Daumen		
	Hand / Klopfhaltung		
	Hand / Taktstockgriff		
	Hand / Tridigitaler Fingerbeerengriff (drehen)		
	Hand / Tridigitaler Fingerbeerengriff (greifen)		
	Hand / Zeigehaltung		
	Hand / Zughaltung		
	Fuß / Fußflanke dorsal		
	Fuß / Fußflanke medial		
	Fuß / Fuß-Standfläche		
	Auge		
	Brustwirbelsäule		
	Sakrum		
	Sitzbeinhöcker		
	Unterarm		

Tabelle 3: Charakteristik-Kombinationen aller 31 elementarer Affordanzen. Die Nomenklatur entspricht der von Tabelle 2

#	Elementare Affordanz	Rudimentärer Affordanzvermittler	Körperteil / Endeffektor-Haltung	Kinematische Minimal-Beziehung	Dynamische Minimal-Beziehung
1	Augen fokussieren Punkt	Punkt	Auge	Kugelschubgelenk	keine
2	Finger ziehen an Fläche	Fläche (Rechteck)	Hand / Zughaltung	Plattengelenk	3xF & 1xM
3	Daumen drückt gegen Fläche	Fläche (Rechteck)	Hand / Daumenhaltung	Plattendrehgelenk	3xF
4	Finger zieht an Fläche	Fläche (Rechteck)	Hand / Finger-Zughaltung	Plattengelenk	3xF
5	Fingerbeere drückt gegen Fläche	Fläche (Rechteck)	Hand / Klopfhaltung	Plattendrehgelenk	3xF
6	Fingerspitze drückt gegen Fläche	Fläche (Rechteck)	Hand / Zeigehaltung	Plattendrehgelenk	3xF
7	Daumen dreht Zylinder	Zylinder	Hand / Daumenhaltung	Zylindergelenk	3xF
8	Daumen & Finger drehen Zylinder	Zylinder	Hand / Fingerbeeren-Fingerseitengriff (drehen)	Drehschubgelenk	3xF & 3xM
9	Fingerbeeren drehen Zylinder	Zylinder	Hand / Tridigitaler Fingerbeerengriff (drehen)	Drehschubgelenk	3xF & 3xM
10	Daumen & Finger greifen Quader	Quader	Hand / Fingerbeeren-Fingerseitengriff (greifen)	Plattengelenk	3xF & 3xM
11	Fingerbeeren greifen Quader	Quader	Hand / Tridigitaler Fingerbeerengriff (greifen)	Plattengelenk	3xF & 3xM
12	Daumen & Finger greifen Zylinder	Zylinder	Hand / Fingerbeeren-Fingerseitengriff (greifen)	Drehschubgelenk	3xF & 3xM
13	Fingerbeeren greifen Zylinder	Zylinder	Hand / Tridigitaler Fingerbeerengriff (greifen)	Drehschubgelenk	3xF & 3xM
14	Fuß berührt Fläche	Fläche (Rechteck)	Fuß / Fuß-Standfläche	Plattendrehgelenk	3xF & 3xM
15	Fuß berührt Zylinder medial	Zylinder	Fuß / Fußflanke medial	Drehgelenk	1xF
16	Fuß berührt Zylinder dorsal	Zylinder	Fuß / Fußflanke dorsal	Drehgelenk	1xF
17	Fuß berührt Zylinder	Zylinder	Fuß / Fuß-Standfläche	Drehgelenk	3xF & 3xM
18	Gesäß berührt Fläche	Fläche (Rechteck)	Sakrum	Plattendrehgelenk	3xF & 3xM
19	Gesäß besetzt Fläche	Fläche (Rechteck)	Sitzbeinhöcker	Plattendrehgelenk	3xF & 3xM
20	Hand berührt Fläche	Fläche (Rechteck)	Hand / Flache Hand	Plattendrehgelenk	3xF & 3xM
21	Hand dreht Zylinder	Zylinder	Hand / Großer Schraubgriff	Drehgelenk	3xF & 3xM
22	Hand greift Kugel	Kugel	Hand / Gewölbte Hand	Kugelgelenk	3xF & 3xM
23	Hand greift Quader ohne Daumen	Quader	Hand / Handflächengriff ohne Daumen	Schubgelenk	3xF & 3xM
24	Hand greift Quader	Quader	Hand / Handflächengriff	Schubgelenk	3xF & 3xM
25	Hand greift Torus	Torus	Hand / Handflächengriff geschlossen	Drehgelenk	3xF & 3xM
26	Hand greift Torus ohne Daumen	Torus	Hand / Handflächengriff geschlossen ohne Daumen	Drehgelenk	3xF & 3xM
27	Hand greift Zylinder	Zylinder	Hand / Handflächengriff geschlossen	Drehschubgelenk	3xF & 3xM
28	Hand greift Zylinder ohne Daumen	Zylinder	Hand / Handflächengriff geschlossen ohne Daumen	Drehschubgelenk	3xF & 3xM
29	Hand umfasst Zylinder	Zylinder	Hand / Taktstockgriff	Drehschubgelenk	3xF & 3xM
30	Rücken lehnt an Fläche	Fläche (Rechteck)	Brustwirbelsäule	Plattendrehgelenk	3xF & 3xM
31	Unterarme liegen auf Fläche	Fläche (Rechteck)	Unterarm	Drehschubgelenk	3xF & 3xM

Tabelle 4: Vollständige Liste der zu übergebenen Informationen je Affordanz. Die Nomenklatur, bzw. eine Erläuterung der Formelzeichen ist in Kapitel 5.4.1 zu finden.

#	Elementare Affordanz	Obligatorische Daten aus CAD	Obligatorische Spezifikation	Optionale Spezifikation
1	Augen fokussieren Punkt	P_m, P_1, P_2, P_3	keine	keine
2	Finger ziehen an Fläche	$P_m, P_1, P_2, P_3, A'(l,b)$	N_1', N_2'	P_F'
3	Daumen drückt gegen Fläche	$P_m, P_1, P_2, P_3, A'(l,b)$	N_1'	P_F', N_2'
4	Finger zieht an Fläche	$P_m, P_1, P_2, P_3, A'(l,b)$	N_1', N_2'	P_F'
5	Fingerbeere drückt gegen Fläche	$P_m, P_1, P_2, P_3, A'(l,b)$	N_1'	P_F', N_2'
6	Fingerspitze drückt gegen Fläche	$P_m, P_1, P_2, P_3, A'(l,b)$	N_1'	P_F', N_2'
7	Daumen dreht Zylinder	$P_m, P_1, P_2, P_3, A'(l,r)$	keine	P_F', N_1'
8	Daumen & Finger drehen Zylinder	$P_m, P_1, P_2, P_3, A'(l,r)$	N_1'	P_F', N_2'
9	Fingerbeeren drehen Zylinder	$P_m, P_1, P_2, P_3, A'(l,r)$	N_1'	P_F', N_2'
10	Daumen & Finger greifen Quader	$P_m, P_1, P_2, P_3, A'(l,b,h)$	N_1', N_2'	P_F'
11	Fingerbeeren greifen Quader	$P_m, P_1, P_2, P_3, A'(l,b,h)$	N_1', N_2'	P_F'
12	Daumen & Finger greifen Zylinder	$P_m, P_1, P_2, P_3, A'(l,r)$	N_1'	P_F', N_2'
13	Fingerbeeren greifen Zylinder	$P_m, P_1, P_2, P_3, A'(l,r)$	N_1'	P_F', N_2'
14	Fuß berührt Fläche	$P_m, P_1, P_2, P_3, A'(l,b)$	N_1'	P_F', N_2'
15	Fuß berührt Zylinder medial	$P_m, P_1, P_2, P_3, A'(l,r)$	N_1'	P_F', N_2'
16	Fuß berührt Zylinder dorsal	$P_m, P_1, P_2, P_3, A'(l,r)$	N_1'	P_F', N_2'
17	Fuß berührt Zylinder	$P_m, P_1, P_2, P_3, A'(l,r)$	N_1'	P_F', N_2'
18	Gesäß berührt Fläche	$P_m, P_1, P_2, P_3, A'(l,b)$	N_1'	P_F', N_2'
19	Gesäß besetzt Fläche	$P_m, P_1, P_2, P_3, A'(l,b)$	N_1'	P_F', N_2'
20	Hand berührt Fläche	$P_m, P_1, P_2, P_3, A'(l,b)$	N_1'	P_F', N_2'
21	Hand dreht Zylinder	$P_m, P_1, P_2, P_3, A'(l,r)$	N_1'	P_F', N_2'
22	Hand greift Kugel	$P_m, A'(l,r)$	N_1'	P_F', N_2'
23	Hand greift Quader ohne Daumen	$P_m, P_1, P_2, P_3, A'(l,b,h)$	N_1', N_2'	P_F'
24	Hand greift Quader	$P_m, P_1, P_2, P_3, A'(l,b,h)$	N_1', N_2'	P_F'
25	Hand greift Torus	$P_m, P_1, P_2, P_3, A'(r_1,r_2)$	N_1', N_2'	P_F'
26	Hand greift Torus ohne Daumen	$P_m, P_1, P_2, P_3, A'(r_1,r_2)$	N_1', N_2'	P_F'
27	Hand greift Zylinder	$P_m, P_1, P_2, P_3, A'(l,r)$	N_1'	P_F', N_2'
28	Hand greift Zylinder ohne Daumen	$P_m, P_1, P_2, P_3, A'(l,r)$	N_1'	P_F', N_2'
29	Hand umfasst Zylinder	$P_m, P_1, P_2, P_3, A'(l,r)$	N_1'	P_F', N_2'
30	Rücken lehnt an Fläche	$P_m, P_1, P_2, P_3, A'(l,b)$	N_1'	P_F', N_2'
31	Unterarme liegen auf Fläche	$P_m, P_1, P_2, P_3, A'(l,b)$	N_1'	P_F', N_2'

A 2 Explorative Studie

Tabelle 5: Optimal Forces der Reaktionskräfte zwischen Hand und Griff sowie Fuß und Boden. Da die externen Kräfte jeweils parallel zur globalen x- Achse wirken ist die Optimal Force der Hand entlang der x-Achse gleich Null. Die Kraftübertragung zwischen Fuß und Boden ist mittels zweier Kontaktstellen an der Ferse (Calcaneus) und am Ballen (Phalanx proximalis) realisiert.

Interaktion	Raumrichtung global	Optimal Force
Hand - Griff:	PointActuator_x	0 N
	PointActuator_y	100 N
	PointActuator_z	20 N
	TorqueActuator_x	5 Nm
	TorqueActuator_y	5 Nm
	TorqueActuator_z	5 Nm
Fuß - Boden:	PointActuator_x	100 N
(Ferse und Ballen)	PointActuator_y	600 N
	PointActuator_z	100 N
	TorqueActuator_x	5 Nm
	TorqueActuator_y	5 Nm
	TorqueActuator_z	0 Nm

Tabelle 6: Verhaltenskarten des Anwendungsfalls I. Die Gelenkwinkelwerte wurden auf Basis der veröffentlichen Körperhaltungsdaten von Hoffman et al. [112] am verwendeten Menschmodell reproduziert.

	Verhaltenskarte Strategie I-I					**Verhaltenskarte Strategie I-II**					**Verhaltenskarte Strategie I-III**				
Gelenkwinkel	HA 1	HA 2	HA 3	HA 4	*w*	HA 1	HA 2	HA 3	HA 4	*w*	HA 1	HA 2	HA 3	HA 4	*w*
pelvis_tilt	0 °	0 °	0 °	0 °	100.00	0 °	0 °	0 °	0 °	100.00	0 °	0 °	0 °	0 °	100.00
pelvis_list	0 °	0 °	0 °	0 °	100.00	0 °	0 °	0 °	0 °	100.00	0 °	0 °	0 °	0 °	100.00
pelvis_rotation	5 °	5 °	5 °	5 °	100.00	5 °	5 °	5 °	5 °	100.00	0 °	0 °	0 °	0 °	100.00
hip_flexion_r	15 °	15 °	25 °	30 °	10.00	15 °	15 °	25 °	30 °	10.00	25 °	40 °	48 °	57 °	10.00
hip_adduction_r	0 °	0 °	0 °	0 °	10.00	0 °	0 °	0 °	0 °	10.00	0 °	0 °	0 °	0 °	10.00
hip_rotation_r	0 °	0 °	0 °	0 °	10.00	0 °	0 °	0 °	0 °	10.00	0 °	0 °	0 °	0 °	10.00
knee_angle_r	-30 °	-43 °	-63 °	-75 °	10.00	-30 °	-43 °	-63 °	-75 °	10.00	-20 °	-35 °	-43 °	-43 °	10.00
ankle_angle_r	15 °	28 °	38 °	45 °	10.00	15 °	28 °	38 °	45 °	10.00	-5 °	-5 °	-5 °	-14 °	10.00
subtalar_angle_r	0 °	0 °	0 °	0 °	10.00	0 °	0 °	0 °	0 °	10.00	0 °	0 °	0 °	0 °	10.00
hip_flexion_l	15 °	26 °	33 °	40 °	10.00	15 °	26 °	33 °	40 °	10.00	25 °	40 °	48 °	57 °	10.00
hip_adduction_l	0 °	0 °	0 °	0 °	10.00	0 °	0 °	0 °	0 °	10.00	0 °	0 °	0 °	0 °	10.00
hip_rotation_l	0 °	0 °	0 °	0 °	10.00	0 °	0 °	0 °	0 °	10.00	0 °	0 °	0 °	0 °	10.00
knee_angle_l	-10 °	-10 °	-10 °	-10 °	10.00	-10 °	-10 °	-10 °	-10 °	10.00	-20 °	-35 °	-43 °	-43 °	10.00
ankle_angle_l	-5 °	-14 °	-23 °	-30 °	10.00	-5 °	-14 °	-23 °	-30 °	10.00	-5 °	-5 °	-5 °	-14 °	10.00
subtalar_angle_l	0 °	0 °	0 °	0 °	10.00	0 °	0 °	0 °	0 °	10.00	0 °	0 °	0 °	0 °	10.00
lumbar_extension	0 °	0 °	0 °	0 °	10.00	0 °	0 °	0 °	0 °	10.00	0 °	0 °	0 °	0 °	10.00
lumbar_bending	0 °	0 °	0 °	0 °	10.00	0 °	0 °	0 °	0 °	10.00	0 °	0 °	0 °	0 °	10.00
lumbar_rotation	0 °	0 °	0 °	0 °	10.00	0 °	0 °	0 °	0 °	10.00	0 °	0 °	0 °	0 °	10.00
elv_angle_r	60 °	60 °	60 °	60 °	10.00	80 °	80 °	80 °	80 °	10.00	60 °	60 °	60 °	60 °	10.00
shoulder_elv_r	20 °	30 °	40 °	50 °	0.10	59 °	67 °	70 °	75 °	0.10	30 °	45 °	55 °	70 °	0.10
shoulder_rot_r	-60 °	-50 °	-50 °	-30 °	10.00	-50 °	-50 °	-50 °	-50 °	10.00	-30 °	-30 °	-30 °	-30 °	10.00
elbow_flexion_r	90 °	74 °	68 °	59 °	0.10	0 °	0 °	0 °	0 °	10.00	70 °	55 °	45 °	35 °	0.10
pro_sup_r	90 °	90 °	90 °	90 °	0.10	90 °	90 °	90 °	90 °	0.10	90 °	90 °	90 °	40 °	0.10
flexion_r	0 °	0 °	0 °	0 °	0.10	0 °	0 °	0 °	0 °	0.10	0 °	0 °	0 °	0 °	0.10
deviation_r	17 °	17 °	17 °	17 °	0.10	17 °	17 °	17 °	17 °	0.10	17 °	17 °	17 °	17 °	0.10
elv_angle_l	60 °	60 °	60 °	60 °	10.00	80 °	80 °	80 °	80 °	10.00	60 °	60 °	60 °	60 °	10.00
shoulder_elv_l	20 °	30 °	40 °	50 °	0.10	59 °	67 °	70 °	75 °	0.10	30 °	45 °	55 °	70 °	0.10
shoulder_rot_l	-60 °	-50 °	-50 °	-30 °	10.00	-50 °	-50 °	-50 °	-50 °	10.00	-30 °	-30 °	-30 °	-30 °	10.00
elbow_flexion_l	90 °	74 °	68 °	59 °	0.10	0 °	0 °	0 °	0 °	10.00	70 °	55 °	45 °	35 °	0.10
pro_sup_l	90 °	90 °	90 °	90 °	0.10	90 °	90 °	90 °	90 °	0.10	90 °	90 °	90 °	40 °	0.10
flexion_l	0 °	0 °	0 °	0 °	0.10	0 °	0 °	0 °	0 °	0.10	0 °	0 °	0 °	0 °	0.10
deviation_l	17 °	17 °	17 °	17 °	0.10	17 °	17 °	17 °	17 °	0.10	17 °	17 °	17 °	17 °	0.10
neck_pitch	0 °	0 °	0 °	0 °	10.00	0 °	0 °	0 °	0 °	10.00	0 °	0 °	0 °	0 °	10.00
neck_roll	0 °	0 °	0 °	0 °	10.00	0 °	0 °	0 °	0 °	10.00	0 °	0 °	0 °	0 °	10.00
neck_yaw	0 °	0 °	0 °	0 °	10.00	0 °	0 °	0 °	0 °	10.00	0 °	0 °	0 °	0 °	10.00

Tabelle 7: Verhaltenskarten des Anwendungsfalls II. Die Gelenkwinkelwerte wurden angenommen. Die Charakteristika der angenommenen Strategien beziehen sich auf die Strategien aus Anwendungsfall I.

	Verhaltenskarte Strategie II-I					**Verhaltenskarte Strategie II-II**					**Verhaltenskarte Strategie II-III**				
Gelenkwinkel	HA 1	HA 2	HA 3	HA 4	w	HA 1	HA 2	HA 3	HA 4	w	HA 1	HA 2	HA 3	HA 4	w
pelvis_tilt	0°	0°	0°	0°	100.00	0°	0°	0°	0°	100.00	0°	0°	0°	0°	100.00
pelvis_list	0°	-10°	-20°	-30°	100.00	0°	-10°	-20°	-30°	100.00	0°	0°	0°	0°	100.00
pelvis_rotation	0°	0°	0°	0°	100.00	0°	0°	0°	0°	100.00	0°	0°	0°	0°	100.00
hip_flexion_r	-5°	-5°	-5°	-5°	10.00	-5°	-5°	-5°	-5°	10.00	0°	0°	0°	0°	10.00
hip_adduction_r	-1°	-1°	-1°	-1°	10.00	-1°	-1°	-1°	-1°	10.00	-5°	-5°	-5°	-5°	10.00
hip_rotation_r	-10°	-10°	-10°	-10°	10.00	-10°	-10°	-10°	-10°	10.00	-10°	-10°	-10°	-10°	10.00
knee_angle_r	-5°	-5°	-5°	-5°	10.00	-5°	-5°	-5°	-5°	10.00	0°	0°	0°	0°	10.00
ankle_angle_r	10°	10°	10°	10°	10.00	10°	10°	10°	10°	10.00	5°	5°	5°	5°	10.00
subtalar_angle_r	0°	0°	0°	0°	10.00	0°	0°	0°	0°	10.00	10°	10°	10°	10°	10.00
hip_flexion_l	10°	10°	10°	10°	10.00	10°	10°	10°	10°	10.00	0°	0°	0°	0°	10.00
hip_adduction_l	-1°	-1°	-1°	-1°	10.00	-1°	-1°	-1°	-1°	10.00	-5°	-5°	-5°	-5°	10.00
hip_rotation_l	-5°	-5°	-5°	-5°	10.00	-5°	-5°	-5°	-5°	10.00	-10°	-10°	-10°	-10°	10.00
knee_angle_l	-5°	-5°	-5°	-5°	10.00	-5°	-5°	-5°	-5°	10.00	0°	0°	0°	0°	10.00
ankle_angle_l	-5°	-5°	-5°	-5°	10.00	-5°	-5°	-5°	-5°	10.00	5°	5°	5°	5°	10.00
subtalar_angle_l	0°	0°	0°	0°	10.00	0°	0°	0°	0°	10.00	10°	10°	10°	10°	10.00
lumbar_extension	0°	0°	0°	0°	100.00	0°	0°	0°	0°	100.00	0°	0°	0°	0°	100.00
lumbar_bending	0°	0°	0°	0°	100.00	0°	0°	0°	0°	100.00	0°	0°	0°	0°	100.00
lumbar_rotation	0°	0°	0°	0°	100.00	0°	0°	0°	0°	100.00	0°	0°	0°	0°	100.00
elv_angle_r	70°	60°	50°	50°	10.00	84°	90°	97°	105°	10.00	85°	75°	65°	55°	0.10
shoulder_elv_r	60°	50°	45°	45°	0.10	85°	85°	85°	85°	0.10	90°	75°	60°	50°	0.10
shoulder_rot_r	-57°	-47°	-37°	-37°	10.00	-45°	-45°	-45°	-45°	10.00	-50°	-50°	-50°	-50°	10.00
elbow_flexion_r	60°	90°	100°	110°	0.10	0°	0°	0°	0°	10.00	0°	30°	60°	90°	10.00
pro_sup_r	0°	0°	0°	0°	0.10	-20°	-20°	-20°	-20°	0.10	-30°	-30°	-20°	-10°	0.10
flexion_r	0°	0°	0°	0°	0.10	0°	0°	0°	0°	0.10	0°	0°	0°	0°	0.10
deviation_r	15°	15°	10°	0°	0.10	0°	0°	0°	0°	0.10	0°	-5°	-10°	-20°	0.10
elv_angle_l	0°	0°	0°	0°	100.00	0°	0°	0°	0°	100.00	0°	0°	0°	0°	100.00
shoulder_elv_l	0°	0°	0°	0°	100.00	0°	0°	0°	0°	100.00	0°	0°	0°	0°	100.00
shoulder_rot_l	0°	0°	0°	0°	100.00	0°	0°	0°	0°	100.00	0°	0°	0°	0°	100.00
elbow_flexion_l	0°	0°	0°	0°	100.00	0°	0°	0°	0°	100.00	0°	0°	0°	0°	100.00
pro_sup_l	0°	0°	0°	0°	100.00	0°	0°	0°	0°	100.00	0°	0°	0°	0°	100.00
flexion_l	0°	0°	0°	0°	100.00	0°	0°	0°	0°	100.00	0°	0°	0°	0°	100.00
deviation_l	0°	0°	0°	0°	100.00	0°	0°	0°	0°	100.00	0°	0°	0°	0°	100.00
neck_pitch	0°	0°	0°	0°	100.00	0°	0°	0°	0°	100.00	0°	0°	0°	0°	100.00
neck_roll	0°	0°	0°	0°	100.00	0°	0°	0°	0°	100.00	0°	0°	0°	0°	100.00
neck_yaw	0	0	0	0	100.00	0°	0°	0°	0°	100.00	0°	0°	0°	0°	100.00

Kinematischer Fehler

Szenario	Höhe	Kraft	S1 HA1	S1 HA2	S1 HA3	S1 HA4	S2 HA1	S2 HA2	S2 HA3	S2 HA4	S3 HA1	S3 HA2	S3 HA3	S3 HA4
Szenario 1	Standard	80 N	0.05	0.41	0.06	0.13	0.11	0.09	0.12	0.10	0.08	0.11	0.15	0.01
		160 N	0.05	0.41	0.06	0.13	0.11	0.09	0.12	0.10	0.08	0.11	0.15	0.01
		240 N	0.05	0.41	0.06	0.13	0.11	0.09	0.12	0.10	0.08	0.11	0.15	0.01
		320 N	0.05	0.41	0.06	0.13	0.11	0.09	0.12	0.10	0.08	0.11	0.15	0.01
	+ 10 cm	80 N	0.05	0.05	0.08	0.35	0.13	0.11	0.13	0.12	0.11	0.14	0.16	0.02
		160 N	0.05	0.05	0.08	0.35	0.13	0.11	0.13	0.12	0.11	0.14	0.16	0.02
		240 N	0.05	0.05	0.08	0.35	0.13	0.11	0.13	0.12	0.11	0.14	0.16	0.02
		320 N	0.05	0.05	0.08	0.35	0.13	0.11	0.13	0.12	0.11	0.14	0.16	0.02
	- 10 cm	80 N	0.07	0.04	0.06	0.11	0.11	0.09	0.11	0.10	0.08	0.17	0.11	0.02
		160 N	0.07	0.04	0.06	0.11	0.11	0.09	0.11	0.10	0.08	0.17	0.11	0.02
		240 N	0.07	0.04	0.06	0.11	0.11	0.09	0.11	0.10	0.08	0.17	0.11	0.02
		320 N	0.07	0.04	0.06	0.11	0.11	0.09	0.11	0.10	0.08	0.17	0.11	0.02
Szenario 2	Standard	10 N	0.07	0.11	0.13	0.14	0.06	0.07	0.09	0.11	0.04	0.03	0.03	0.04
		20 N	0.07	0.11	0.13	0.14	0.06	0.07	0.09	0.11	0.04	0.03	0.03	0.04
		30 N	0.07	0.11	0.13	0.14	0.06	0.07	0.09	0.11	0.04	0.03	0.03	0.04
		40 N	0.07	0.11	0.13	0.14	0.06	0.07	0.09	0.11	0.04	0.03	0.03	0.04
	+ 10 cm	10 N	0.10	0.16	0.20	0.21	0.05	0.06	0.08	0.10	0.03	0.03	0.04	0.20
		20 N	0.10	0.16	0.20	0.21	0.05	0.06	0.08	0.10	0.03	0.03	0.04	0.20
		30 N	0.10	0.16	0.20	0.21	0.05	0.06	0.08	0.10	0.03	0.03	0.04	0.20
		40 N	0.10	0.16	0.20	0.21	0.05	0.06	0.08	0.10	0.03	0.03	0.04	0.20
	- 10 cm	10 N	0.05	0.08	0.15	0.11	0.24	0.27	0.31	0.35	0.28	0.04	0.03	0.04
		20 N	0.05	0.08	0.15	0.11	0.24	0.27	0.31	0.35	0.28	0.04	0.03	0.04
		30 N	0.05	0.08	0.15	0.11	0.24	0.27	0.31	0.35	0.28	0.04	0.03	0.04
		40 N	0.05	0.08	0.15	0.11	0.24	0.27	0.31	0.35	0.28	0.04	0.03	0.04

(S1 = Strategie 1, S2 = Strategie 2, S3 = Strategie 3)

Bild 62: Heatmap der kinematischen Fehler der prädiktiven Interaktionsvorhersage. Der kinematische Fehler entspricht der summierten gewichteten quadratischen Abweichung der prädizierten Gelenkwinkel von den vorgegebenen Ziel-Gelenkwinkeln (siehe Zielfunktion (14)).

A 3 Anwendungsevaluation

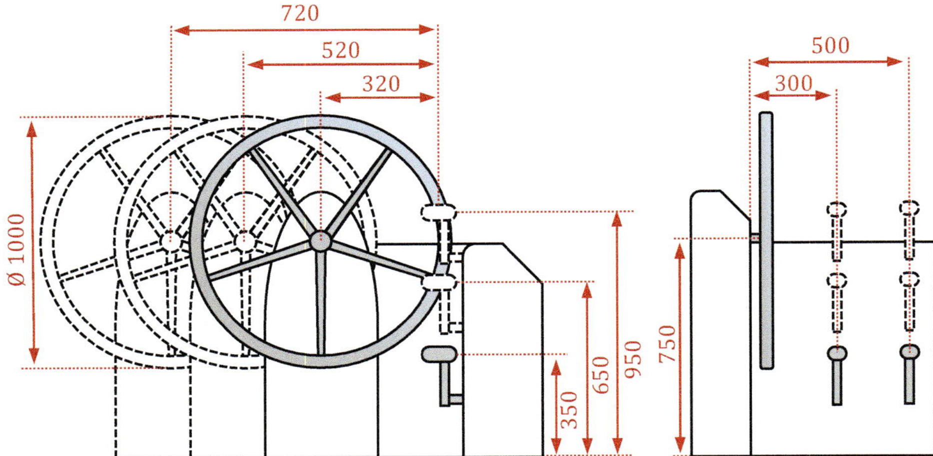

Bild 63: Konkrete Abmessungen der einzelnen Produktmerkmalskonfigurationen des untersuchten Ruderstandes in mm. Die Darstellung dient der Visualisierung und ist nicht maßstabsgetreu.

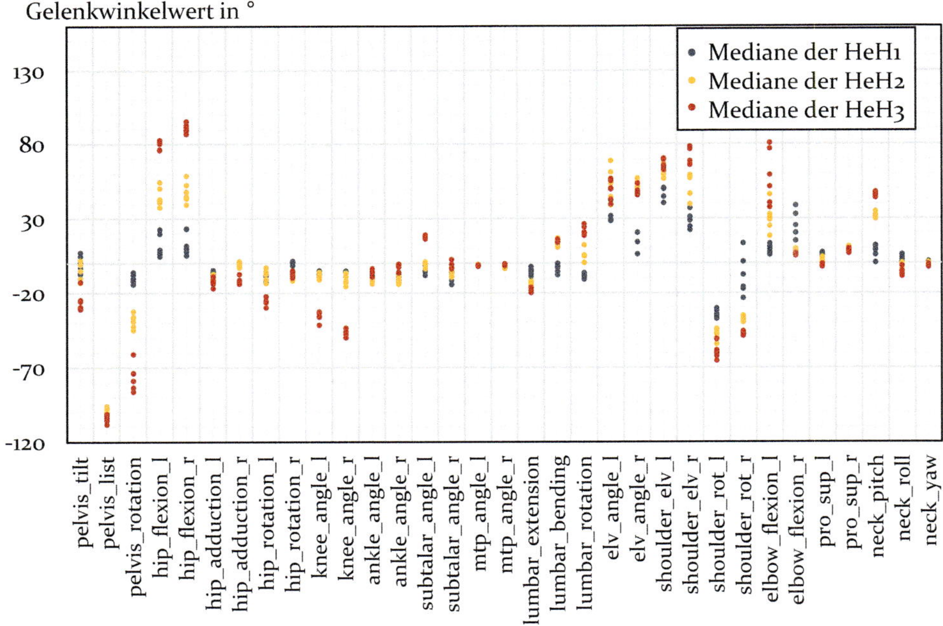

Bild 64: Mediane der Gelenkwinkel aller repräsentativen Körperhaltungen je Produktmerkmalskonfiguration. Dabei sind die Mediane der repräsentativen Körperhaltungen gleicher Hebelhöhe mit jeweils einer Farbe gekennzeichnet (siehe Legende). Hier sind charakteristische Gelenkwinkelmuster je Hebelhöhe zu erkennen. Mit solchen und ähnlichen Analysen der repräsentativen Körperhaltungen wurden die Verhaltenskarten zur Charakterisierung des menschlichen Interaktionsverhaltens in der Anwendungsevaluation identifiziert.

Tabelle 8: Verwendete Skala zur Einschätzung des Diskomfort in Anlehnung an den CP-50 Score [97].

0	1	2	3	4	5	6
komfortabel	kaum	leicht	mittelmäßig	stark	äußerst	maximal
			unkomfortabel			

Tabelle 9: Identifizierte Verhaltenskarten (Gelenkwinkelwerte und Koordinationsmuster) der Anwendungsevaluation. Die Verhaltenskarten I, II und III wurden jeweils für die prädiktiven Simulationen der HeH 1, 2 und 3 verwendet.

	Verhaltenskarte I		Verhaltenskarte II		Verhaltenskarte III	
Gelenkwinkel	q	w	q	w	q	w
hip_flexion_r	11 °	202.50	46 °	202.50	91 °	202.50
hip_adduction_r	0 °	202.50	-1 °	202.50	-11 °	202.50
hip_rotation_r	1 °	202.50	-8 °	202.50	-6 °	202.50
knee_angle_r	-6 °	202.50	-10 °	202.50	-57 °	202.50
ankle_angle_r	3 °	202.50	1 °	202.50	10 °	202.50
subtalar_angle_r	-6 °	202.50	-6 °	202.50	-3 °	202.50
hip_flexion_l	9 °	202.50	42 °	202.50	81 °	202.50
hip_adduction_l	-6 °	202.50	-9 °	202.50	-12 °	202.50
hip_rotation_l	-9 °	202.50	-9 °	202.50	-24 °	202.50
knee_angle_l	-7 °	202.50	-8 °	202.50	-44 °	202.50
ankle_angle_l	4 °	202.50	1 °	202.50	1 °	202.50
subtalar_angle_l	-5 °	202.50	0 °	202.50	0 °	202.50
lumbar_extension	-5 °	202.50	-13 °	202.50	-17 °	202.50
lumbar_bending	-3 °	32.40	13 °	32.40	15 °	32.40
lumbar_rotation	-8 °	8.10	5 °	8.10	20 °	8.10
elv_angle_r	33 °	8.10	52 °	8.10	48 °	8.10
shoulder_elv_r	30 °	8.10	52 °	8.10	73 °	8.10
shoulder_rot_r	-12 °	8.10	-37 °	8.10	-47 °	8.10
elbow_flexion_r	23 °	2.03	8 °	2.03	6 °	2.03
pro_sup_r	60 °	0.10	60 °	0.10	60 °	0.10
flexion_r	-68 °	0.10	-68 °	0.10	-68 °	0.10
deviation_r	10 °	0.10	0 °	0.10	0 °	0.10
elv_angle_l	36 °	0.50	55 °	0.50	50 °	0.50
shoulder_elv_l	50 °	0.50	60 °	0.50	68 °	0.50
shoulder_rot_l	-34 °	0.50	-47 °	0.50	-60 °	0.50
elbow_flexion_l	8 °	0.10	30 °	0.10	55 °	0.10
pro_sup_l	6 °	0.10	2 °	0.10	-2 °	0.10
flexion_l	-12 °	0.10	-12 °	0.10	-12 °	0.10
deviation_l	25 °	0.10	25 °	0.10	25 °	0.10
neck_pitch	9 °	810.00	32 °	810.00	47 °	810.00
neck_roll	5 °	810.00	-1 °	810.00	-6 °	810.00
neck_yaw	1 °	810.00	0 °	810.00	-2 °	810.00

Tabelle 10: Probandendaten der Anwendungsevaluation

	Proband_1	**Proband_2**	**Proband_3**	**Proband_4**	**Proband_5**
Körpergröße [cm]	182.5	187	193	182.5	185.5
Alter [Jahre]	25	27	27	28	28
Gewicht [kg]	83	85	90	76	84

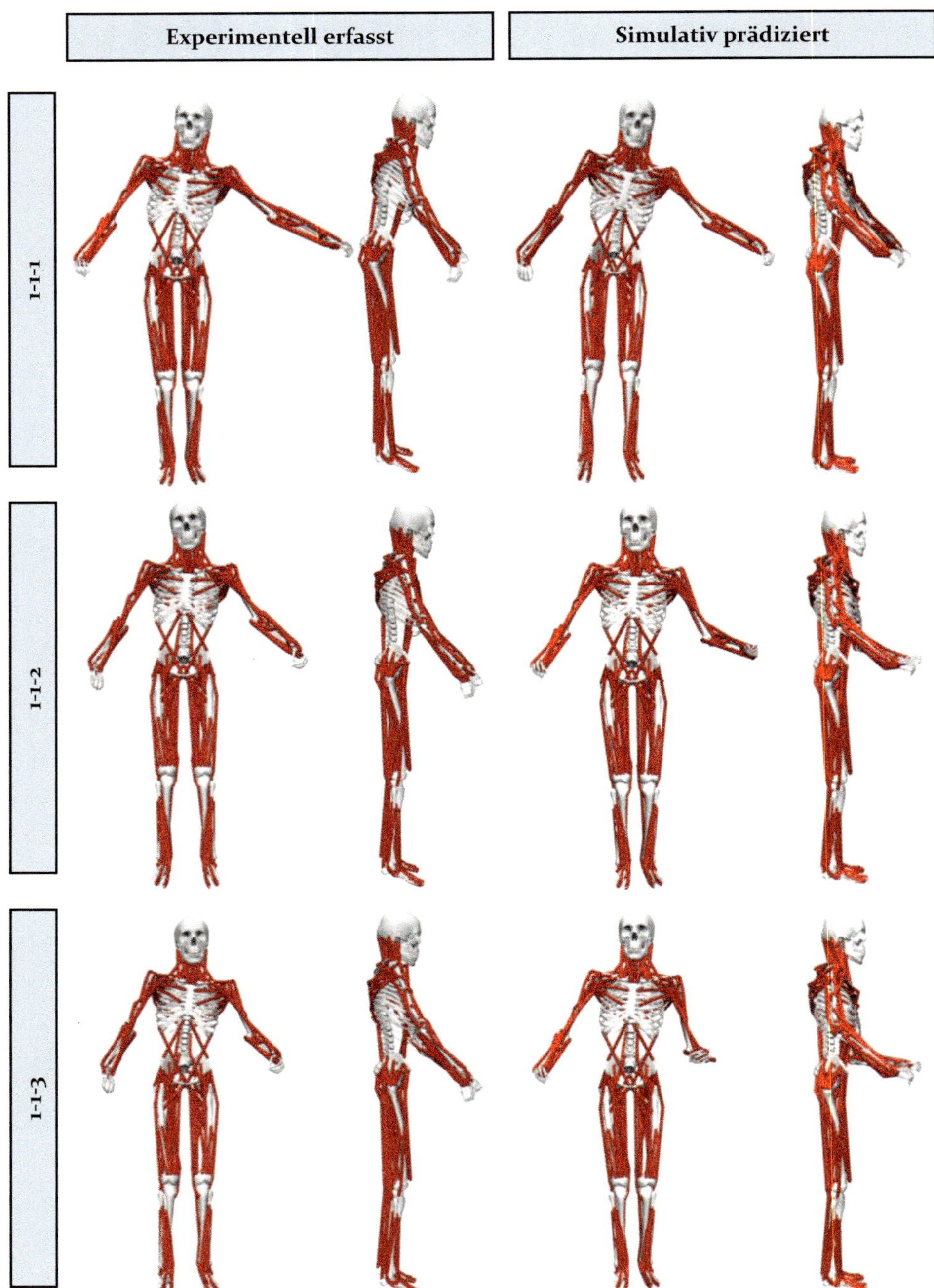

Bild 65: Links: Experimentell gemessene Körperhaltungen der Produktmerkmalskonfiguration 1-1-1, 1-1-2 und 1-1-3 dargestellt mithilfe des auf Proband 4 skalierten muskuloskelettalen Menschmodells in frontaler und seitlicher Ansicht; Rechts: Prädiktiv erzeugte Körperhaltung der Produktmerkmalskonfiguration 1-1-1, 1-1-2 und 1-1-3 mithilfe des auf Proband 4 skalierten muskuloskelettalen Menschmodells in frontaler und seitlicher Ansicht.

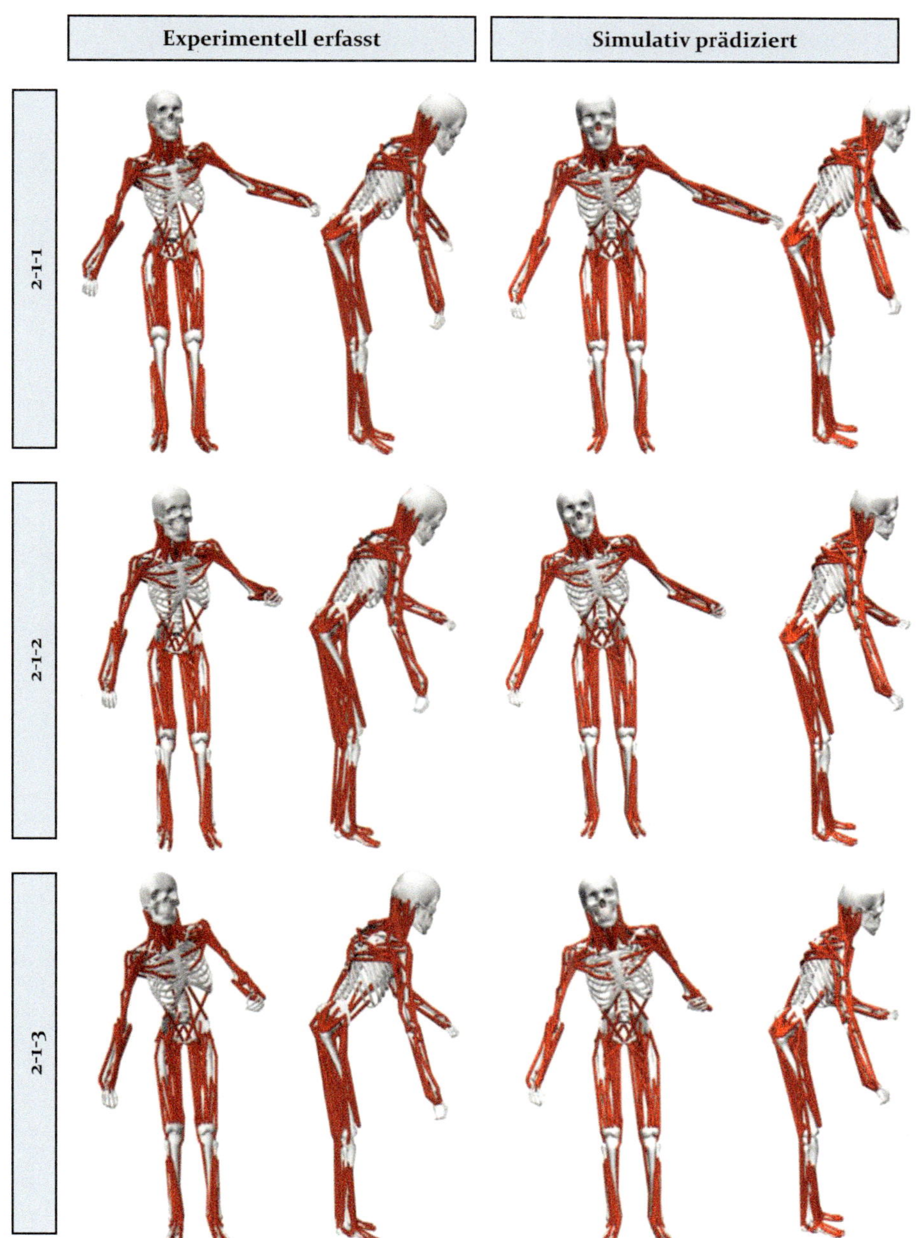

Bild 66: Links: Experimentell gemessene Körperhaltungen der Produktmerkmalskonfiguration 2-1-1, 2-1-2 und 2-1-3 dargestellt mithilfe des auf Proband 4 skalierten muskuloskelettalen Menschmodells in frontaler und seitlicher Ansicht; Rechts: Prädiktiv erzeugte Körperhaltung der Produktmerkmalskonfiguration 2-1-1, 2-1-2 und 2-1-3 mithilfe des auf Proband 4 skalierten muskuloskelettalen Menschmodells in frontaler und seitlicher Ansicht.

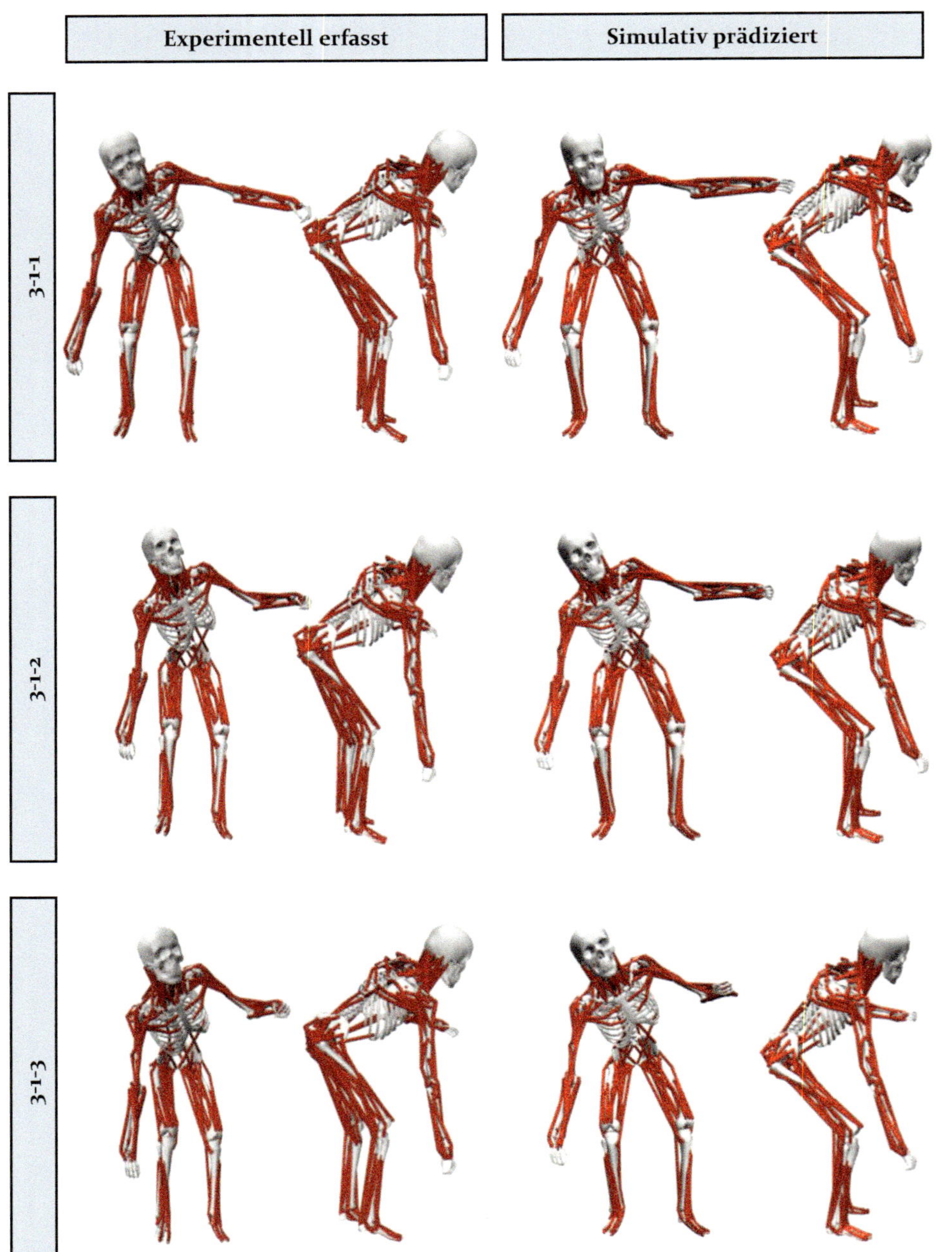

Bild 67: Links: Experimentell gemessene Körperhaltungen der Produktmerkmalskonfiguration 3-1-1, 3-1-2 und 3-1-3 dargestellt mithilfe des auf Proband 4 skalierten muskuloskelettalen Menschmodells in frontaler und seitlicher Ansicht; Rechts: Prädiktiv erzeugte Körperhaltung der Produktmerkmalskonfiguration 3-1-1, 3-1-2 und 3-1-3 mithilfe des auf Proband 4 skalierten muskuloskelettalen Menschmodells in frontaler und seitlicher Ansicht.

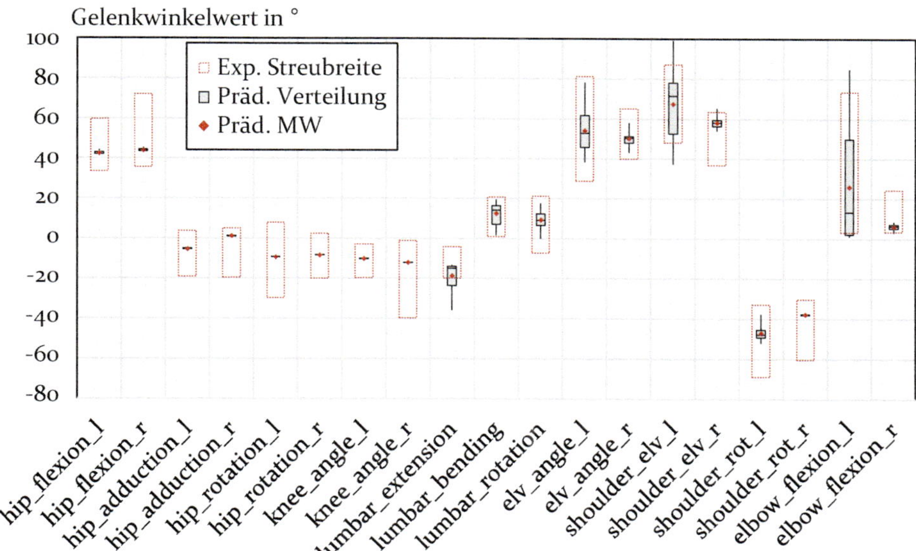

Bild 68: Verteilung (Boxplot) sowie die Mittelwerte (MW) ausgewählter Gelenkwinkelwerte aller prädizierten Körperhaltungen der HeH 2 sowie Streubreite aller experimentell ermittelten Körperhaltungen der HeH 2. Der Boxplot zeigt den Median (schwarze Linie in der Box), den Bereich vom 2. Quantil bis zum 3. Quantil (graue Box) sowie die Streubreite (bzw. den Bereich zum 1. Quantil und 4.Quantil) in Form der Whisker.

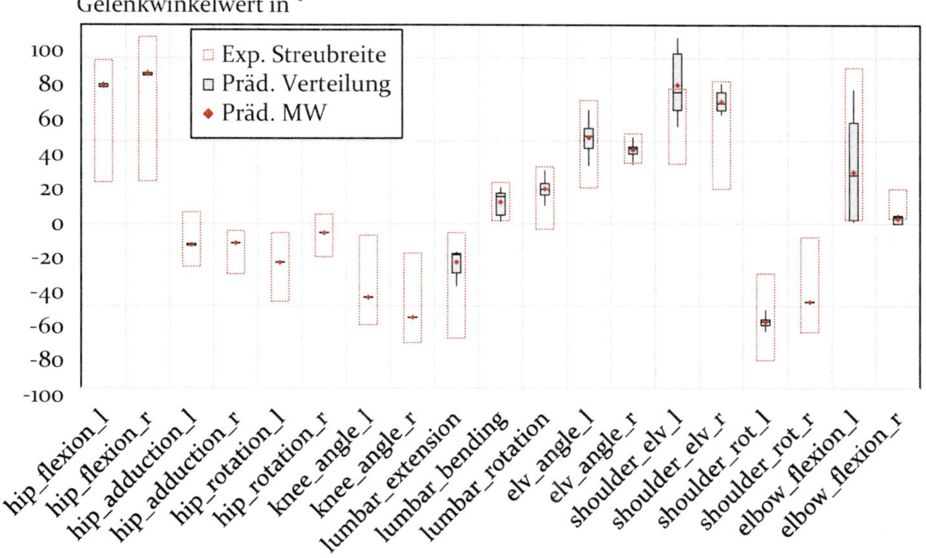

Bild 69: Verteilung (Boxplot) sowie die Mittelwerte (MW) ausgewählter Gelenkwinkelwerte aller prädizierten Körperhaltungen der HeH 3 sowie Streubreite aller experimentell ermittelten Körperhaltungen der HeH 3. Der Boxplot zeigt den Median (schwarze Linie in der Box), den Bereich vom 2. Quantil bis zum 3. Quantil (graue Box) sowie die Streubreite (bzw. den Bereich zum 1. Quantil und 4.Quantil) in Form der Whisker.

Literaturverzeichnis

[1] ABDEL-MALEK, Karim; ARORA, Jasbir; BHATT, Rajan; FARRELL, Kimberly; MURPHY, Chris; KREGEL, Kevin: Santos. In: SCATAGLINI, Sofia; PAUL, Gunther (Hrsg.): DHM and posturography. London: Academic Press, 2019, S. 63–77.

[2] ABDEL-MALEK, Karim; ARORA, Jasbir; YANG, Jingzhou; MARLER, Timothy; BECK, Steve; SWAN, Colby; LAW, Laura Frey; KIM, Joo; BHATT, Rajan; MATHAI, Anith; MURPHY, Chris; RAHMATALLA, Salam; PATRICK, Amos; OBUSEK, John: A physics-based digital human model. International Journal of Vehicle Design 51 (2009), 3/4, S. 324.

[3] ACKERMANN, Marko; VAN DEN BOGERT, Antonie J.: Optimality principles for model-based prediction of human gait. Journal of Biomechanics 43 (2010), Nr. 6, S. 1055–1060.

[4] ADLER, M.: Ergonomiekompendium. Anwendung ergonomischer Regeln und Prüfung der Gebrauchstauglichkeit von Produkten. 1. Aufl. Dortmund: BAuA, 2010.

[5] AHASAN, Rabiul; IMBEAU, Daniel: Who belongs to ergonomics? An examination of the human factors community. Work Study 52 (2003), Nr. 3, S. 123–128.

[6] AHMED, S.; IRSHAD, L.; DEMIREL, H. O.; TUMER, I. Y.; DUFFY, V. G.: A comparison between virtual reality and digital human modeling for proactive ergonomic design. Lecture Notes in Computer Science 11581 LNCS (2019), S. 3–21.

[7] AIT EL MENCEUR, Mohand Ouidir; PUDLO, Philippe; GORCE, Philippe; LEPOUTRE, François-Xavier: A numerical tool to simulate the kinematics of the ingress movement in variably-dimensioned vehicles for elderly and/or persons with prosthesis. International Journal of Industrial Ergonomics 47 (2015), S. 9–29.

[8] AKAO, Yōji (Hrsg.): Quality function deployment. Integrating customer requirements into product design. Cambridge, Mass.: Productivity Press, 1990.

[9] ALBERS, A.; BURKHARDT, N.; MEBOLDT, M.; SAAK, M.: SPALTEN Problem Solving Methodology in the Product Development. In: SAMUEL, Andrew E. (Hrsg.): Engineering design and the global economy. 15th International Conference on Engineering Design - ICED 05, S. 553–554.

[10] ALBERS, A.; MEBOLDT, M.: A New Approach in Product Development based on Systems Engineering and Systematic Problem Solving. In: VANEK, V. (Hrsg.): DS 41: Proceedings of AEDS 2006 Workshop, Pilsen, 2006, S. 5–12.

[11] ALEXANDER, Thomas; PAUL, Gunther: Ergonomic DHM systems: Limitations and trends - A literature review focused on the 'future of ergonomics'. In: 3rd International Digital Human Modeling Symposium. 20-22 May, Tokyo, 2014.

[12] ALEXOPOULOS, K.; MAVRIKIOS, D.; PAPPAS, M.; NTELIS, E.; CHRYSSOLOURIS, G.: Multi-criteria upper-body human motion adaptation. International Journal of Computer Integrated Manufacturing 20 (2007), Nr. 1, S. 57–70.

[13] ANDERSEN, M. S.; DAMSGAARD, M.; MACWILLIAMS, B.; RASMUSSEN, J.: A computationally efficient optimisation-based method for parameter identification of kinematically determinate and over-determinate biomechanical systems. Computer Methods in Biomechanics and Biomedical Engineering 13 (2010), Nr. 2, S. 171–183.

[14] ANDERSEN, M. S.; DAMSGAARD, M.; RASMUSSEN, J.: Force-dependent kinematics: a new analysis method for non-conforming joints. In: XIII International Symposium on Computer Simulation in Biomechanics. Leuven, 2011.

[15] ANDERSON, Frank C.; PANDY, Marcus G.: Dynamic Optimization of Human Walking. Journal of Biomechanical Engineering 123 (2001), Nr. 5, S. 381.

[16] APPELL, Hans-Joachim; STANG-VOSS, Christiane; BATTERMANN, Niels: Funktionelle Anatomie. Grundlagen sportlicher Leistung und Bewegung. Springer E-book Collection. 4., vollst. überarb. Aufl. Berlin: Springer, 2008.

[17] BAERLOCHER, Paolo; BOULIC, Ronan: An inverse kinematics architecture enforcing an arbitrary number of strict priority levels. The Visual Computer 20 (2004), Nr. 6, S. 402–417.

[18] BAILEY, Kenneth D. (Hrsg.): Typologies and taxonomies. An introduction to classification techniques. [Nachdr.]. Thousand Oaks, Calif.: Sage Publ, 2003.

[19] BARONE, Sandro; CURCIO, Alessandro: A computer-aided design-based system for posture analyses of motorcycles. Journal of Engineering Design 15 (2004), Nr. 6, S. 581–595.

[20] BAUER, Sebastian; SYLAJA, Vipin Jayan; FRITZSCHE, Lars; ULLMANN, Sascha: Task-based digital human simulation with Editor for Manual work Activities - Basic functionalities, applications, and future works. In: SCATAGLINI, Sofia; PAUL, Gunther (Hrsg.): DHM and posturography. London: Academic Press, 2019, S. 57–62.

[21] BENDER, Beate; GERICKE, Kilian (Hrsg.): Pahl/Beitz Konstruktionslehre. Berlin, Heidelberg: Springer Berlin Heidelberg, 2021.

[22] BERNARD, F.; ZARE, M.; SAGOT, J.-C.; PAQUIN, R.: Using Digital and Physical Simulation to Focus on Human Factors and Ergonomics in Aviation Maintainability. Human Factors (2019).

[23] BETZ, Konstanze: Nikolai A. Bernstein: vergessene Ursprünge der modernen Bewegungswissenschaften. Manuelle Medizin 57 (2019), Nr. 4, S. 272–279.

[24] BHISE, Vivek Dattatray: Ergonomics in the automotive design process. Boca Raton: CRC Press, 2012.

[25] BICHLER, Rapahel Jakob: Biomechanik und Fahrzeugentwicklung. Erstellung und Anwendung eines Modells zur virtuellen Beurteilung des Ein- und Ausstiegs. Dissertation, Internationaler Fachverlag für Wissenschaft & Praxis.

[26] BIERMANN, H.; WEIßMANTEL, H.: Regelkatalog SENSI-Geräte: bedienerfreundlich und barrierefrei durch das richtige Design. 2. Aufl. Darmstadt: Inst. für Elektromechanische Konstruktionen, 1998.

[27] BJÖRKENSTAM, Staffan; DELFS, Niclas; CARLSON, Johan S.; BOHLIN, Robert; LENNARTSON, Bengt: Enhancing Digital Human Motion Planning of Assembly Tasks Through Dynamics and Optimal Control. In: SÖDERBERG, Rikard (Hrsg.): 6th CIRP Conference on Assembly Technologies and Systems (CATS): Procedia CIRP, S. 20–25.

[28] BLESSING, Lucienne T.M.; CHAKRABARTI, Amaresh: DRM, a Design Research Methodology. London: Springer London, 2009.

[29] BOCHTLER, Wolfgang; LAUFENBERG, Ludger: Simultaneous Engineering. Erfahrungen aus der Industrie für die Industrie. EVERSHEIM, Walter (Hrsg.). Berlin, Heidelberg: Springer Berlin Heidelberg, 1995.

[30] BOGEY, R. A.; PERRY, J.; GITTER, A. J.: An EMG-to-force processing approach for determining ankle muscle forces during normal human gait. IEEE transactions on neural systems and rehabilitation engineering : a publication of the IEEE Engineering in Medicine and Biology Society 13 (2005), Nr. 3, S. 302–310.

[31] BOHLIN, R.; DELFS, R., HANSON, L.; CARLSON, J. S.: Automatic Creation of Virtual Manikin Motions Maximizing Comfort in Manual Assembly Processes. In: JACK HU, S. (Hrsg.): Technologies and Systems for Assembly Quality, Productivity and Customization : Proceedings of the 4th CIRP Conference on Assembly Technologies and Systems. Michigan, USA, 2012, S. 209–212.

[32] BÖNIG, J.; PERRET, J.; FISCHER, C.; WECKEND, H.; DÖBEREINER, F.; FRANKE, J.; CHEN F.F.: Creating realistic human model motion by hybrid motion capturing interfaced with the digital environment. FAIM 2014 - Proceedings of the 24th International Conference on Flexible Automation and Intelligent Manufacturing: Capturing Competitive Advantage via Advanced Manufacturing and Enterprise Transformation (2014).

[33] BONNEY, M. C.; EVERSHED, D. G.; ROBERTS, E. A.: SAMMIE - A computer model of man and his environment. Manuscript of a paper presented at the 1969 annual scientific meeting of the ergonomics research society (1969).

[34] BOWKER, Geoffrey C.; STAR, Susan Leigh: Sorting things out. Classification and its consequences. Inside technology. First paperback edition. Cambridge, Massachusetts, London, England: The MIT Press, 2000.

[35] BOYD, S.; VANDENBERGHE, L.: Convex Optimization: Cambridge University Press, 2004.

[36] BROBERG, Ole: Integrating ergonomics into the product development process. International Journal of Industrial Ergonomics 19 (1997), Nr. 4, S. 317–327.

[37] BUBB, H.: Geleitwort zum Homo Sapiens Digitalis. In: BULLINGER-HOFFMANN, Angelika C.; MÜHLSTEDT, Jens (Hrsg.): Homo Sapiens Digitalis - Virtuelle Ergonomie und digitale Menschmodelle. Berlin, Heidelberg: Springer Berlin Heidelberg, 2016, S. VII–X.

[38] BUBB, H.: Why do we need digital human models? In: SCATAGLINI, Sofia; PAUL, Gunther (Hrsg.): DHM and posturography. London: Academic Press, 2019, S. 7–32.

[39] BUBB, Heiner: Computer aided tools of ergonomics and system design. Human Factors and Ergonomics in Manufacturing 12 (2002), Nr. 3, S. 249–265.

[40] BUBB, Heiner; BENGLER, Klaus; GRÜNEN, Rainer E.; VOLLRATH, Mark: Automobilergonomie. Wiesbaden: Springer Fachmedien Wiesbaden, 2015.

[41] CARRUTH, D. W.; DUFFY, V. G.: Integrating cognitive and digital human models for virtual product design. In: CHEBYKIN, Olexiy Ya; BEDNY, Gregory; KARWOWSKI, Waldemar (Hrsg.): Ergonomics and Psychology: CRC Press, 2008.

[42] CHAFFIN, D. B.: Improving digital human modelling for proactive ergonomics in design. Ergonomics 48 (2005), Nr. 5, S. 478–491.

[43] CHAFFIN, D. B.: Some Requirements and Fundamental Issues in Digital Human Modeling. In: DUFFY, Vincent G. (Hrsg.): Handbook of Digital Human Modeling. Research for Applied Ergonomics and Human Factors Engineering. 1st: CRC Press, 2016, 2.1-2.9.

[44] CHAFFIN, D. B.; FARAWAY, J.; ZHANG, X.: Simulating reach motions. SAE Technical Papers (1999).

[45] CHAFFIN, Don B.: On simulating human reach motions for ergonomics analyses. Human Factors and Ergonomics in Manufacturing 12 (2002), Nr. 3, S. 235–247.

[46] CHAFFIN, Don B.; NELSON, Cynthia: Digital human modeling for vehicle and workplace design. Warrendale [PA]: SAE, 2001.

[47] CHANDLER, R.; CLAUSER, C.; MCCONVILLE, J.; REYNOLDS, H.; YOUNG, J.: Investigation of inertial properties of the human body. In: Technical Report AMRL-TR-74-137. Dayton: Aerospace Medical Research Laboratory, 1975.

[48] CHANG, Chun-Ming; TSAI, Jeffrey J.P.: Ergonomic Designs Based on Musculoskeletal Models. In: 2011 11th IEEE International Conference on Bioinformatics and Bioengineering. 24-26 Oct. 2011 : Taichung, Taiwan. Los Alamitos, CA: IEEE Computer Society, 2011, S. 112–116.

[49] CHARLAND, Julie: Virtual Ergonomics by Dassault Systèmes. In: SCATAGLINI, Sofia; PAUL, Gunther (Hrsg.): DHM and posturography. London: Academic Press, 2019, S. 97–103.

[50] CORLETT, Esmond N. (Hrsg.): The Ergonomics of working postures. Models, methods and cases ; proceedings of the First International Occupational Ergonomics Symposium, Zadar, Yugoslavia, 15 - 17 April 1985. London: Taylor and Francis, 1986.

[51] CROWNINSHIELD, Roy D.; BRAND, Richard A.: A physiologically based criterion of muscle force prediction in locomotion. Journal of Biomechanics 14 (1981), Nr. 11, S. 793–801.

[52] DAMSGAARD, Michael; RASMUSSEN, John; CHRISTENSEN, Søren Tørholm; SURMA, Egidijus; ZEE, Mark de: Analysis of musculoskeletal systems in the AnyBody Modeling System. Simulation Modelling Practice and Theory 14 (2006), Nr. 8, S. 1100–1111.

[53] DANIELLOU, F.; GARRIGOU, A.: Human Factors in design: Sociotechnics or ergonomics. In: HELANDER, Martin G.; HELANDER, Martin; NAGAMACHI, Mitsuo (Hrsg.): Design for manufacturability. A systems approach to concurrent engineering and ergonomics. London: Taylor & Francis, 1992, S. 55–63.

[54] DANNESKIOLD-SAMSØE, B.; BARTELS, E. M.; BÜLOW, P. M.; LUND, H.; STOCKMARR, A.; HOLM, C. C.; WÄTJEN, I.; APPLEYARD, M.; BLIDDAL, H.: Isokinetic and isometric muscle strength in a healthy population with special reference to age and gender. Acta physiologica (Oxford, England) 197 Suppl 673 (2009), S. 1–68.

[55] DATECH (Hrsg.): DATech-Prüfhandbuch Gebrauchstauglichkeit. Leitfaden für die ergonomische Evaluierung von interaktiven Systemen auf Grundlage von DIN EN ISO 9241, Teile 10 und 11. 3.2. Aufl. Frankfurt, 2006.

[56] DELFS, N.; GUSTAFSSON, S.; CARLSON, J. S.; BOHLIN, R.; MÅRDBERG, P.: Comparison of algorithms for automatic creation of virtual manikin motions. In: DUFFY, Vincent G. (Hrsg.): Advances in applied human modeling and simulation. Online-ausg. Boca Raton: CRC Press, 2012.

[57] DELP, S. L.; LOAN, J. P.: A computational framework for simulating and analyzing human and animal movement. Computing in Science & Engineering 2 (2000), Nr. 5, S. 46–55.

[58] DELP, Scott L.; ANDERSON, Frank C.; ARNOLD, Allison S.; LOAN, Peter; HABIB, Ayman; JOHN, Chand T.; GUENDELMAN, Eran; THELEN, Darryl G.: OpenSim. Open-source software to create and analyze dynamic simulations of movement. IEEE transactions on bio-medical engineering 54 (2007), Nr. 11, S. 1940–1950.

[59] DEMBIA, Christopher L.; BIANCO, Nicholas A.; FALISSE, Antoine; HICKS, Jennifer L.; DELP, Scott L.: OpenSim Moco: Musculoskeletal optimal control. bioRxiv (2019), S. 839381.

[60] 2008: DIN 33402-1:2008-03- Ergonomie - Körpermaße des Menschen - Teil 1: Begriffe, Messverfahren. Berlin: Beuth Verlag.

[61] 2005: DIN 33402-2:2005-12- Ergonomie - Körpermaße des Menschen - Teil 2: Werte. Berlin: Beuth Verlag.

[62] 1984: DIN 33402-3:1984-10- Körpermaße des Menschen; Bewegungsraum bei verschiedenen Grundstellungen und Bewegungen. Berlin: Beuth Verlag.

[63] 1982: DIN 33411-1:1982-09- Körperkräfte des Menschen; Begriffe, Zusammenhänge, Bestimmungsgrößen. Berlin: Beuth Verlag.

[64] 1987: DIN 33411-4:1987-05- Körperkräfte des Menschen; Maximale statische Aktionskräfte (Isodynen). Berlin: Beuth Verlag.

[65] 2016: DIN EN ISO 6385:2016-12- Grundsätze der Ergonomie für die Gestaltung von Arbeitssystemen. Berlin: Beuth Verlag.

[66] 2018: DIN EN ISO 9241-11:2018-11- Ergonomie der Mensch-System-Interaktion - Teil 11: Gebrauchstauglichkeit: Begriffe und Konzepte. Berlin: Beuth Verlag.

[67] 2020: DIN EN ISO 9241-210:2020-03- Ergonomie der Mensch-System-Interaktion - Teil 210: Menschzentrierte Gestaltung interaktiver Systeme. Berlin: Beuth Verlag.

[68] DONS, B.; BOLLERUP, K.; BONDE-PETERSEN, F.; HANCKE, S.: The effect of weight-lifting exercise related to muscle fiber composition and muscle cross-sectional area in humans. European journal of applied physiology and occupational physiology 40 (1979), Nr. 2, S. 95–106.

[69] DÖRNER, Dietrich: Problemlösen als Informationsverarbeitung. Kohlhammer-Standards Psychologie Basisbücher und Studientexte. 3. Aufl. Stuttgart: Kohlhammer, 1987.

[70] DORSCHKY, Eva; KRÜGER, Daniel; KURFESS, Nicolai; SCHLARB, Heiko; WARTZACK, Sandro; ESKOFIER, Bjoern M.; VAN DEN BOGERT, Antonie J.: Optimal control simulation predicts effects of midsole materials on energy cost of running. Computer Methods in Biomechanics and Biomedical Engineering (2019), S. 1–11.

[71] DORST, Kees; CROSS, Nigel: Creativity in the design process: co-evolution of problem–solution. Design Studies 22 (2001), Nr. 5, S. 425–437.

[72] EHRLENSPIEL, Klaus; MEERKAMM, Harald: Integrierte Produktentwicklung. Denkabläufe, Methodeneinsatz, Zusammenarbeit. 5. Auflage. München: Hanser, 2013.

[73] EIGNER, Martin; ROUBANOV, Daniil; ZAFIROV, Radoslav (Hrsg.): Modellbasierte virtuelle Produktentwicklung. Berlin, Heidelberg: Springer Berlin Heidelberg, 2014.

[74] FALCK, Ann-Christine; ROSENQVIST, Mikael: What are the obstacles and needs of proactive ergonomics measures at early product development stages? – An interview study in five Swedish companies. International Journal of Industrial Ergonomics 42 (2012), Nr. 5, S. 406–415.

[75] FARAHANI, Saeed Davoudabadi; ANDERSEN, Michael Skipper; DE ZEE, Mark; RASMUSSEN, John: Optimization-based dynamic prediction of kinematic and kinetic patterns for a human vertical jump from a squatting position. Multibody System Dynamics 36 (2016), Nr. 1, S. 37–65.

[76] FARAHANI, Saeed Davoudabadi; BERTUCCI, William; ANDERSEN, Michael Skipper; ZEE, Mark de; RASMUSSEN, John: Prediction of crank torque and pedal angle profiles during pedaling movements by biomechanical optimization. Structural and Multidisciplinary Optimization 51 (2015), Nr. 1, S. 251–266.

[77] FARAHANI, Saeed Davoudabadi; SVININ, Mikhail; ANDERSEN, Michael Skipper; ZEE, Mark de; RASMUSSEN, John: Prediction of closed-chain human arm dynamics in a crank-rotation task. Journal of Biomechanics 49 (2016), Nr. 13, S. 2684–2693.

[78] FARAHANI, Saeed Davoudabadi; ZEE, Mark de; RASMUSSEN, John: Human arm posture prediction in response to isometric endpoint forces. Journal of Biomechanics 48 (2015), Nr. 15, S. 4178–4184.

[79] FARAWAY, Julian; REED, Matthew P.: Statistics for Digital Human Motion Modeling in Ergonomics. Technometrics 49 (2007), Nr. 3, S. 277–290.

[80] FECHTER, M.; SCHLEICH, B.; WARTZACK S.: CAD-Gestaltmodellierung in VR für die frühe Entwurfsphase. Konstruktion (2020), 72 (3), S. 69–74.

[81] FERRARI, Paolo: A New Approach for an Inclusive Yacht Design. In: DI BUCCHIANICO, Giuseppe (Hrsg.): Advances in Design for Inclusion. Cham: Springer International Publishing, 2020, S. 69–78.

[82] FISCHER, Steven L.; PICCO, Bryan R.; WELLS, Richard P.; DICKERSON, Clark R.: The roles of whole body balance, shoe-floor friction and joint strength during maximum exertions: searching for the "weakest link". Journal of Applied Biomechanics 29 (2013), Nr. 1, S. 1–11.

[83] FLUIT, R.; ANDERSEN, M. S.; KOLK, S.; VERDONSCHOT, N.; KOOPMAN, H. F. J. M.: Prediction of ground reaction forces and moments during various activities of daily living. Journal of Biomechanics 47 (2014), Nr. 10, S. 2321–2329.

[84] FRITZSCHE, Lars; JENDRUSCH, Ricardo; LEIDHOLDT, Wolfgang; BAUER, Sebastian; JÄCKEL, Thomas; PIRGER, Attila: Introducing ema (Editor for Manual Work Activities) – A New Tool for Enhancing Accuracy and Efficiency of Human Simulations in Digital Production Planning. In: DUFFY, Vincent G. (Hrsg.): Digital human modeling. Third international conference, ICDHM 2011, held as part of HCI international 2011, Orlando, FL, USA July 2011 : proceedings. Berlin, Heidelberg: Springer Berlin Heidelberg; Imprint: Springer, 2011, S. 272–281.

[85] FRITZSCHE, Lars; LEIDHOLDT, Wolfgang; BAUER, Sebastian; JÄCKEL, Thomas; MORENO, Adrian: Interactive production planning and ergonomic assessment with Digital Human Models--introducing the Editor for Manual Work Activities (ema). Work 41 (2012), S. 4428–4432.

[86] FUKUNAGA, T.; ROY, R. R.; SHELLOCK, F. G.; HODGSON, J. A.; DAY, M. K.; LEE, P. L.; KWONG-FU, H.; EDGERTON, V. R.: Physiological cross-sectional area of human leg muscles based on magnetic resonance imaging. Journal of orthopaedic research : official publication of the Orthopaedic Research Society 10 (1992), Nr. 6, S. 928–934.

[87] FULLER, H.J.A.; REED, M. P.; LIU, Y.: Integrating physical and cognitive human models to represent driving behavior. In: HFES 2010. Proceedings of the Human Factors and Ergonomics Society 54th annual meeting : September 27 -October 1, 2010, San Francisco, California, USA. Santa Monica, CA: Human Factors and Ergonomics Society, 2010.

[88] GALVAO, Adriano B.; SATO, Keiichi: Affordances in Product Architecture: Linking Technical Functions and Users' Tasks. In: Volume 5a: 17th International Conference on Design Theory and Methodology. September 24–28, 2005, Long Beach, California, USA: ASME, 2005, S. 143–153.

[89] GARCÍA DE JALÓN, Javier; BAYO, Eduardo: Kinematic and Dynamic Simulation of Multibody Systems. The Real-Time Challenge. Mechanical Engineering Series. New York, NY: Springer, 1994.

[90] GATZKY, Thomas: Industriedesign. In: VAJNA, Sándor (Hrsg.): Integrated Design Engineering. Berlin, Heidelberg: Springer Berlin Heidelberg, 2014, S. 133–166.

[91] GAVER W.: Technology Affordances. In: Proceedings of the SIGCHI Conf. on Human Factors in Computing Systems, 1991, S. 79–84.

[92] GERICKE, Kilian; BENDER, Beate; PAHL, Gerhard; BEITZ, Wolfgang; FELDHUSEN, Jörg; GROTE, Karl-Heinrich: Der Produktentwicklungsprozess. In: BENDER, Beate; GERICKE, Kilian (Hrsg.): Pahl/Beitz Konstruktionslehre. Berlin, Heidelberg: Springer Berlin Heidelberg, 2021, S. 57–93.

[93] GERICKE, Kilian; BENDER, Beate; PAHL, Gerhard; BEITZ, Wolfgang; FELDHUSEN, Jörg; GROTE, Karl-Heinrich: Grundlagen methodischen Vorgehens in der Produktentwicklung. In: BENDER, Beate; GERICKE, Kilian (Hrsg.): Pahl/Beitz Konstruktionslehre. Berlin, Heidelberg: Springer Berlin Heidelberg, 2021, S. 27–55.

[94] GEUSS, H.: Optimizing the product design process by computer aided ergonomics. SAE Technical Papers (1998).

[95] GIBSON, James J.: The theory of affordances. In: BORNSTEIN, Marc H.; GIBSON, James J. (Hrsg.): The Ecological Approach to Visual Perception, 1979, S. 127–137.

[96] GLENDE, Sebastian: Entwicklung eines Konzepts zur nutzergerechten Produktentwicklung - mit Fokus auf die "Generation Plus". Dissertation, 2010.

[97] GÖBEL, H.; HELLER, O.; NOWAK, T.; WESTPHAL, W.: Zur Korrespondenz von Schmerzreiz und Schmerzerleben. Schmerz (Berlin, Germany) 2 (1988), Nr. 4, S. 205–211.

[98] GORDON, Claire C.; CHURCHILL, Thomas; CLAUSER, Charles E.; BRADTMILLER, Bruce; MCCONVILLE, John T.; TEBBETTS, Ilse; WALKER, Robert A.: Anthropometric Survey of US Army Personnel: Summary Statistics. Yellow Springs, 1989.

[99] GRAGG, Jared; YANG, Jingzhou; LONG, James David: Digital Human Model for Driver Seat Adjustment Range Determination. SAE Technical Paper 2010-01-0386 (2010).

[100] GRAGG, Jared; YANG, Jingzhou; LONG, James David: Optimisation-based approach for determining driver seat adjustment range for vehicles. International Journal of Vehicle Design 57 (2011), 2/3, S. 148.

[101] GRAICHEN, S.; HEINE, T.; DEML, B.: Produktergonomie. In: VAJNA, Sándor (Hrsg.): Integrated Design Engineering. Berlin, Heidelberg: Springer Berlin Heidelberg, 2014.

[102] GRUBER, K.; RUDER, H.; DENOTH, J.; SCHNEIDER, K.: A comparative study of impact dynamics: wobbling mass model versus rigid body models. Journal of Biomechanics 31 (1998), Nr. 5, S. 439–444.

[103] HANAVAN, E. P.: A mathematical model of the human Body. Aerospace Medical Research Laboratories (1964), S. 1–149.

[104] HANSON, L.; HÖGBERG, D.; SÖDERHOLM, M.: Digital test assembly of truck parts with the IMMA-tool--an illustrative case. Work 41 (2012), S. 2248–2252.

[105] HANSON, Lars; HÖGBERG, Dan; CARLSON, Johan S.; DELFS, Niclas; BROLIN, Erik; MÅRDBERG, Peter; SPENSIERI, Domenico; BJÖRKENSTAM, Staffan; NYSTRÖM, Johan; ORE, Fredrik: Industrial Path Solutions – Intelligently Moving Manikins. In: SCATAGLINI, Sofia; PAUL, Gunther (Hrsg.): DHM and posturography. London: Academic Press, 2019, S. 115–124.

[106] HAREESH, P. V.; KIMURA, T.; ADACHI, S.; THALMANN, D.: An ergonomic evaluation engine for conceptual design stage using anthropometric digital human models. In: D, Marjanovic; M, Storga; N, Pavkovic; N, Bojcetic (Hrsg.): Proceedings of DESIGN 2010, the 11th International Design Conference, Dubrovnik, 2010.

[107] HARIRI, Mahdiar; ARORA, Jasbir; ABDEL-MALEK, Karim: Optimization-Based Prediction of Aiming and Kneeling Military Tasks Performed by a Soldier. In: ASME 2012 International Design Engineering Technical Conferences and Computers and Information in Engineering Conference: Design Engineering Division, S. 661–671.

[108] HARLESS, E.: Die statischen Momente der menschlichen Gliedmassen. In: Abhandlungen der Bayerischen Akademie der Wissenschaften, Mathematisch-Physikalische Klasse. 2. Aufl.: Verlag der königlichen Akademie, 1857, S. 833–843.

[109] HARTSON, Rex: Cognitive, physical, sensory, and functional affordances in interaction design. Behaviour & Information Technology 22 (2003), Nr. 5, S. 315–338.

[110] HASLEGRAVE, C. M.: What do we mean by a 'working posture'? Ergonomics 37 (1994), Nr. 4, S. 781–799.

[111] HATZE, H.: A mathematical model for the computational determination of parameter values of anthropomorphic segments. Journal of Biomechanics 13 (1980), Nr. 10, S. 833–843.

[112] HEINEN, Frederik; LUND, Morten E.; RASMUSSEN, John; ZEE, Mark de: Muscle-tendon unit scaling methods of Hill-type musculoskeletal models: An overview. Proceedings of the Institution of Mechanical Engineers. Part H, Journal of engineering in medicine 230 (2016), Nr. 10, S. 976–984.

[113] HENDRICK, Hal W.: Applying ergonomics to systems: some documented "lessons learned". Applied Ergonomics 39 (2008), Nr. 4, S. 418–426.

[114] HOFFMAN, Suzanne G.; REED, Matthew; CHAFFIN, Don B.: Postural Behaviors during One-Hand Force Exertions. AE Int. J. Passeng. Cars - Mech. Syst. 1(1):1136-1142 1 (2009), Nr. 1, S. 1136–1142.

[115] HOFFMAN, Suzanne G.; REED, Matthew P.; CHAFFIN, Don B.: Predicting Force-Exertion Postures from Task Variables.

[116] HOFFMAN, Suzanne G.; REED, Matthew P.; CHAFFIN, Don B.: Predicting Force-Exertion Postures from Task Variables. SAE Technical Paper 2007-01-2480 (2007).

[117] HOFFMAN, Suzanne G.; REED, Matthew P.; CHAFFIN, Don B.: The Relationship between Hand Force Direction and Posture during Two-Handed Pushing Tasks. Proceedings of the Human Factors and Ergonomics Society Annual Meeting 51 (2007), Nr. 15, S. 928–932.

[118] HOFFMAN, Suzanne G.; REED, Matthew P.; CHAFFIN, Don B.: A study of the difference between nominal and actual hand forces in two-handed sagittal plane whole-body exertions. Ergonomics 54 (2011), Nr. 1, S. 47–59.

[119] HÖGBERG, Dan: Digital human modelling for user-centred vehicle design and anthropometric analysis. International Journal of Vehicle Design 51 (2009), 3/4, S. 306.

[120] HÖGBERG, Dan; CASTRO, Pamela Ruiz; MÅRDBERG, Peter; DELFS, Niclas; NURBO, Pernilla; FRAGOSO, Paulo; ANDERSSON, Lina; BROLIN, Erik; HANSON, Lars: DHM Based Test Procedure Concept for Proactive Ergonomics Assessments in the Vehicle Interior Design Process. In: BAGNARA, Sebastiano; TARTAGLIA, Riccardo; ALBOLINO, Sara; ALEXANDER, Thomas; FUJITA, Yushi (Hrsg.): Proceedings of the 20th Congress of the International Ergonomics Association (IEA 2018). Volume V: Human Simulation and Virtual Environments, Work With Computing Systems (WWCS), Process Control. Cham: Springer International Publishing, 2019, S. 314–323.

[121] HÖGBERG, Dan; HANSON, Lars; BOHLIN, Robert; CARLSON, Johan S.: Creating and shaping the DHM tool IMMA for ergonomic product and production design. International Journal of the Digital Human 1 (2016), Nr. 2, S. 132.

[122] HU, Jun; FADEL, George M.: Categorizing Affordances for Product Design. In: Proceedings of the ASME 2012 IDETC/CIE. 12.08.-15.08.2012, Chicago. New York, N.Y.: American Society of Mechanical Engineers, 2012, S. 325–339.

[123] ILLMANN, Benjamin; FRITZSCHE, Lars; LEIDHOLDT, Wolfgang; BAUER, Sebastian; DIETRICH, Markus: Application and Future Developments of EMA in Digital Production Planning and Ergonomics. In: DUFFY, Vincent G. (Hrsg.): Digital human modeling and applications in health, safety, ergonomics, and risk management. 4th International Conference, DHM 2013, held as part of HCI International 2013, Las Vegas, NV, USA, July 21-26, 2013. Berlin: Springer, 2013, S. 66–75.

[124] IRSHAD, L.; AHMED, S.; ONAN DEMIREL, H.; TUMER, I. Y.: Coupling digital human modeling with early design stage human error analysis to assess ergonomic vulnerabilities. AIAA Scitech 2019 Forum (2019).

[125] JACKSTIEN, Karoline; VAJNA, Sándor: Grundlagen des Integrated Design Engineering. In: VAJNA, Sándor (Hrsg.): Integrated Design Engineering. Berlin, Heidelberg: Springer Berlin Heidelberg, 2014, S. 51–94.

[126] JÄGER, M.; JORDAN, C.; VOß, J.; BERGMANN, A.; BOLM-AUDORFF, U.; DITCHEN, D.; ELLEGAST, R.; HAERTING, J.; HAUFE, E.; KUß, O.; MORFELD, P.; SCHÄFER, K.; SEIDLER, A.; LUTTMANN, A.: Erweiterte Auswertung der Deutschen Wirbelsäulenstudie. Zentralblatt für Arbeitsmedizin, Arbeitsschutz und Ergonomie 64 (2014), Nr. 3, S. 151–168.

[127] JENSEN, Per Langaa: Human factors and ergonomics in the planning of production. International Journal of Industrial Ergonomics 29 (2002), Nr. 3, S. 121–131.

[128] JEONG, S.; WEGNER, D. M.; NOH, S.: Validation of an ontology-based approach for enhancing human simulation in general assembly environments. In: AO, S. I. (Hrsg.): World Congress on Engineering. WCE 2010 : 30 June - 2 July, 2010, Imperial College London, London, U.K. Hong Kong: Newswood Ltd.; International Association of Engineers, 2010.

[129] JIA, Bochen; NUSSBAUM, Maury A.: Influences of continuous sitting and psychosocial stress on low back kinematics, kinetics, discomfort, and localized muscle fatigue during unsupported sitting activities. Ergonomics 61 (2018), Nr. 12, S. 1671–1684.

[130] JUNG, Moonki; CHO, Hyundeok; ROH, Taehwan; LEE, Kunwoo: Integrated Framework for Vehicle Interior Design Using Digital Human Model. Journal of Computer Science and Technology 24 (2009), Nr. 6, S. 1149–1161.

[131] JUNG, Yihwan; JUNG, Moonki; LEE, Kunwoo; KOO, Seungbum: Ground reaction force estimation using an insole-type pressure mat and joint kinematics during walking. Journal of Biomechanics 47 (2014), Nr. 11, S. 2693–2699.

[132] JÜRGENS, H. W.; HELBIG, K.; KOPKA, T.: Funktionsgerechte Körperumrissschablonen. Ergonomics 18 (1975), Nr. 2, S. 185–194.

[133] KANNENGIESSER, Udo; GERO, John S.: A Process Framework of Affordances in Design. Design Issues 28 (2012), Nr. 1, S. 50–62.

[134] KANO, N.: Attractive Quality and Must-Be Quality. J. Jpn. Soc. Quality Control (1984), Vol. 14, S. 39–48.

[135] KAPANDJI, Ibrahim A.: Funktionelle Anatomie der Gelenke. Schematisierte und kommentierte Zeichnungen zur menschlichen Biomechanik : obere Extremität, untere Extremität, Rumpf und Wirbelsäule. 5. unveränd. Aufl. Stuttgart: Thieme, 2009.

[136] KARAKOLIS, Thomas; BARRETT, Jeff; CALLAGHAN, Jack P.: A comparison of trunk biomechanics, musculoskeletal discomfort and productivity during simulated sit-stand office work. Ergonomics 59 (2016), Nr. 10, S. 1275–1287.

[137] KARATSIDIS, Angelos; JUNG, Moonki; SCHEPERS, H. Martin; BELLUSCI, Giovanni; ZEE, Mark de; VELTINK, Peter H.; ANDERSEN, Michael Skipper: Predicting kinetics using musculoskeletal modeling and inertial motion capture, 05.01.2018.

[138] KEATING, J. F.; WATERWORTH, P.; SHAW-DUNN, J.; CROSSAN, J.: The relative strengths of the rotator cuff muscles. A cadaver study. The Journal of bone and joint surgery. British volume 75 (1993), Nr. 1, S. 137–140.

[139] KIM, Dong-Joon; OH, Hyunsoo; LEE, Yujeong; CHANG, Seong Rok: Fundamental Study for Ergonomic Design of Sailing Yacht. Journal of the Korean Society of Safety 28 (2013), Nr. 2, S. 73–77.

[140] KIM, Joo H.; ABDEL-MALEK, Karim; MI, Zan; NEBEL, Kyle: Layout Design using an Optimization-Based Human Energy Consumption Formulation. SAE Technical Papers 2004-01-2175 (2004).

[141] KIM, Joo H.; ABDEL-MALEK, Karim; YANG, Jingzhou; FARRELL, Kimberly; NEBEL, Kyle: Optimization-Based Dynamic Motion Simulation and Energy Expenditure Prediction for a Digital Human. SAE Technical Papers 2005-01-2717 (2005).

[142] KIM, Joo H.; ABDEL-MALEK, Karim; YANG, Jingzhou; NEBEL, Kyle: Motion Prediction and Inverse Dynamics for Human Upper Extremities. SAE Technical Papers 2005-01-1408 (2005).

[143] KIM, Sunwook; SEOL, Hyang; IKUMA, Laura H.; NUSSBAUM, Maury A.: Knowledge and opinions of designers of industrialized wall panels regarding incorporating ergonomics in design. International Journal of Industrial Ergonomics 38 (2008), Nr. 2, S. 150–157.

[144] KIM, Younguk; SOO CHOI, Eun; SEO, Jungmi; CHOI, Woo-Sung; LEE, Jeonghwan; LEE, Kunwoo: A novel approach to predicting human ingress motion using an artificial neural network. Journal of Biomechanics 84 (2019), S. 27–35.

[145] KRÜGER, Daniel; STOCKINGER, Andreas; WARTZACK, Sandro: A Haptic Based Hybrid Mock-up for Mechanical Products Supporting Human-Centered Design. In: CULLEY, Steve J. (Hrsg.): Impacting society through engineering design. ICED 11 København, the 18th International Conference on Engineering Design; 15th - 18th August 2011, Technical University of Denmark (DTU), Copenhagen, Denmark; proceedings volumes. Glasgow: Design Society, 2011, S. 331–340.

[146] KRÜGER, Daniel Benjamin: Ein Ansatz zur CAD-integrierten muskuloskelettalen Analyse der Mensch-Maschine-Interaktion. Dissertation aus dem Lehrstuhl für Konstruktionstechnik (KTmfk) Prof. Dr.-Ing. Sandro Wartzack. Dissertation, FAU University Press, 2019.

[147] KUO, Chien-Fu; CHU, Chih-Hsing: An online ergonomic evaluator for 3D product design. Computers in Industry 56 (2005), Nr. 5, S. 479–492.

[148] KUO, Chien-Fu; WANG, Mao-Jiun: Motion generation from MTM semantics. Computers in Industry 60 (2009), Nr. 5, S. 339–348.

[149] KUO, Chien-Fu; WANG, Mao-Jiun J.: Motion generation and virtual simulation in a digital environment. International Journal of Production Research 50 (2012), Nr. 22, S. 6519–6529.

[150] LÄMKULL, D.; HANSON, L.; ÖRTENGREN, R.: The influence of virtual human model appearance on visual ergonomics posture evaluation. Applied Ergonomics 38 (2007), Nr. 6, S. 713–722.

[151] LANGE, Wolfgang; WINDEL, Armin: Kleine ergonomische Datensammlung. Praxiswissen Arbeitssicherheit. 11., aktualisierte Aufl. Köln: TÜV-Media, 2006.

[152] LASHIN, Gamal; STARK, Rainer: Virtuelle Produktentwicklung. In: BENDER, Beate; GERICKE, Kilian (Hrsg.): Pahl/Beitz Konstruktionslehre. Berlin, Heidelberg: Springer Berlin Heidelberg, 2021, S. 1097–1153.

[153] LEE, Bokyung; JIN, Taeil; LEE, Sung-Hee; SAAKES, Daniel: SmartManikin. In: BREWSTER, Stephen; FITZPATRICK, Geraldine; COX, Anna L.; KOSTAKOS, Vassilis (Hrsg.): CHI 2019. Proceedings of the 2019 CHI Conference on Human Factors in Computing Systems : May 4-9, 2019, Glasgow, Scotland, UK. New York, New York: The Association for Computing Machinery, 2019, S. 1–13.

[154] LEE, Jeong Hoon; KWON, Bo Kyung; KYUNG, Gyouhyung; NUSSBAUM, Maury A.: Predicting Driving Postures and Seated Positions in SUVs Using a 3D Digital Human Modeling Tool. SAE Technical Papers 2008-01-1856 (2008).

[155] LI, Haoyang; ZHAO, Dongwei; MA, Xuechao; JIN, Xiaoping: Predictive model of tractor driving posture considering front and rear view. Biosystems Engineering 185 (2019), S. 64–75.

[156] LIM, Cheol-Min; JUNG, Myung-Chul; KONG, Yong-Ku: Evaluation of upper-limb body postures based on the effects of back and shoulder flexion angles on subjective discomfort ratings, heart rates and muscle activities. Ergonomics 54 (2011), Nr. 9, S. 849–857.

[157] LIM, Sunghyun; MARTIN, Bernard J.; CHUNG, Min K.: The effects of target location on temporal coordination of the upper body during 3D seated reaches considering the range of motion. International Journal of Industrial Ergonomics 34 (2004), Nr. 5, S. 395–405.

[158] LIND, Salla; KRASSI, Boris; VIITANIEMI, Juhani; KIVIRANTA, Sauli; HEILALA, Juhani; BERLIN, Cecilia: Linking ergonomics simulation to production process development. In: JEFFERSON, Thomas (Hrsg.): Proceedings of the 2008 Winter Simulation Conference, Miami, Florida, USA. Miami, Florida, USA: Winter Simulation Conference, 2008, S. 1968–1973.

[159] LINDEMANN, Udo: Methodische Entwicklung technischer Produkte. Berlin, Heidelberg: Springer Berlin Heidelberg, 2009.

[160] LOCKETT, J. F.; ASSMANN, E.; GREEN, R.; REED, M. P.; RASCHKE, U.; VERRIEST, J.-P.: Digital human modeling research and development user needs panel. SAE Technical Papers (2005).

[161] LOHMEYER, Quentin; MEBOLDT, Mirko: The Integration of Quantitative Biometric Measures and Experimental Design Research. In: CASH, Philip; STANKOVIĆ, Tino; ŠTORGA, Mario (Hrsg.): Experimental Design Research. Cham: Springer International Publishing, 2016, S. 97–112.

[162] LUND, Morten Enemark; ANDERSEN, Michael Skipper; ZEE, Mark de; RASMUSSEN, John: Scaling of musculoskeletal models from static and dynamic trials. International Biomechanics 2 (2015), Nr. 1, S. 1–11.

[163] MA, Liang; CHABLAT, Damien; BENNIS, Fouad; HU, Bo; ZHANG, Wei: Integrating Digital Human Modeling Into Virtual Environment for Ergonomic Oriented Design. In: Proceedings of the ASME World Conference on Innovative Virtual Reality--2010. Presented at ASME 2010 World Conference on Innovative Virtual Reality, May 12-14, 2010, Ames, Iowa, USA. New York, N.Y.: American Society of Mechanical Engineers, 2010, S. 203–210.

[164] MA, Liang; CHABLAT, Damien; BENNIS, Fouad; ZHANG, Wei; HU, Bo; GUILLAUME, François: Fatigue evaluation in maintenance and assembly operations by digital human simulation in virtual environment. Virtual Reality 15 (2011), Nr. 1, S. 55–68.

[165] MA, Liang; ZHANG, Wei; CHABLAT, Damien; BENNIS, Fouad; GUILLAUME, François: Multi-objective optimisation method for posture prediction and analysis with consideration of fatigue effect and its application case. Computers and Industrial Engineering 57 (2009), Nr. 4, S. 1235–1246.

[166] MA, Liang; ZHANG, Wei; FU, Huanzhang; GUO, Yang; CHABLAT, Damien; BENNIS, Fouad; SAWANOI, Akihiro; FUGIWARA, Naoyuki: A framework for interactive work design based on motion tracking, simulation, and analysis. Human Factors and Ergonomics in Manufacturing 20 (2010), Nr. 4, S. 339–352.

[167] MAGISTRIS, Giovanni de; MICAELLI, Alain; EVRARD, Paul; ANDRIOT, Claude; SAVIN, Jonathan; GAUDEZ, Clarisse; MARSOT, Jacques: Dynamic control of DHM for ergonomic assessments. International Journal of Industrial Ergonomics 43 (2013), Nr. 2, S. 170–180.

[168] MAHER, Mary Lou; POON, Josiah: Modeling Design Exploration as Co-Evolution. Computer-Aided Civil and Infrastructure Engineering 11 (1996), Nr. 3, S. 195–209.

[169] MAIER; A; STÖRRLE; H: What are characteristics of engineering design processes? In: Culley; J, S.; Hicks; J, B.; McAloone; C, T.; Howard; J, T.; Malmqvist; J (Hrsg.): Proceedings of the 18th International Conference on Engineering Design (ICED 11). 15.-19. August, Lyngby/Copenhagen, Denmark, 2011, S. 188–198.

[170] MAIER, Jonathan R. A.; FADEL, Georges M.: Affordance based design: a relational theory for design. Research in Engineering Design 20 (2009), Nr. 1, S. 13–27.

[171] MAIER, Jonathan R. A.; FADEL, Georges M.: Affordance-based design methods for innovative design, redesign and reverse engineering. Research in Engineering Design 20 (2009), Nr. 4, S. 225–239.

[172] MÅRDBERG, Peter; CARLSON, Johan S.; BOHLIN, Robert; DELFS, Niclas; GUSTAFSSON, Stefan; HÖGBERG, Dan; HANSON, Lars: Using a formal high-level language and an automated manikin to automatically generate assembly instructions. International Journal of Human Factors Modelling and Simulation 4 (2014), 3/4, S. 233.

[173] MARSCHALL, Jörg; HILDEBRANDT, Susanne; KLEINLERCHER, Kai-Michael; NOLTING, Hans-Dieter: DAK Gesundheitsreport 2020. Stress in der modernen Arbeitswelt. Sonderanalyse: Digitalisierung und Homeoffice in der Corona-Krise. Beiträge zur Gesundheitsökonomie und Versorgungsforschung Nr. 33. 1. Auflage. Heidelberg: medhochzwei Verlag, 2020.

[174] MATTILA, Markku; KARWOWSKI, Waldemar; VILKKI, Mika: Analysis of working postures in hammering tasks on building construction sites using the computerized OWAS method. Applied Ergonomics 24 (1993), Nr. 6, S. 405–412.

[175] MAVRIKIOS, D.; KARABATSOU, V.; ALEXOPOULOS, K.; PAPPAS, M.; GOGOS, P.; CHRYSSOLOURIS, G.: An approach to human motion analysis and modelling. International Journal of Industrial Ergonomics 36 (2006), Nr. 11, S. 979–989.

[176] MAYNARD, Harold Bright; STEGEMERTEN, G. J.; SCHWAB, John L.: Methods - time measurement. MacGraw-Hill industrial organization and management series. New York u.a.: McGraw-Hill, 1948.

[177] MCATAMNEY, Lynn; NIGEL CORLETT, E.: RULA: a survey method for the investigation of work-related upper limb disorders. Applied Ergonomics 24 (1993), Nr. 2, S. 91–99.

[178] McGRENERE, Joanna; HO, Wayne: Affordances: Clarifying and Evolving a Concept. In: Proceedings of the Graphics Interface, 2000, S. 1–8.

[179] MERGL, Christian; KLENDAUER, Margit; MANGEN, Claude; BUBB, Heiner: Predicting Long Term Riding Comfort in Cars by Contact Forces Between Human and Seat. In: SAE Technical Paper Series. JUN. 14, 2005: SAE International400 Commonwealth Drive, Warrendale, PA, United States, 2005.

[180] MIEHLING, J.; WARTZACK, S.: Markerlose Bewegungsaufzeichnung und Bewertungsmethoden für die menschzentrierte Produktentwicklung. In: KRAUSE, Dieter; PAETZOLD, Kristin; WARTZACK, Sandro (Hrsg.): Design for X : Beiträge zum 23. DfX-Symposium Oktober 2012: TuTech Verlag, 2012, S. 101–112.

[181] MIEHLING, Jörg: Berücksichtigung biomechanischer Zusammenhänge in der nutzergruppenspezifischen virtuellen Produktentwicklung. Dissertation, Fortschritt-Berichte VDI. Reihe 1, Konstruktionstechnik/Maschinenelemente, Volume 445, 2018.

[182] MIEHLING, Jörg: Musculoskeletal modeling of user groups for virtual product and process development. Computer Methods in Biomechanics and Biomedical Engineering 22 (2019), Nr. 15, S. 1209–1218.

[183] MIEHLING, Jörg; KRÜGER, Daniel; WARTZACK, Sandro: Simulation in Human-Centered Design – Past, Present and Tomorrow. In: ABRAMOVICI, Michael; STARK, Rainer (Hrsg.): Smart Product Engineering. Berlin, Heidelberg: Springer Berlin Heidelberg, 2013, S. 643–652.

[184] MIEHLING, Jörg; SCHUHHARDT, Jürgen; PAULUS-ROHMER, Florian; WARTZACK, Sandro: Computer Aided Ergonomics Through Parametric Biomechanical Simulation. In: Proceedings of the ASME International Mechanical Engineering Congress and Exposition - 2015. New York, N.Y.: The American Society of Mechanical Engineers, 2016, DETC2015 46064.

[185] MIEHLING J., WOLF A., WARTZACK S.: Musculoskeletal Simulation and Evaluation of Support System Designs. In: KARAFILLIDIS, Athanasios; WEIDNER, Robert (Hrsg.): Developing Support Technologies. Cham: Springer International Publishing, 2018, S. 219–225.

[186] MILES; L, B.; SWIFT, K.: Design for Manufacture and Assembly. Manufacturing Engineering, S. 221–224.

[187] MODENESE, Luca; MONTEFIORI, Erica; WANG, Anqi; WESARG, Stefan; VICECONTI, Marco; MAZZÀ, Claudia: Investigation of the dependence of joint contact forces on musculotendon parameters using a codified workflow for image-based modelling. Journal of Biomechanics 73 (2018), S. 108–118.

[188] MONNIER, G.; RENARD, F.; CHAMEROY, A.; WANG, X.; TRASBOT, J.: A motion simulation approach integrated into a design engineering process. SAE Technical Papers 2006-01-2359 (2006).

[189] MÜHLSTEDT, Jens: Digitale Menschmodelle. In: BULLINGER-HOFFMANN, Angelika C.; MÜHLSTEDT, Jens (Hrsg.): Homo Sapiens Digitalis - Virtuelle Ergonomie und digitale Menschmodelle. Berlin, Heidelberg: Springer Berlin Heidelberg, 2016, S. 73–182.

[190] MÜHLSTEDT, Jens: Grundlagen virtueller Ergonomie. In: BULLINGER-HOFFMANN, Angelika C.; MÜHLSTEDT, Jens (Hrsg.): Homo Sapiens Digitalis - Virtuelle Ergonomie und digitale Menschmodelle. Berlin, Heidelberg: Springer Berlin Heidelberg, 2016, S. 7–39.

[191] NAGAMACHI, Mitsuo: Kansei Engineering: A new ergonomic consumer-oriented technology for product development. International Journal of Industrial Ergonomics 15 (1995), Nr. 1, S. 3–11.

[192] NEUMANN, W. P.: Inventory of human factors tools and methods: A work-system design perspective. Toronto, Canada: Ryerson University, 2007.

[193] NICKERSON, Robert C.; VARSHNEY, Upkar; MUNTERMANN, Jan: A method for taxonomy development and its application in information systems. European Journal of Information Systems 22 (2013), Nr. 3, S. 336–359.

[194] NIELSEN, Jakob (Hrsg.): Usability inspection methods. New York: wiley, 1994.

[195] NORDIN, Margareta; FRANKEL, Victor Hirsch: Basic biomechanics of the musculoskeletal system. 4th ed. Philadelphia, New York, N.Y.: Wolters Kluwer Health/Lippincott Williams & Wilkins; Ovid Technologies, Inc, 2012.

[196] NORMAN, Donald A.: The design of everyday things. Revised and expanded edition. New York New York: Basic Books, 2013.

[197] OBENTHEUER, M.; ROLLER, M.; BJÖRKENSTAM, S.; BERNS, K.; LINN, J.: Human like motion generation for ergonomic assessment - A muscle driven digital human model using muscle synergies. In: ECCOMAS Thematic Conference on Multibody Dynamics, S. 847–856.

[198] OCCHIPINTI, E.: OCRA: a concise index for the assessment of exposure to repetitive movements of the upper limbs. Ergonomics 41 (1998), Nr. 9, S. 1290–1311.

[199] OPENSIM: OpenSim Documentation. Getting Started with RRA. URL: https://simtk-confluence.stanford.edu/display/OpenSim/Getting+Started+with+RRA. Abgerufen am: 09.04.2021.

[200] PAETZOLD, Kristin: Nutzerbedürfnisse. In: BENDER, Beate; GERICKE, Kilian (Hrsg.): Pahl/Beitz Konstruktionslehre. Berlin, Heidelberg: Springer Berlin Heidelberg, 2021, S. 137–167.

[201] PAHL, Gerhard; BEITZ, Wolfgang; FELDHUSEN, Jörg; GROTE, Karl-Heinrich: Konstruktionslehre. Grundlagen erfolgreicher Produktentwicklung ; Methoden und Anwendung. Springer-Lehrbuch. 7. Aufl. Berlin: Springer, 2007.

[202] PANDY, Marcus G.; BARR, Ronald E.: Biomechanics of the musculoskeletal system. In: KUTZ, Myer (Hrsg.): Standard handbook of biomedical engineering and design. New York: McGraw-Hill, 2003.

[203] PARK, W.; CHAFFIN, D. B.; MARTIN, B. J.: Toward Memory-Based Human Motion Simulation: Development and Validation of a Motion Modification Algorithm. IEEE Transactions on Systems, Man, and Cybernetics - Part A: Systems and Humans 34 (2004), Nr. 3, S. 376–386.

[204] PARK, W.; SINGH, D.; MARTIN, B. J.: A memory-based model for planning target reach postures in the presence of obstructions. Ergonomics 49 (2006), Nr. 15, S. 1565–1580.

[205] PATWARDHAN, Sameer S.; BLOEBAUM, C. L.; KROVI, V. N.: Using Anthropometric Modeling for Optimal Ergonomic Considerations in Automobile Interior Design. SAE Technical Papers 2005-01-2718 (2005).

[206] PEARSALL, D. J.; REID, J. G.; LIVINGSTON, L. A.: Segmental inertial parameters of the human trunk as determined from computed tomography. Annals of biomedical engineering 24 (1996), Nr. 2, S. 198–210.

[207] PELLICCIA, Luigi; KLIMANT, Franziska; SANTIS, Agostino de; DI GIRONIMO, Giuseppe; LANZOTTI, Antonio; TARALLO, Andrea; PUTZ, Matthias; KLIMANT, Philipp: Task-based Motion Control of Digital Humans for Industrial Applications. In: TETI, R. (Hrsg.): 10th CIRP International Conference on Intelligent Computation in Manufacturing Engineering - CIRP ICME '16: Procedia CIRP, 2017, S. 535–540.

[208] PEREZ, J.; NEUMANN, W. P.: Ergonomists' and Engineers' Views on the Utility of Virtual Human Factors Tools. Human Factors and Ergonomics in Manufacturing 25 (2015), Nr. 3, S. 279–293.

[209] PHEASANT, S.; HASLEGRAVE, C. M.: Bodyspace: Anthropometry, Ergonomics and the Design of Work. 3rd ed. London: CRC Press, 2005.

[210] POLS, Auke J.K.: Characterising affordances: The descriptions-of-affordances-model. Design Studies 33 (2012), Nr. 2, S. 113–125.

[211] QURESHI; J, A.; GERICKE; K; BLESSING; L: Design process commonalities in transdisciplinary design. In: LINDEMANN, Udo; V, Srinivasan; KIM, Yong Se; LEE, Sang Won; CLARKSON, John; CASCINI, Gaetano (Hrsg.): Proceedings of the 19th International Conference on Engineering Design (ICED13), Design for Harmonies. 19. - 22. August, Seoul, Korea. Castle Cary, Somerset: Design Society, 2013.

[212] RANGER, François; VEZEAU, Steve; LORTIE, Monique: Traditional product representations and new digital tools in the dimensioning activity: a designers' point of view on difficulties and needs. Design Journal 21 (2018), Nr. 5, S. 707–730.

[213] RASCHKE, Ulrich; CORT, Christina: Siemens Jack. In: SCATAGLINI, Sofia; PAUL, Gunther (Hrsg.): DHM and posturography. London: Academic Press, 2019, S. 35–48.

[214] RASMUSSEN, J.: Musculoskeletal Simulation – (Dis)comfort Evaluation. S&V OBSERVER (2005), S. 8–9.

[215] RASMUSSEN, J.; DAMSGAARD, Michael; SURMA, Egidijus; CHRISTENSEN, Søren T.; ZEE, Mark de; VONDRAK, Vit: AnyBody - a software system for ergonomic optimization (2006).

[216] RASMUSSEN, J.; ZEE, M. de; DAMSGAARD, M.; CHRISTENSEN, S. T.; MAREK, C.; SIEBERTZ, K.: A general method for scaling musculoskeletal models. In: International Symposium on Computer Simulation in Biomechanics, S. 1–3.

[217] RASMUSSEN, John: The AnyBody Modeling System. In: SCATAGLINI, Sofia; PAUL, Gunther (Hrsg.): DHM and posturography. London: Academic Press, 2019, S. 85–96.

[218] RASMUSSEN, John; BOOCOCK, Mark; PAUL, Gunther: Advanced musculoskeletal simulation as an ergonomic design method. Work 41 (2012), SUPPL.1, S. 6107–6111.

[219] RASMUSSEN, John; CHRISTENSEN, Soeren Toerholm: Musculoskeletal Modeling of Egress with the AnyBody Modeling System. SAE Technical Papers 2005-01-2721 (2005).

[220] RASMUSSEN, John; TØRHOLM, Søren; ZEE, Mark de: Computational analysis of the influence of seat pan inclination and friction on muscle activity and spinal joint forces. International Journal of Industrial Ergonomics 39 (2009), Nr. 1, S. 52–57.

[221] RAUBAL, Martin; MORATZ, Reinhard: A Functional Model for Affordance-Based Agents. In: ROME, Erich; HERTZBERG, J.; DORFFNER, Georg (Hrsg.): Towards affordance-based robot control. International seminar, Dagstuhl Castle, Germany, June 5-9, 2006 revised papers. Berlin, New York: Springer, 2008, S. 91–105.

[222] REED, Matthew P.; FARAWAY, Julian; CHAFFIN, Don B.; MARTIN, Bernard J.: The HUMOSIM Ergonomics Framework: A New Approach to Digital Human Simulation for Ergonomic Analysis. SAE Technical Papers 2006-01-2365 (2006).

[223] REED, Matthew P.; MANARY, Miriam A.; FLANNAGAN, Carol A. C.; SCHNEIDER, Lawrence W.: A statistical method for predicting automobile driving posture. Human Factors 44 (2002), Nr. 4, S. 557–568.

[224] REGAZZONI, D.; RIZZI, C.: Digital Human Models and Virtual Ergonomics to Improve Maintainability. Computer-Aided Design and Applications 11 (2013), Nr. 1, S. 10–19.

[225] RICHARD, Hans Albert; KULLMER, Gunter: Biomechanik. Wiesbaden: Springer Fachmedien Wiesbaden, 2020.

[226] ROHMERT, W.: Das Belastungs-Beanspruchungs-Konzept. In: Zeitschrift für Arbeitswissenschaft, 1984, S. 193–200.

[227] ROHMERT, W.; MAINZER, J.: Influence parameters and assessment methods for evaluating body postures. In: CORLETT, Esmond N. (Hrsg.): The Ergonomics of working postures. Models, methods and cases ; proceedings of the First International Occupational Ergonomics Symposium, Zadar, Yugoslavia, 15 - 17 April 1985. London: Taylor and Francis, 1986, S. 183–217.

[228] ROHMERT, Walter; RUTENFRANZ, Josef: Praktische Arbeitsphysiologie. Begr. von Gunther Lehmann. Hrsg. von Walter Rohmert u. Joseph Rutenfranz. Mit Beitr. von. 3., neubearb. Aufl. Stuttgart: Thieme, 1983.

[229] ROUBANOV, Daniil: Mechanikkonstruktion (M-CAD). In: EIGNER, Martin; ROUBANOV, Daniil; ZAFIROV, Radoslav (Hrsg.): Modellbasierte virtuelle Produktentwicklung. Berlin, Heidelberg: Springer Berlin Heidelberg, 2014, S. 115–136.

[230] ROUBANOV, Daniil: Produktmodelle und Simulation (CAE). In: EIGNER, Martin; ROUBANOV, Daniil; ZAFIROV, Radoslav (Hrsg.): Modellbasierte virtuelle Produktentwicklung. Berlin, Heidelberg: Springer Berlin Heidelberg, 2014, S. 175–195.

[231] RUBIN, Jeffrey; CHISNELL, Dana: Handbook of usability testing. How to plan, design, and conduct effective tests. 2nd ed. Indianapolis, IN: Wiley Pub, 2008.

[232] SAUNDERS, Matthew N.; SEEPERSAD, Carolyn C.; HÖLTTÄ-OTTO, Katja: The Characteristics of Innovative, Mechanical Products. Journal of Mechanical Design 133 (2011), Nr. 2.

[233] SAVIN, Jonathan; GILLES, Martine; GAUDEZ, Clarisse; PADOIS, Vincent; BIDAUD, Philippe: Movement Variability and Digital Human Models: Development of a Demonstrator Taking the Effects of Muscular Fatigue into Account. In: DUFFY, Vincent G. (Hrsg.): Advances in applied digital human modeling and simulation. Proceedings of the AHFE 2016 International Conference on Digital Human Modeling and Simulation. [Switzerland]: Springer, 2017, S. 169–179.

[234] SCARANTINO, Andrea: Affordances Explained. Philosophy of Science 70 (2003), Nr. 5, S. 949–961.

[235] SCATAGLINI, Sofia; PAUL, Gunther (Hrsg.): DHM and posturography. London: Academic Press, 2019.

[236] SCATAGLINI, Sofia; PAUL, Gunther: From Greek sculpture to the digital human model - a history of "human equilibrium". In: SCATAGLINI, Sofia; PAUL, Gunther (Hrsg.): DHM and posturography. London: Academic Press, 2019, S. 3–5.

[237] SCHAAL, Steffen; KUNSCH, Konrad; KUNSCH, Steffen: Der Mensch in Zahlen. Berlin, Heidelberg: Springer Berlin Heidelberg, 2016.

[238] SCHAUB, Karlheinz G.; MÜHLSTEDT, Jens; ILLMANN, Benjamin; BAUER, Sebastian; FRITZSCHE, Lars; WAGNER, Torsten; HOFFMANN, Angelika C. Bullinger; BRUDER, Ralph: Ergonomic assessment of automotive assembly tasks with digital human modelling and the 'ergonomics assessment worksheet' (EAWS). International Journal of Human Factors Modelling and Simulation 3 (2012), 3/4, S. 398–426.

[239] SCHLICK, Christopher M.; BRUDER, Ralph; LUCZAK, Holger: Arbeitswissenschaft. Berlin, Heidelberg: Springer Berlin Heidelberg, 2010.

[240] SCHMAUDER, Martin; SPANNER-ULMER, Birgit: Ergonomie - Grundlagen zur Interaktion von Mensch, Technik und Organisation. REFA-Fachbuchreihe Arbeitsgestaltung. München: Hanser, Carl, 2014.

[241] SCHMIDTKE, Heinz (Hrsg.): Handbuch der Ergonomie. HdE, mit ergonomischen Konstruktionsrichtlinien und Methoden. 2. Auflage. München: Hanser, 1989.

[242] SCHOLZ, Andreas; SHERMAN, Michael; STAVNESS, Ian; DELP, Scott; KECSKEMÉTHY, Andrés: A fast multi-obstacle muscle wrapping method using natural geodesic variations. Multibody System Dynamics 36 (2016), Nr. 2, S. 195–219.

[243] SCHRÖPPEL, Tina; DIEPOLD, Theresia; MIEHLING, Jörg; WARTZACK, Sandro: A Concept for Physiological User Description in the Context of Dual User Integration. In: Proceedings of the 22nd International Conference on Engineering Design (ICED19), 2019, S. 3791–3800.

[244] SCHRÖPPEL, Tina; MIEHLING, Jörg; WARTZACK, Sandro: How to identify relevant product properties in the context of user-product interaction? Procedia CIRP 91 (2020), S. 615–620.

[245] SCHÜNKE, Michael: Topografie und Funktion des Bewegungssystems. Funktionelle Anatomie für Physiotherapeuten. 3., unveränderte Auflage. Stuttgart: Georg Thieme Verlag, 2018.

[246] SEEGER, Hartmut: Aus- und Weiterbildung von Ingenieuren im Design. In: REESE, Jens (Hrsg.): Der Ingenieur und seine Designer. Entwurf technischer Produkte im Spannungsfeld zwischen Konstruktion und Design. Berlin: Springer, 2005, S. 277–288.

[247] SEEGER, Hartmut: Design technischer Produkte, Produktprogramme und -systeme. Industrial Design Engineering. 2. Auflage. Berlin/Heidelberg: Springer-Verlag, 2005.

[248] SEIDL, A.: SizeGermany. Kaiserslautern, Human Solutions GmbH, 2008.

[249] SEITZ, Thomas; RECLUTA, Daniele; ZIMMERMANN, Dominik; WIRSCHING, Hans-Joachim: FOCOPP - An Approach for a Human Posture Prediction Model Using Internal/External Forces and Discomfort. In: SAE Technical Paper Series. JUN. 14, 2005: SAE International400 Commonwealth Drive, Warrendale, PA, United States, 2005.

[250] SERS, Ryan; FORRESTER, Steph; MOSS, Esther; WARD, Stephen; MA, Jianjia; ZECCA, Massimiliano: Validity of the Perception Neuron inertial motion capture system for upper body motion analysis. Measurement 149 (2020), S. 107024.

[251] SETH, Ajay; HICKS, Jennifer L.; UCHIDA, Thomas K.; HABIB, Ayman; DEMBIA, Christopher L.; DUNNE, James J.; ONG, Carmichael F.; DEMERS, Matthew S.; RAJAGOPAL, Apoorva; MILLARD, Matthew; HAMNER, Samuel R.; ARNOLD, Edith M.; YONG, Jennifer R.; LAKSHMIKANTH, Shrinidhi K.; SHERMAN, Michael A.; KU, Joy P.; DELP, Scott L.: OpenSim: Simulating musculoskeletal dynamics and neuromuscular control to study human and animal movement. PLoS computational biology 14 (2018), Nr. 7, e1006223.

[252] SETH, Ajay; SHERMAN, Michael; EASTMAN, Peter; DELP, Scott: Minimal formulation of joint motion for biomechanisms. Nonlinear dynamics 62 (2010), Nr. 1, S. 291–303.

[253] SHACKEL, Brian: Usability – Context, framework, definition, design and evaluation. Interacting with Computers 21 (2009), 5-6, S. 339–346.

[254] SHEN, Wenqi; PARSONS, Kenneth C.: Validity and reliability of rating scales for seated pressure discomfort. International Journal of Industrial Ergonomics 20 (1997), Nr. 6, S. 441–461.

[255] SHIN, Gwanseob; ZHU, Xinhui: User discomfort, work posture and muscle activity while using a touchscreen in a desktop PC setting. Ergonomics 54 (2011), Nr. 8, S. 733–744.

[256] SIEFERT, A.; HOFMANN, J.: CASIMIR - a human body model for the analysis of seat vibrations. In: SCATAGLINI, Sofia; PAUL, Gunther (Hrsg.): DHM and posturography. London: Academic Press, 2019, S. 105–114.

[257] SINCLAIR, M. A.: Ergonomics issues in future systems. Ergonomics 50 (2007), Nr. 12, S. 1957–1986.

[258] SKALS, Sebastian; JUNG, Moon Ki; DAMSGAARD, Michael; ANDERSEN, Michael S.: Prediction of ground reaction forces and moments during sports-related movements. Multibody System Dynamics 39 (2016), Nr. 3, S. 175–195.

[259] SPITZHIRN, Michael; BULLINGER-HOFFMANN, Angelika C.: Eine Anforderungsermittlung zu digitalen Menschmodellen als Instrument zur ergonomischen Arbeitsprozessgestaltung. In: BULLINGER-HOFFMANN, Angelika C.; MÜHLSTEDT, Jens (Hrsg.): Homo Sapiens Digitalis - Virtuelle Ergonomie und digitale Menschmodelle. Berlin, Heidelberg: Springer Berlin Heidelberg, 2016, S. 229–245.

[260] STEINBERG, U.; LIEBERS, F.; KLUßMANN, A.; GEBHARDT, Hj; RIEGER, M. A.; BEHRENDT, S.; LATZA, U.: Leitmerkmalmethode Manuelle Arbeitsprozesse 2011. Bericht über die Erprobung, Validierung und Revision ; Forschung Projekt F2195. Dortmund, Berlin: Bundesanstalt für Arbeitsschutz und Arbeitsmedizin, 2012.

[261] STOLL, T.; HUBER, E.; SEIFERT, B.; MICHEL, B. A.; STUCKI, G.: Maximal isometric muscle strength: normative values and gender-specific relation to age. Clinical rheumatology 19 (2000), Nr. 2, S. 105–113.

[262] SUN, Tien-Lung; CHUNG, Pei-Yuan; LEE, Pei-Shan: Rapid Interaction Specification in DHM-Included VE to Support Virtual Design Ergonomic Evaluation. In: HUANG, George Q.; MAK, K. L.; MAROPOULOS, Paul G. (Hrsg.): Proceedings of the 6th CIRP-Sponsored International Conference on Digital Enterprise Technology. Berlin: Springer, 2010, S. 497–506.

[263] TEWES, Carolin; NIESTROJ, Benjamin; TEWES, Stefan: Megatrends und digitaler Einfluss. In: TEWES, Stefan; NIESTROJ, Benjamin; TEWES, Carolin (Hrsg.): Geschäftsmodelle in die Zukunft denken. Wiesbaden: Springer Fachmedien Wiesbaden, 2020, S. 21–31.

[264] THELEN, Darryl G.: Adjustment of muscle mechanics model parameters to simulate dynamic contractions in older adults. Journal of Biomechanical Engineering 125 (2003), Nr. 1, S. 70–77.

[265] THOMKE, S.: The effect of "front-loading" problem-solving on product development performance. Journal of Product Innovation Management 17 (2000), Nr. 2, S. 128–142.

[266] TING, Lena H.; CHIEL, Hillel J.; TRUMBOWER, Randy D.; ALLEN, Jessica L.; MCKAY, J. Lucas; HACKNEY, Madeleine E.; KESAR, Trisha M.: Neuromechanical principles underlying movement modularity and their implications for rehabilitation. Neuron 86 (2015), Nr. 1, S. 38–54.

[267] TSIMHONI, Omer; REED, Matthew P.: The Virtual Driver: Integrating Task Planning and Cognitive Simulation with Human Movement Models. SAE Technical Papers 2007-01-1766 (2007).

[268] VAJNA, Sándor (Hrsg.): Integrated Design Engineering. Berlin, Heidelberg: Springer Berlin Heidelberg, 2014.

[269] VAJNA, Sándor; WEBER, Christian; ZEMAN, Klaus; HEHENBERGER, Peter; GERHARD, Detlef; WARTZACK, Sandro: CAx für Ingenieure. Berlin, Heidelberg: Springer Berlin Heidelberg, 2018.

[270] 2003: VDI 2218:2003-03: Informationsverarbeitung in der Produktentwicklung - Feature-Technologie. Berlin: Beuth Verlag.

[271] 2004: VDI 2218:2004-06: Entwicklungsmethodik für mechatronische Systeme. Berlin: Beuth Verlag.

[272] 2019: VDI 2221 Blatt 1:2019-11: Entwicklung technischer Produkte und Systeme - Modell der Produktentwicklung. Berlin: Beuth Verlag.

[273] 1993: VDI 2221:1993-05: Methodik zum Entwickeln und Konstruieren technischer Systeme und Produkte. Berlin: Beuth Verlag.

[274] 1987: VDI 2235:1987-10: Wirtschaftliche Entscheidungen beim Konstruieren; Methoden und Hilfen. Berlin: Beuth Verlag.

[275] WAGNER, David W.; KIRSCHWENG, Rebecca L.; REED, Matthew P.: Foot motions in manual material handling transfer tasks: a taxonomy and data from an automotive assembly plant. Ergonomics 52 (2009), Nr. 3, S. 362–383.

[276] WAGNER, David W.; REED, Matthew P.; CHAFFIN, Don B.: The development of a model to predict the effects of worker and task factors on foot placements in manual material handling tasks. Ergonomics 53 (2010), Nr. 11, S. 1368–1384.

[277] WAGNER, David W.; REED, Matthew P.; RASMUSSEN, John: Assessing the Importance of Motion Dynamics for Ergonomic Analysis of Manual Materials Handling Tasks using the AnyBody Modeling System. SAE Technical Papers 2007-01-2504 (2007).

[278] WARTZACK, Sandro: Predictive Engineering - Assistenzsystem zur multikriteriellen Analyse alternativer Produktkonzepte. Zugl.: Erlangen-Nürnberg, Univ., Diss., 2000. Fortschritt-Berichte VDI Reihe 1, Konstruktionstechnik, Maschinenelemente Nr. 336. Als Ms. gedr. Düsseldorf: VDI-Verl., 2001.

[279] WARTZACK, Sandro; SCHRÖPPEL, Tina; WOLF, Alexander; MIEHLING, Jörg: Roadmap to Consider Physiological and Psychological Aspects of User-product Interactions in Virtual Product Engineering. In: Proceedings of the 22nd International Conference on Engineering Design (ICED19): Cambridge University Press, 2019, S. 3989–3998.

[280] WATERS, T. R.; PUTZ-ANDERSON, V.; GARG, A.; FINE, L. J.: Revised NIOSH equation for the design and evaluation of manual lifting tasks. Ergonomics 36 (1993), Nr. 7, S. 749–776.

[281] WEBER, C.: What is a Feature and What is its Use – Results of FEMEX Working Group I. In: Proceedings of the 29th International Symposium on Automotive. Florenz, 1996, S. 287–296.

[282] WEBER, Christian: CPM/PDD - An Extended Theoretical Approach to Modelling Products and Product Development Processes. In: BLEY, Helmut; JANSEN, H.; KRAUSE, F.-L.; SHPITALNI, M. (Hrsg.): Proceedings of the 2nd German-Israeli Symposium on Advances in Methods and Systems for Development of Products and Processes. 07.-08.07.2005, Berlin. Stuttgart: Fraunhofer-IRB-Verlag, 2005, S. 159–179.

[283] WEGNER, Diana M.; REED, Matthew P.: Understanding Work Task Assessment Sensitivity to the Prediction of Standing Location. In: SAE Technical Paper Series. APR. 12, 2011: SAE International400 Commonwealth Drive, Warrendale, PA, United States, 2011.

[284] WINTER, David A.: The Biomechanics and Motor Control of Human Gait // The biomechanics and motor control of human gait. 4. Aufl. Hoboken NJ: wiley, 2009.

[285] WINTER, Martin; KRONFELD, Thomas; BRUNNETT, Guido: Semi-Automatic Task Planning of Virtual Humans in Digital Factory Settings. Computer-Aided Design and Applications 16 (2018), Nr. 4, S. 688–702.

[286] WIRSCHING, Hans-Joachim: Human Solutions RAMSIS. In: SCATAGLINI, Sofia; PAUL, Gunther (Hrsg.): DHM and posturography. London: Academic Press, 2019, S. 49–55.

[287] WIRSCHING, Hans-Joachim; FLEISCHER, Martin: Tool Development for Ergonomic Design of Automated Vehicles. In: BLACK, Nancy L.; NEUMANN, W. Patrick; NOY, Ian (Hrsg.): Proceedings of the 21st Congress of the International Ergonomics Association (IEA 2021). [S.l.]: SPRINGER NATURE, 2021, S. 439–446.

[288] WISCHNIEWSKI, Sascha: Digitale Ergonomie 2025. Trends und Strategien zur Gestaltung gebrauchstauglicher Produkte und sicherer, gesunder und wettbewerbsfähiger sozio-technischer Arbeitssysteme. 1. Auflage. Dortmund: Bundesanstalt für Arbeitsschutz und Arbeitsmedizin, 2013.

[289] Wolf A., Miehling J., Quadrat E., Nolte A., Fritzsche L., Bauer S., Spitzhirn M., Peters M., Leidholdt W., Wischniewski S., Wartzack S.: Virtuelles Planen und Bewerten menschlicher Arbeit. Arbeitsmedizin Sozialmedizin Umweltmedizin: ASU - Zeitschrift für medizinische Prävention (2019), 06-2019, S. 372–375.

[290] WYNN, David C.; ECKERT, Claudia M.: Perspectives on iteration in design and development. Research in Engineering Design 28 (2017), Nr. 2, S. 153–184.

[291] YANG, Jingzhou; MARLER, Tim; KIM, HyungJoo; FARRELL, Kimberly; MATHAI, Anith; BECK, Steven; ABDEL-MALEK, Karim; ARORA, Jasbir; NEBEL, Kyle: Santos™: A New Generation of Virtual Humans. SAE Technical Papers 2005-01-1407 (2005).

[292] ZAJAC, F. E.: Muscle and tendon: properties, models, scaling, and application to biomechanics and motor control. Critical reviews in biomedical engineering 17 (1989), Nr. 4, S. 359–411.

[293] ZILLES, Karl; TILLMANN, Bernhard: Anatomie. Springer-Lehrbuch. Berlin, Heidelberg: Springer-Verlag Berlin Heidelberg, 2010.

[294] ZÖLLER, Susan: Mapping Individual Subjective Values to Product Design: An Attitudes-Based Approach for User Centered Design. Dissertation, FAU University Press, 2019.

[295] ZÖLLER, Susan; SCHRÖPPEL, Tina; WARTZACK, Sandro: Introducing Emotional Bionics to Support Subjective Value Creation in Technical Products. International Journal of Affective Engineering 18 (2019), Nr. 2, S. 67–76.

[296] ZUKUNFTSINSTITUT: Megatrend-Dokumentation, 2020.

Verzeichnis promotionsbezogener, eigener Publikationen

[P1] WOLF, Alexander; MIEHLING, Jörg; WARTZACK, Sandro: Vorgehensweisen zur Vorhersage menschlicher Bewegung durch muskuloskelettale Simulation. In: KRAUSE, D.; PAETZOLD, K.; WARTZACK, S. (Hrsg.): Design for X. Beiträge zum 28. DfX-Symposium. Hamburg: TuTech Verlag, 2017, S. 13–24.

[P2] WOLF, Alexander; WARTZACK, Sandro: Parametric Movement Synthesis: Towards virtual Optimisation of Man-Machine Interaction in Engineering Design. In: MARJANOVIĆ, Dorian; ŠTORGA, Mario; ŠKEC, Stanko; BOJČETIĆ, Nenad; PAVKOVIĆ, Neven (Hrsg.): Design 2018. Zagreb, Glasgow: Faculty of Mechanical Engineering and Naval Architecture; Design Society, 2018, S. 941–952.

[P3] WOLF, Alexander; BINDER, Nicole; MIEHLING, Jörg; WARTZACK, Sandro: Towards Virtual Assessment of Human Factors: A Concept for Data Driven Prediction and Analysis of Physical User-product Interactions. In: Proceedings of the 22nd International Conference on Engineering Design (ICED19), 2019, S. 4029–4038.

[P4] WOLF, Alexander; KRÜGER, Daniel; MIEHLING, Jörg; WARTZACK, Sandro: Approaching an ergonomic future: An affordance-based interaction concept for digital human models. In: PUTNIK, Goran D. (Hrsg.): Procedia CIRP 84. 29th CIRP Design Conference 2019, 2019, S. 520–525.

[P5] WOLF, Alexander; MIEHLING, Jörg; WARTZACK, Sandro: Elementary affordances: A study on physical user-product interactions. In: MPOFU, Khumbulani; BUTALA, Peter (Hrsg.): Procedia CIRP 91. Enhancing design through the 4th Industrial Revolution Thinking, 2020, S. 621–626.

[P6] WOLF, Alexander; MIEHLING, Jörg; WARTZACK, Sandro: Challenges in interaction modelling with digital human models - A systematic literature review of interaction modelling approaches. Ergonomics 63 (2020), Nr. 11, S. 1442–1458.

[P7] WOLF, Alexander; WAGNER, Yvonne; OßWALD, Marius; MIEHLING, Jörg; WARTZACK, Sandro: Simplifying Computer Aided Ergonomics: A User-Product Interaction-Modeling Framework in CAD based on a Taxonomy of Elementary Affordances. IISE transactions on occupational ergonomics and human factors (2021), S 1-13.

[P8] WOLF, Alexander; WAGNER, Yvonne; OẞWALD, Marius; MIEHLING, Jörg; WARTZACK, Sandro: Simplifying Ergonomic Assessment for Designers: A User-Product Interaction-Modelling Framework in CAD. In: BLACK, Nancy L.; NEUMANN, W. Patrick; NOY, Ian (Hrsg.): Proceedings of the 21st Congress of the International Ergonomics Association: Springer Nature, 2021, S. 447–452.

Verzeichnis promotionsbezogener, studentischer Arbeiten

[S1] BINDER, Nicole: Entwicklung eines Verfahrens zur datengetriebenen Bewegungssynthese für muskuloskelettale Interaktionsanalysen. Masterarbeit (2017), Erlangen

[S2] THURNES, Markus: Integration eines parametrisch kinematischen Bewegungserzeugungsmodelles in eine biomechanische Simulationsumgebung. Masterarbeit (2018), Erlangen

[S3] GLESER, Michèle: Entwicklung eines Konzeptes zur datengetriebenen Bewegungserzeugung unter Zuhilfenahme künstlicher neuronaler Netze. Masterarbeit (2018), Erlangen

[S4] FARHANG-DAMGHANI: Konzipierung und Ausarbeitung einer Beschreibung physischer Mensch-Maschine Interaktionen mittels Affordanzen. Bachelorarbeit (2019), Erlangen

[S5] HARTMANN, Carla: Entwicklung eines Simulationsmodells zur affordanzbasierten Abbildung von Nutzer-Produkt-Interaktionen mittels muskuloskelettalen Menschmodellen. Masterarbeit (2019), Erlangen

[S6] KOHNERT, Julius: Entwicklung eines Konzeptes zur datendurchgängigen Abbildung von physischen Nutzer-Produkt-Interaktionen in CAD-Systemen. Projektarbeit (2020), Erlangen

[S7] WESELOH, Sophie: Entwicklung eines Ansatzes zur Modellierung von Produkten in muskuloskelettalen Mehrkörpermodellen. Masterarbeit (2020), Erlangen

[S8] WAGNER, Yvonne: Entwicklung einer Methode zur Abbildung von Affordanzen in CAD-Systemen mittels der Feature-Technologie. Masterarbeit (2020), Erlangen

[S9] OßWALD, Marius: Erweiterung einer Methode zur Abbildung von Affordanzen in Siemens NX. Forschungspraktikum (2020), Erlangen

[S10] MAREIS, Susanna Fritzi: Sensitivitätsstudie zur Applikabilität muskuloskelettaler Simulationen für die Ergonomiebewertung von Produkten. Projektarbeit (2020), Erlangen

[S11] LAUBER, Manuel: Studie zur Evaluierung allgemeingültiger Interaktionsstrategien einer kinematischen Körperhaltungsvorhersage. Bachelorarbeit (2021), Erlangen

[S12] FLEISCHMANN, Sophie: Marker-based simulation of musculoskeletal models using animation files. Forschungspraktikum (2021), Erlangen

[S13] FACKLER, Konrad: Entwicklung einer Methode zur Validierung prädiktiver Ergonomiebewertungen unter Anwendung biomechanischer Simulationstools. Masterarbeit (2021), Erlangen

Reihenübersicht

Koordination der Reihe (Stand 2022):
Geschäftsstelle Maschinenbau, Dr.-Ing. Oliver Kreis, www.mb.fau.de/diss/

Im Rahmen der Reihe sind bisher die nachfolgenden Bände erschienen.

Band 1 – 52
Fertigungstechnik – Erlangen
ISSN 1431-6226
Carl Hanser Verlag, München

Band 53 – 307
Fertigungstechnik – Erlangen
ISSN 1431-6226
Meisenbach Verlag, Bamberg

ab Band 308
FAU Studien aus dem Maschinenbau
ISSN 2625-9974
FAU University Press, Erlangen

Die Zugehörigkeit zu den jeweiligen Lehrstühlen ist wie folgt gekennzeichnet:

Lehrstühle:

FAPS	Lehrstuhl für Fertigungsautomatisierung und Produktionssystematik
FMT	Lehrstuhl für Fertigungsmesstechnik
KTmfk	Lehrstuhl für Konstruktionstechnik
LFT	Lehrstuhl für Fertigungstechnologie
LGT	Lehrstuhl für Gießereitechnik
LPT	Lehrstuhl für Photonische Technologien
REP	Lehrstuhl für Ressourcen- und Energieeffiziente Produktionsmaschinen

Band 1: Andreas Hemberger
Innovationspotentiale in der rechnerintegrierten Produktion durch wissensbasierte Systeme
FAPS, 208 Seiten, 107 Bilder. 1988.
ISBN 3-446-15234-2.

Band 2: Detlef Classe
Beitrag zur Steigerung der Flexibilität automatisierter Montagesysteme durch Sensorintegration und erweiterte Steuerungskonzepte
FAPS, 194 Seiten, 70 Bilder. 1988.
ISBN 3-446-15529-5.

Band 3: Friedrich-Wilhelm Nolting
Projektierung von Montagesystemen
FAPS, 201 Seiten, 107 Bilder, 1 Tab. 1989.
ISBN 3-446-15541-4.

Band 4: Karsten Schlüter
Nutzungsgradsteigerung von Montagesystemen durch den Einsatz der Simulationstechnik
FAPS, 177 Seiten, 97 Bilder. 1989.
ISBN 3-446-15542-2.

Band 5: Shir-Kuan Lin
Aufbau von Modellen zur Lageregelung von Industrierobotern
FAPS, 168 Seiten, 46 Bilder. 1989.
ISBN 3-446-15546-5.

Band 6: Rudolf Nuss
Untersuchungen zur Bearbeitungsqualität im Fertigungssystem Laserstrahlschneiden
LFT, 206 Seiten, 115 Bilder, 6 Tab. 1989.
ISBN 3-446-15783-2.

Band 7: Wolfgang Scholz
Modell zur datenbankgestützten Planung automatisierter Montageanlagen
FAPS, 194 Seiten, 89 Bilder. 1989.
ISBN 3-446-15825-1.

Band 8: Hans-Jürgen Wißmeier
Beitrag zur Beurteilung des Bruchverhaltens von Hartmetall-Fließpreßmatrizen
LFT, 179 Seiten, 99 Bilder, 9 Tab. 1989.
ISBN 3-446-15921-5.

Band 9: Rainer Eisele
Konzeption und Wirtschaftlichkeit von Planungssystemen in der Produktion
FAPS, 183 Seiten, 86 Bilder. 1990.
ISBN 3-446-16107-4.

Band 10: Rolf Pfeiffer
Technologisch orientierte Montageplanung am Beispiel der Schraubtechnik
FAPS, 216 Seiten, 102 Bilder, 16 Tab. 1990.
ISBN 3-446-16161-9.

Band 11: Herbert Fischer
Verteilte Planungssysteme zur Flexibilitätssteigerung der rechnerintegrierten Teilefertigung
FAPS, 201 Seiten, 82 Bilder. 1990.
ISBN 3-446-16105-8.

Band 12: Gerhard Kleineidam
CAD/CAP: Rechnergestützte Montagefeinplanung
FAPS, 203 Seiten, 107 Bilder. 1990.
ISBN 3-446-16112-0.

Band 13: Frank Vollertsen
Pulvermetallurgische Verarbeitung eines übereutektoiden verschleißfesten Stahls
LFT, XIII u. 217 Seiten, 67 Bilder, 34 Tab. 1990. ISBN 3-446-16133-3.

Band 14: Stephan Biermann
Untersuchungen zur Anlagen- und Prozeßdiagnostik für das Schneiden mit CO2-Hochleistungslasern
LFT, VIII u. 170 Seiten, 93 Bilder, 4 Tab. 1991. ISBN 3-446-16269-0.

Band 15: Uwe Geißler
Material- und Datenfluß in einer flexiblen Blechbearbeitungszelle
LFT, 124 Seiten, 41 Bilder, 7 Tab. 1991. ISBN 3-446-16358-1.

Band 16: Frank Oswald Hake
Entwicklung eines rechnergestützten Diagnosesystems für automatisierte Montagezellen
FAPS, XIV u. 166 Seiten, 77 Bilder. 1991. ISBN 3-446-16428-6.

Band 17: Herbert Reichel
Optimierung der Werkzeugbereitstellung durch rechnergestützte Arbeitsfolgenbestimmung
FAPS, 198 Seiten, 73 Bilder, 2 Tab. 1991. ISBN 3-446-16453-7.

Band 18: Josef Scheller
Modellierung und Einsatz von Softwaresystemen für rechnergeführte Montagezellen
FAPS, 198 Seiten, 65 Bilder. 1991. ISBN 3-446-16454-5.

Band 19: Arnold vom Ende
Untersuchungen zum Biegeumforme mit elastischer Matrize
LFT, 166 Seiten, 55 Bilder, 13 Tab. 1991. ISBN 3-446-16493-6.

Band 20: Joachim Schmid
Beitrag zum automatisierten Bearbeiten von Keramikguß mit Industrierobotern
FAPS, XIV u. 176 Seiten, 111 Bilder, 6 Tab. 1991. ISBN 3-446-16560-6.

Band 21: Egon Sommer
Multiprozessorsteuerung für kooperierende Industrieroboter in Montagezellen
FAPS, 188 Seiten, 102 Bilder. 1991. ISBN 3-446-17062-6.

Band 22: Georg Geyer
Entwicklung problemspezifischer Verfahrensketten in der Montage
FAPS, 192 Seiten, 112 Bilder. 1991. ISBN 3-446-16552-5.

Band 23: Rainer Flohr
Beitrag zur optimalen Verbindungstechnik in der Oberflächenmontage (SMT)
FAPS, 186 Seiten, 79 Bilder. 1991. ISBN 3-446-16568-1.

Band 24: Alfons Rief
Untersuchungen zur Verfahrensfolge Laserstrahlschneiden und -schweißen in der Rohkarosseriefertigung
LFT, VI u. 145 Seiten, 58 Bilder, 5 Tab. 1991. ISBN 3-446-16593-2.

Band 25: Christoph Thim
Rechnerunterstützte Optimierung von Materialflußstrukturen in der Elektronikmontage durch Simulation
FAPS, 188 Seiten, 74 Bilder. 1992.
ISBN 3-446-17118-5.

Band 26: Roland Müller
CO2 -Laserstrahlschneiden von kurzglasverstärkten Verbundwerkstoffen
LFT, 141 Seiten, 107 Bilder, 4 Tab. 1992.
ISBN 3-446-17104-5.

Band 27: Günther Schäfer
Integrierte Informationsverarbeitung bei der Montageplanung
FAPS, 195 Seiten, 76 Bilder. 1992.
ISBN 3-446-17117-7.

Band 28: Martin Hoffmann
Entwicklung einer CAD/CAM-Prozeßkette für die Herstellung von Blechbiegeteilen
LFT, 149 Seiten, 89 Bilder. 1992.
ISBN 3-446-17154-1.

Band 29: Peter Hoffmann
Verfahrensfolge Laserstrahlschneiden und -schweißen: Prozeßführung und Systemtechnik in der 3D-Laserstrahlbearbeitung von Blechformteilen
LFT, 186 Seiten, 92 Bilder, 10 Tab. 1992.
ISBN 3-446-17153-3.

Band 30: Olaf Schrödel
Flexible Werkstattsteuerung mit objektorientierten Softwarestrukturen
FAPS, 180 Seiten, 84 Bilder. 1992.
ISBN 3-446-17242-4.

Band 31: Hubert Reinisch
Planungs- und Steuerungswerkzeuge zur impliziten Geräteprogrammierung in Roboterzellen
FAPS, XI u. 212 Seiten, 112 Bilder. 1992.
ISBN 3-446-17380-3.

Band 32: Brigitte Bärnreuther
Ein Beitrag zur Bewertung des Kommunikationsverhaltens von Automatisierungsgeräten in flexiblen Produktionszellen
FAPS, XI u. 179 Seiten, 71 Bilder. 1992.
ISBN 3-446-17451-6.

Band 33: Joachim Hutfless
Laserstrahlregelung und Optikdiagnostik in der Strahlführung einer CO2-Hochleistungslaseranlage
LFT, 175 Seiten, 70 Bilder, 17 Tab. 1993.
ISBN 3-446-17532-6.

Band 34: Uwe Günzel
Entwicklung und Einsatz eines Simulationsverfahrens für operative und strategische Probleme der Produktionsplanung und -steuerung
FAPS, XIV u. 170 Seiten, 66 Bilder, 5 Tab. 1993. ISBN 3-446-17604-7.

Band 35: Bertram Ehmann
Operatives Fertigungscontrolling durch Optimierung auftragsbezogener Bearbeitungsabläufe in der Elektronikfertigung
FAPS, XV u. 167 Seiten, 114 Bilder. 1993.
ISBN 3-446-17658-6.

Band 36: Harald Kolléra
Entwicklung eines benutzerorientierten Werkstattprogrammiersystems für das Laserstrahlschneiden
LFT, 129 Seiten, 66 Bilder, 1 Tab. 1993.
ISBN 3-446-17719-1.

Band 37: Stephanie Abels
Modellierung und Optimierung von Montageanlagen in einem integrierten Simulationssystem
FAPS, 188 Seiten, 88 Bilder. 1993.
ISBN 3-446-17731-0.

Band 38: Robert Schmidt-Hebbel
Laserstrahlbohren durchflußbestimmender Durchgangslöcher
LFT, 145 Seiten, 63 Bilder, 11 Tab. 1993.
ISBN 3-446-17778-7.

Band 39: Norbert Lutz
Oberflächenfeinbearbeitung keramischer Werkstoffe mit XeCl-Excimerlaserstrahlung
LFT, 187 Seiten, 98 Bilder, 29 Tab. 1994.
ISBN 3-446-17970-4.

Band 40: Konrad Grampp
Rechnerunterstützung bei Test und Schulung an Steuerungssoftware von SMD-Bestücklinien
FAPS, 178 Seiten, 88 Bilder. 1995.
ISBN 3-446-18173-3.

Band 41: Martin Koch
Wissensbasierte Unterstützung der Angebotsbearbeitung in der Investitionsgüterindustrie
FAPS, 169 Seiten, 68 Bilder. 1995.
ISBN 3-446-18174-1.

Band 42: Armin Gropp
Anlagen- und Prozeßdiagnostik beim Schneiden mit einem gepulsten Nd:YAG-Laser
LFT, 160 Seiten, 88 Bilder, 7 Tab. 1995.
ISBN 3-446-18241-1.

Band 43: Werner Heckel
Optische 3D-Konturerfassung und on-line Biegewinkelmessung mit dem Lichtschnittverfahren
LFT, 149 Seiten, 43 Bilder, 11 Tab. 1995.
ISBN 3-446-18243-8.

Band 44: Armin Rothhaupt
Modulares Planungssystem zur Optimierung der Elektronikfertigung
FAPS, 180 Seiten, 101 Bilder. 1995.
ISBN 3-446-18307-8.

Band 45: Bernd Zöllner
Adaptive Diagnose in der Elektronikproduktion
FAPS, 195 Seiten, 74 Bilder, 3 Tab. 1995.
ISBN 3-446-18308-6.

Band 46: Bodo Vormann
Beitrag zur automatisierten Handhabungsplanung komplexer Blechbiegeteile
LFT, 126 Seiten, 89 Bilder, 3 Tab. 1995.
ISBN 3-446-18345-0.

Band 47: Peter Schnepf
Zielkostenorientierte Montageplanung
FAPS, 144 Seiten, 75 Bilder. 1995.
ISBN 3-446-18397-3.

Band 48: Rainer Klotzbücher
Konzept zur rechnerintegrierten Materialversorgung in flexiblen Fertigungssystemen
FAPS, 156 Seiten, 62 Bilder. 1995.
ISBN 3-446-18412-0.

Band 49: Wolfgang Greska
Wissensbasierte Analyse und Klassifizierung von Blechteilen
LFT, 144 Seiten, 96 Bilder. 1995.
ISBN 3-446-18462-7.

Band 50: Jörg Franke
Integrierte Entwicklung neuer Produkt- und Produktionstechnologien für räumliche spritzgegossene Schaltungsträger (3-D MID)
FAPS, 196 Seiten, 86 Bilder, 4 Tab. 1995.
ISBN 3-446-18448-1.

Band 51: Franz-Josef Zeller
Sensorplanung und schnelle Sensorregelung für Industrieroboter
FAPS, 190 Seiten, 102 Bilder, 9 Tab. 1995.
ISBN 3-446-18601-8.

Band 52: Michael Solvie
Zeitbehandlung und Multimedia-Unterstützung in Feldkommunikationssystemen
FAPS, 200 Seiten, 87 Bilder, 35 Tab. 1996.
ISBN 3-446-18607-7.

Band 53: Robert Hopperdietzel
Reengineering in der Elektro- und Elektronikindustrie
FAPS, 180 Seiten, 109 Bilder, 1 Tab. 1996.
ISBN 3-87525-070-2.

Band 54: Thomas Rebhahn
Beitrag zur Mikromaterialbearbeitung mit Excimerlasern - Systemkomponenten und Verfahrensoptimierungen
LFT, 148 Seiten, 61 Bilder, 10 Tab. 1996.
ISBN 3-87525-075-3.

Band 55: Henning Hanebuth
Laserstrahlhartlöten mit Zweistrahltechnik
LFT, 157 Seiten, 58 Bilder, 11 Tab. 1996.
ISBN 3-87525-074-5.

Band 56: Uwe Schönherr
Steuerung und Sensordatenintegration für flexible Fertigungszellen mit kooperierenden Robotern
FAPS, 188 Seiten, 116 Bilder, 3 Tab. 1996.
ISBN 3-87525-076-1.

Band 57: Stefan Holzer
Berührungslose Formgebung mit Laserstrahlung
LFT, 162 Seiten, 69 Bilder, 11 Tab. 1996.
ISBN 3-87525-079-6.

Band 58: Markus Schultz
Fertigungsqualität beim 3D-Laserstrahlschweißen von Blechformteilen
LFT, 165 Seiten, 88 Bilder, 9 Tab. 1997.
ISBN 3-87525-080-X.

Band 59: Thomas Krebs
Integration elektromechanischer CA-Anwendungen über einem STEP-Produktmodell
FAPS, 198 Seiten, 58 Bilder, 8 Tab. 1997.
ISBN 3-87525-081-8.

Band 60: Jürgen Sturm
Prozeßintegrierte Qualitätssicherung in der Elektronikproduktion
FAPS, 167 Seiten, 112 Bilder, 5 Tab. 1997.
ISBN 3-87525-082-6.

Band 61: Andreas Brand
Prozesse und Systeme zur Bestückung räumlicher elektronischer Baugruppen (3D-MID)
FAPS, 182 Seiten, 100 Bilder. 1997.
ISBN 3-87525-087-7.

Band 62: Michael Kauf
Regelung der Laserstrahlleistung und der Fokusparameter einer CO2-Hochleistungslaseranlage
LFT, 140 Seiten, 70 Bilder, 5 Tab. 1997.
ISBN 3-87525-083-4.

Band 63: Peter Steinwasser
Modulares Informationsmanagement in der integrierten Produkt- und Prozeßplanung
FAPS, 190 Seiten, 87 Bilder. 1997.
ISBN 3-87525-084-2.

Band 64: Georg Liedl
Integriertes Automatisierungskonzept für den flexiblen Materialfluß in der Elektronikproduktion
FAPS, 196 Seiten, 96 Bilder, 3 Tab. 1997.
ISBN 3-87525-086-9.

Band 65: Andreas Otto
Transiente Prozesse beim Laserstrahlschweißen
LFT, 132 Seiten, 62 Bilder, 1 Tab. 1997.
ISBN 3-87525-089-3.

Band 66: Wolfgang Blöchl
Erweiterte Informationsbereitstellung an offenen CNC-Steuerungen zur Prozeß- und Programmoptimierung
FAPS, 168 Seiten, 96 Bilder. 1997.
ISBN 3-87525-091-5.

Band 67: Klaus-Uwe Wolf
Verbesserte Prozeßführung und Prozeßplanung zur Leistungs- und Qualitätssteigerung beim Spulenwickeln
FAPS, 186 Seiten, 125 Bilder. 1997.
ISBN 3-87525-092-3.

Band 68: Frank Backes
Technologieorientierte Bahnplanung für die 3D-Laserstrahlbearbeitung
LFT, 138 Seiten, 71 Bilder, 2 Tab. 1997.
ISBN 3-87525-093-1.

Band 69: Jürgen Kraus
Laserstrahlumformen von Profilen
LFT, 137 Seiten, 72 Bilder, 8 Tab. 1997.
ISBN 3-87525-094-X.

Band 70: Norbert Neubauer
Adaptive Strahlführungen für CO2-Laseranlagen
LFT, 120 Seiten, 50 Bilder, 3 Tab. 1997.
ISBN 3-87525-095-8.

Band 71: Michael Steber
Prozeßoptimierter Betrieb flexibler Schraubstationen in der automatisierten Montage
FAPS, 168 Seiten, 78 Bilder, 3 Tab. 1997.
ISBN 3-87525-096-6.

Band 72: Markus Pfestorf
Funktionale 3D-Oberflächenkenngrößen in der Umformtechnik
LFT, 162 Seiten, 84 Bilder, 15 Tab. 1997.
ISBN 3-87525-097-4.

Band 73: Volker Franke
Integrierte Planung und Konstruktion von Werkzeugen für die Biegebearbeitung
LFT, 143 Seiten, 81 Bilder. 1998.
ISBN 3-87525-098-2.

Band 74: Herbert Scheller
Automatisierte Demontagesysteme und recyclinggerechte Produktgestaltung elektronischer Baugruppen
FAPS, 184 Seiten, 104 Bilder, 17 Tab. 1998.
ISBN 3-87525-099-0.

Band 75: Arthur Meßner
Kaltmassivumformung metallischer Kleinstteile – Werkstoffverhalten, Wirkflächenreibung, Prozeßauslegung
LFT, 164 Seiten, 92 Bilder, 14 Tab. 1998.
ISBN 3-87525-100-8.

Band 76: Mathias Glasmacher
Prozeß- und Systemtechnik zum Laserstrahl-Mikroschweißen
LFT, 184 Seiten, 104 Bilder, 12 Tab. 1998.
ISBN 3-87525-101-6.

Band 77: Michael Schwind
Zerstörungsfreie Ermittlung mechanischer Eigenschaften von Feinblechen mit dem Wirbelstromverfahren
LFT, 124 Seiten, 68 Bilder, 8 Tab. 1998.
ISBN 3-87525-102-4.

Band 78: Manfred Gerhard
Qualitätssteigerung in der Elektronikproduktion durch Optimierung der Prozeßführung beim Löten komplexer Baugruppen
FAPS, 179 Seiten, 113 Bilder, 7 Tab. 1998.
ISBN 3-87525-103-2.

Band 79: Elke Rauh
Methodische Einbindung der Simulation in die betrieblichen Planungs- und Entscheidungsabläufe
FAPS, 192 Seiten, 114 Bilder, 4 Tab. 1998.
ISBN 3-87525-104-0.

Band 80: Sorin Niederkorn
Meßeinrichtung zur Untersuchung der Wirkflächenreibung bei umformtechnischen Prozessen
LFT, 99 Seiten, 46 Bilder, 6 Tab. 1998.
ISBN 3-87525-105-9.

Band 81: Stefan Schuberth
Regelung der Fokuslage beim Schweißen mit CO_2-Hochleistungslasern unter Einsatz von adaptiven Optiken
LFT, 140 Seiten, 64 Bilder, 3 Tab. 1998.
ISBN 3-87525-106-7.

Band 82: Armando Walter Colombo
Development and Implementation of Hierarchical Control Structures of Flexible Production Systems Using High Level Petri Nets
FAPS, 216 Seiten, 86 Bilder. 1998.
ISBN 3-87525-109-1.

Band 83: Otto Meedt
Effizienzsteigerung bei Demontage und Recycling durch flexible Demontagetechnologien und optimierte Produktgestaltung
FAPS, 186 Seiten, 103 Bilder. 1998.
ISBN 3-87525-108-3.

Band 84: Knuth Götz
Modelle und effiziente Modellbildung zur Qualitätssicherung in der Elektronikproduktion
FAPS, 212 Seiten, 129 Bilder, 24 Tab. 1998.
ISBN 3-87525-112-1.

Band 85: Ralf Luchs
Einsatzmöglichkeiten leitender Klebstoffe zur zuverlässigen Kontaktierung elektronischer Bauelemente in der SMT
FAPS, 176 Seiten, 126 Bilder, 30 Tab. 1998.
ISBN 3-87525-113-7.

Band 86: Frank Pöhlau
Entscheidungsgrundlagen zur Einführung räumlicher spritzgegossener Schaltungsträger (3-D MID)
FAPS, 144 Seiten, 99 Bilder. 1999.
ISBN 3-87525-114-8.

Band 87: Roland T. A. Kals
Fundamentals on the miniaturization of sheet metal working processes
LFT, 128 Seiten, 58 Bilder, 11 Tab. 1999.
ISBN 3-87525-115-6.

Band 88: Gerhard Luhn
Implizites Wissen und technisches Handeln am Beispiel der Elektronikproduktion
FAPS, 252 Seiten, 61 Bilder, 1 Tab. 1999.
ISBN 3-87525-116-4.

Band 89: Axel Sprenger
Adaptives Streckbiegen von Aluminium-Strangpreßprofilen
LFT, 114 Seiten, 63 Bilder, 4 Tab. 1999.
ISBN 3-87525-117-2.

Band 90: Hans-Jörg Pucher
Untersuchungen zur Prozeßfolge Umformen, Bestücken und Laserstrahllöten von Mikrokontakten
LFT, 158 Seiten, 69 Bilder, 9 Tab. 1999.
ISBN 3-87525-119-9.

Band 91: Horst Arnet
Profilbiegen mit kinematischer Gestalterzeugung
LFT, 128 Seiten, 67 Bilder, 7 Tab. 1999.
ISBN 3-87525-120-2.

Band 92: Doris Schubart
Prozeßmodellierung und Technologieentwicklung beim Abtragen mit CO2-Laserstrahlung
LFT, 133 Seiten, 57 Bilder, 13 Tab. 1999.
ISBN 3-87525-122-9.

Band 93: Adrianus L. P. Coremans
Laserstrahlsintern von Metallpulver - Prozeßmodellierung, Systemtechnik, Eigenschaften laserstrahlgesinterter Metallkörper
LFT, 184 Seiten, 108 Bilder, 12 Tab. 1999.
ISBN 3-87525-124-5.

Band 94: Hans-Martin Biehler
Optimierungskonzepte für Qualitätsdatenverarbeitung und Informationsbereitstellung in der Elektronikfertigung
FAPS, 194 Seiten, 105 Bilder. 1999.
ISBN 3-87525-126-1.

Band 95: Wolfgang Becker
Oberflächenausbildung und tribologische Eigenschaften excimerlaserstrahlbearbeiteter Hochleistungskeramiken
LFT, 175 Seiten, 71 Bilder, 3 Tab. 1999.
ISBN 3-87525-127-X.

Band 96: Philipp Hein
Innenhochdruck-Umformen von Blechpaaren: Modellierung, Prozeßauslegung und Prozeßführung
LFT, 129 Seiten, 57 Bilder, 7 Tab. 1999.
ISBN 3-87525-128-8.

Band 97: Gunter Beitinger
Herstellungs- und Prüfverfahren für thermoplastische Schaltungsträger
FAPS, 169 Seiten, 92 Bilder, 20 Tab. 1999.
ISBN 3-87525-129-6.

Band 98: Jürgen Knoblach
Beitrag zur rechnerunterstützten verursachungsgerechten Angebotskalkulation von Blechteilen mit Hilfe wissensbasierter Methoden
LFT, 155 Seiten, 53 Bilder, 26 Tab. 1999.
ISBN 3-87525-130-X.

Band 99: Frank Breitenbach
Bildverarbeitungssystem zur Erfassung der Anschlußgeometrie elektronischer SMT-Bauelemente
LFT, 147 Seiten, 92 Bilder, 12 Tab. 2000.
ISBN 3-87525-131-8.

Band 100: Bernd Falk
Simulationsbasierte Lebensdauervorhersage für Werkzeuge der Kaltmassivumformung
LFT, 134 Seiten, 44 Bilder, 15 Tab. 2000.
ISBN 3-87525-136-9.

Band 101: Wolfgang Schlögl
Integriertes Simulationsdaten-Management für Maschinenentwicklung und Anlagenplanung
FAPS, 169 Seiten, 101 Bilder, 20 Tab. 2000.
ISBN 3-87525-137-7.

Band 102: Christian Hinsel
Ermüdungsbruchversagen hartstoffbeschichteter Werkzeugstähle in der Kaltmassivumformung
LFT, 130 Seiten, 80 Bilder, 14 Tab. 2000.
ISBN 3-87525-138-5.

Band 103: Stefan Bobbert
Simulationsgestützte Prozessauslegung für das Innenhochdruck-Umformen von Blechpaaren
LFT, 123 Seiten, 77 Bilder. 2000.
ISBN 3-87525-145-8.

Band 104: Harald Rottbauer
Modulares Planungswerkzeug zum Produktionsmanagement in der Elektronikproduktion
FAPS, 166 Seiten, 106 Bilder. 2001.
ISBN 3-87525-139-3.

Band 105: Thomas Hennige
Flexible Formgebung von Blechen durch Laserstrahlumformen
LFT, 119 Seiten, 50 Bilder. 2001.
ISBN 3-87525-140-7.

Band 106: Thomas Menzel
Wissensbasierte Methoden für die rechnergestützte Charakterisierung und Bewertung innovativer Fertigungsprozesse
LFT, 152 Seiten, 71 Bilder. 2001.
ISBN 3-87525-142-3.

Band 107: Thomas Stöckel
Kommunikationstechnische Integration der Prozeßebene in Produktionssysteme durch Middleware-Frameworks
FAPS, 147 Seiten, 65 Bilder, 5 Tab. 2001.
ISBN 3-87525-143-1.

Band 108: Frank Pitter
Verfügbarkeitssteigerung von Werkzeugmaschinen durch Einsatz mechatronischer Sensorlösungen
FAPS, 158 Seiten, 131 Bilder, 8 Tab. 2001.
ISBN 3-87525-144-X.

Band 109: Markus Korneli
Integration lokaler CAP-Systeme in einen globalen Fertigungsdatenverbund
FAPS, 121 Seiten, 53 Bilder, 11 Tab. 2001.
ISBN 3-87525-146-6.

Band 110: Burkhard Müller
Laserstrahljustieren mit Excimer-Lasern - Prozeßparameter und Modelle zur Aktorkonstruktion
LFT, 128 Seiten, 36 Bilder, 9 Tab. 2001.
ISBN 3-87525-159-8.

Band 111: Jürgen Göhringer
Integrierte Telediagnose via Internet zum effizienten Service von Produktionssystemen
FAPS, 178 Seiten, 98 Bilder, 5 Tab. 2001.
ISBN 3-87525-147-4.

Band 112: Robert Feuerstein
Qualitäts- und kosteneffiziente Integration neuer Bauelementetechnologien in die Flachbaugruppenfertigung
FAPS, 161 Seiten, 99 Bilder, 10 Tab. 2001.
ISBN 3-87525-151-2.

Band 113: Marcus Reichenberger
Eigenschaften und Einsatzmöglichkeiten alternativer Elektroniklote in der Oberflächenmontage (SMT)
FAPS, 165 Seiten, 97 Bilder, 18 Tab. 2001.
ISBN 3-87525-152-0.

Band 114: Alexander Huber
Justieren vormontierter Systeme mit dem Nd:YAG-Laser unter Einsatz von Aktoren
LFT, 122 Seiten, 58 Bilder, 5 Tab. 2001.
ISBN 3-87525-153-9.

Band 115: Sami Krimi
Analyse und Optimierung von Montagesystemen in der Elektronikproduktion
FAPS, 155 Seiten, 88 Bilder, 3 Tab. 2001.
ISBN 3-87525-157-1.

Band 116: Marion Merklein
Laserstrahlumformen von Aluminiumwerkstoffen - Beeinflussung der Mikrostruktur und der mechanischen Eigenschaften
LFT, 122 Seiten, 65 Bilder, 15 Tab. 2001.
ISBN 3-87525-156-3.

Band 117: Thomas Collisi
Ein informationslogistisches Architekturkonzept zur Akquisition simulationsrelevanter Daten
FAPS, 181 Seiten, 105 Bilder, 7 Tab. 2002.
ISBN 3-87525-164-4.

Band 118: Markus Koch
Rationalisierung und ergonomische Optimierung im Innenausbau durch den Einsatz moderner Automatisierungstechnik
FAPS, 176 Seiten, 98 Bilder, 9 Tab. 2002.
ISBN 3-87525-165-2.

Band 119: Michael Schmidt
Prozeßregelung für das Laserstrahl-Punktschweißen in der Elektronikproduktion
LFT, 152 Seiten, 71 Bilder, 3 Tab. 2002.
ISBN 3-87525-166-0.

Band 120: Nicolas Tiesler
Grundlegende Untersuchungen zum Fließpressen metallischer Kleinstteile
LFT, 126 Seiten, 78 Bilder, 12 Tab. 2002.
ISBN 3-87525-175-X.

Band 121: Lars Pursche
Methoden zur technologieorientierten Programmierung für die 3D-Lasermikrobearbeitung
LFT, 111 Seiten, 39 Bilder, 0 Tab. 2002.
ISBN 3-87525-183-0.

Band 122: Jan-Oliver Brassel
Prozeßkontrolle beim Laserstrahl-Mikroschweißen
LFT, 148 Seiten, 72 Bilder, 12 Tab. 2002.
ISBN 3-87525-181-4.

Band 123: Mark Geisel
Prozeßkontrolle und -steuerung beim Laserstrahlschweißen mit den Methoden der nichtlinearen Dynamik
LFT, 135 Seiten, 46 Bilder, 2 Tab. 2002.
ISBN 3-87525-180-6.

Band 124: Gerd Eßer
Laserstrahlunterstützte Erzeugung metallischer Leiterstrukturen auf Thermoplastsubstraten für die MID-Technik
LFT, 148 Seiten, 60 Bilder, 6 Tab. 2002.
ISBN 3-87525-171-7.

Band 125: Marc Fleckenstein
Qualität laserstrahl-gefügter Mikroverbindungen elektronischer Kontakte
LFT, 159 Seiten, 77 Bilder, 7 Tab. 2002.
ISBN 3-87525-170-9.

Band 126: Stefan Kaufmann
Grundlegende Untersuchungen zum Nd:YAG- Laserstrahlfügen von Silizium für Komponenten der Optoelektronik
LFT, 159 Seiten, 100 Bilder, 6 Tab. 2002.
ISBN 3-87525-172-5.

Band 127: Thomas Fröhlich
Simultanes Löten von Anschlußkontakten elektronischer Bauelemente mit Diodenlaserstrahlung
LFT, 143 Seiten, 75 Bilder, 6 Tab. 2002.
ISBN 3-87525-186-5.

Band 128: Achim Hofmann
Erweiterung der Formgebungsgrenzen beim Umformen von Aluminiumwerkstoffen durch den Einsatz prozessangepasster Platinen
LFT, 113 Seiten, 58 Bilder, 4 Tab. 2002.
ISBN 3-87525-182-2.

Band 129: Ingo Kriebitzsch
3 - D MID Technologie in der Automobilelektronik
FAPS, 129 Seiten, 102 Bilder, 10 Tab. 2002.
ISBN 3-87525-169-5.

Band 130: Thomas Pohl
Fertigungsqualität und Umformbarkeit laserstrahlgeschweißter Formplatinen aus Aluminiumlegierungen
LFT, 133 Seiten, 93 Bilder, 12 Tab. 2002.
ISBN 3-87525-173-3.

Band 131: Matthias Wenk
Entwicklung eines konfigurierbaren Steuerungssystems für die flexible Sensorführung von Industrierobotern
FAPS, 167 Seiten, 85 Bilder, 1 Tab. 2002.
ISBN 3-87525-174-1.

Band 132: Matthias Negendanck
Neue Sensorik und Aktorik für Bearbeitungsköpfe zum Laserstrahlschweißen
LFT, 116 Seiten, 60 Bilder, 14 Tab. 2002.
ISBN 3-87525-184-9.

Band 133: Oliver Kreis
Integrierte Fertigung - Verfahrensintegration durch Innenhochdruck-Umformen, Trennen und Laserstrahlschweißen in einem Werkzeug sowie ihre tele- und multimediale Präsentation
LFT, 167 Seiten, 90 Bilder, 43 Tab. 2002.
ISBN 3-87525-176-8.

Band 134: Stefan Trautner
Technische Umsetzung produktbezogener Instrumente der Umweltpolitik bei Elektro- und Elektronikgeräten
FAPS, 179 Seiten, 92 Bilder, 11 Tab. 2002.
ISBN 3-87525-177-6.

Band 135: Roland Meier
Strategien für einen produktorientierten Einsatz räumlicher spritzgegossener Schaltungsträger (3-D MID)
FAPS, 155 Seiten, 88 Bilder, 14 Tab. 2002.
ISBN 3-87525-178-4.

Band 136: Jürgen Wunderlich
Kostensimulation - Simulationsbasierte Wirtschaftlichkeitsregelung komplexer Produktionssysteme
FAPS, 202 Seiten, 119 Bilder, 17 Tab. 2002.
ISBN 3-87525-179-2.

Band 137: Stefan Novotny
Innenhochdruck-Umformen von Blechen aus Aluminium- und Magnesiumlegierungen bei erhöhter Temperatur
LFT, 132 Seiten, 82 Bilder, 6 Tab. 2002.
ISBN 3-87525-185-7.

Band 138: Andreas Licha
Flexible Montageautomatisierung zur Komplettmontage flächenhafter Produktstrukturen durch kooperierende Industrieroboter
FAPS, 158 Seiten, 87 Bilder, 8 Tab. 2003.
ISBN 3-87525-189-X.

Band 139: Michael Eisenbarth
Beitrag zur Optimierung der Aufbau- und Verbindungstechnik für mechatronische Baugruppen
FAPS, 207 Seiten, 141 Bilder, 9 Tab. 2003.
ISBN 3-87525-190-3.

Band 140: Frank Christoph
Durchgängige simulationsgestützte Planung von Fertigungseinrichtungen der Elektronikproduktion
FAPS, 187 Seiten, 107 Bilder, 9 Tab. 2003.
ISBN 3-87525-191-1.

Band 141: Hinnerk Hagenah
Simulationsbasierte Bestimmung der zu erwartenden Maßhaltigkeit für das Blechbiegen
LFT, 131 Seiten, 36 Bilder, 26 Tab. 2003.
ISBN 3-87525-192-X.

Band 142: Ralf Eckstein
Scherschneiden und Biegen metallischer Kleinstteile - Materialeinfluss und Materialverhalten
LFT, 148 Seiten, 71 Bilder, 19 Tab. 2003.
ISBN 3-87525-193-8.

Band 143: Frank H. Meyer-Pittroff
Excimerlaserstrahlbiegen dünner metallischer Folien mit homogener Lichtlinie
LFT, 138 Seiten, 60 Bilder, 16 Tab. 2003.
ISBN 3-87525-196-2.

Band 144: Andreas Kach
Rechnergestützte Anpassung von Laserstrahlschneidbahnen an Bauteilabweichungen
LFT, 139 Seiten, 69 Bilder, 11 Tab. 2004.
ISBN 3-87525-197-0.

Band 145: Stefan Hierl
System- und Prozeßtechnik für das simultane Löten mit Diodenlaserstrahlung von elektronischen Bauelementen
LFT, 124 Seiten, 66 Bilder, 4 Tab. 2004.
ISBN 3-87525-198-9.

Band 146: Thomas Neudecker
Tribologische Eigenschaften keramischer Blechumformwerkzeuge- Einfluss einer Oberflächenendbearbeitung mittels Excimerlaserstrahlung
LFT, 166 Seiten, 75 Bilder, 26 Tab. 2004.
ISBN 3-87525-200-4.

Band 147: Ulrich Wenger
Prozessoptimierung in der Wickeltechnik durch innovative maschinenbauliche und regelungstechnische Ansätze
FAPS, 132 Seiten, 88 Bilder, 0 Tab. 2004.
ISBN 3-87525-203-9.

Band 148: Stefan Slama
Effizienzsteigerung in der Montage durch marktorientierte Montagestrukturen und erweiterte Mitarbeiterkompetenz
FAPS, 188 Seiten, 125 Bilder, 0 Tab. 2004.
ISBN 3-87525-204-7.

Band 149: Thomas Wurm
Laserstrahljustieren mittels Aktoren-Entwicklung von Konzepten und Methoden für die rechnerunterstützte Modellierung und Optimierung von komplexen Aktorsystemen in der Mikrotechnik
LFT, 122 Seiten, 51 Bilder, 9 Tab. 2004.
ISBN 3-87525-206-3.

Band 150: Martino Celeghini
Wirkmedienbasierte Blechumformung: Grundlagenuntersuchungen zum Einfluss von Werkstoff und Bauteilgeometrie
LFT, 146 Seiten, 77 Bilder, 6 Tab. 2004.
ISBN 3-87525-207-1.

Band 151: Ralph Hohenstein
Entwurf hochdynamischer Sensor- und Regelsysteme für die adaptive Laserbearbeitung
LFT, 282 Seiten, 63 Bilder, 16 Tab. 2004.
ISBN 3-87525-210-1.

Band 152: Angelika Hutterer
Entwicklung prozessüberwachender Regelkreise für flexible Formgebungsprozesse
LFT, 149 Seiten, 57 Bilder, 2 Tab. 2005.
ISBN 3-87525-212-8.

Band 153: Emil Egerer
Massivumformen metallischer Kleinstteile bei erhöhter Prozesstemperatur
LFT, 158 Seiten, 87 Bilder, 10 Tab. 2005.
ISBN 3-87525-213-6.

Band 154: Rüdiger Holzmann
Strategien zur nachhaltigen Optimierung von Qualität und Zuverlässigkeit in der Fertigung hochintegrierter Flachbaugruppen
FAPS, 186 Seiten, 99 Bilder, 19 Tab. 2005.
ISBN 3-87525-217-9.

Band 155: Marco Nock
Biegeumformen mit Elastomerwerkzeugen Modellierung, Prozessauslegung und Abgrenzung des Verfahrens am Beispiel des Rohrbiegens
LFT, 164 Seiten, 85 Bilder, 13 Tab. 2005.
ISBN 3-87525-218-7.

Band 156: Frank Niebling
Qualifizierung einer Prozesskette zum Laserstrahlsintern metallischer Bauteile
LFT, 148 Seiten, 89 Bilder, 3 Tab. 2005.
ISBN 3-87525-219-5.

Band 157: Markus Meiler
Großserientauglichkeit trockenschmierstoffbeschichteter Aluminiumbleche im Presswerk Grundlegende Untersuchungen zur Tribologie, zum Umformverhalten und Bauteilversuche
LFT, 104 Seiten, 57 Bilder, 21 Tab. 2005.
ISBN 3-87525-221-7.

Band 158: Agus Sutanto
Solution Approaches for Planning of Assembly Systems in Three-Dimensional Virtual Environments
FAPS, 169 Seiten, 98 Bilder, 3 Tab. 2005.
ISBN 3-87525-220-9.

Band 159: Matthias Boiger
Hochleistungssysteme für die Fertigung elektronischer Baugruppen auf der Basis flexibler Schaltungsträger
FAPS, 175 Seiten, 111 Bilder, 8 Tab. 2005.
ISBN 3-87525-222-5.

Band 160: Matthias Pitz
Laserunterstütztes Biegen höchstfester Mehrphasenstähle
LFT, 120 Seiten, 73 Bilder, 11 Tab. 2005.
ISBN 3-87525-223-3.

Band 161: Meik Vahl
Beitrag zur gezielten Beeinflussung des Werkstoffflusses beim Innenhochdruck-Umformen von Blechen
LFT, 165 Seiten, 94 Bilder, 15 Tab. 2005.
ISBN 3-87525-224-1.

Band 162: Peter K. Kraus
Plattformstrategien - Realisierung einer varianz- und kostenoptimierten Wertschöpfung
FAPS, 181 Seiten, 95 Bilder, 0 Tab. 2005.
ISBN 3-87525-226-8.

Band 163: Adrienn Cser
Laserstrahlschmelzabtrag - Prozessanalyse und -modellierung
LFT, 146 Seiten, 79 Bilder, 3 Tab. 2005.
ISBN 3-87525-227-6.

Band 164: Markus C. Hahn
Grundlegende Untersuchungen zur Herstellung von Leichtbauverbundstrukturen mit Aluminiumschaumkern
LFT, 143 Seiten, 60 Bilder, 16 Tab. 2005.
ISBN 3-87525-228-4.

Band 165: Gordana Michos
Mechatronische Ansätze zur Optimierung von Vorschubachsen
FAPS, 146 Seiten, 87 Bilder, 17 Tab. 2005.
ISBN 3-87525-230-6.

Band 166: Markus Stark
Auslegung und Fertigung hochpräziser Faser-Kollimator-Arrays
LFT, 158 Seiten, 115 Bilder, 11 Tab. 2005.
ISBN 3-87525-231-4.

Band 167: Yurong Zhou
Kollaboratives Engineering Management in der integrierten virtuellen Entwicklung der Anlagen für die Elektronikproduktion
FAPS, 156 Seiten, 84 Bilder, 6 Tab. 2005.
ISBN 3-87525-232-2.

Band 168: Werner Enser
Neue Formen permanenter und lösbarer elektrischer Kontaktierungen für mechatronische Baugruppen
FAPS, 190 Seiten, 112 Bilder, 5 Tab. 2005.
ISBN 3-87525-233-0.

Band 169: Katrin Melzer
Integrierte Produktpolitik bei elektrischen und elektronischen Geräten zur Optimierung des Product-Life-Cycle
FAPS, 155 Seiten, 91 Bilder, 17 Tab. 2005.
ISBN 3-87525-234-9.

Band 170: Alexander Putz
Grundlegende Untersuchungen zur Erfassung der realen Vorspannung von armierten Kaltfließpresswerkzeugen mittels Ultraschall
LFT, 137 Seiten, 71 Bilder, 15 Tab. 2006.
ISBN 3-87525-237-3.

Band 171: Martin Prechtl
Automatisiertes Schichtverfahren für metallische Folien - System- und Prozesstechnik
LFT, 154 Seiten, 45 Bilder, 7 Tab. 2006.
ISBN 3-87525-238-1.

Band 172: Markus Meidert
Beitrag zur deterministischen Lebensdauerabschätzung von Werkzeugen der Kaltmassivumformung
LFT, 131 Seiten, 78 Bilder, 9 Tab. 2006.
ISBN 3-87525-239-X.

Band 173: Bernd Müller
Robuste, automatisierte Montagesysteme durch adaptive Prozessführung und montageübergreifende Fehlerprävention am Beispiel flächiger Leichtbauteile
FAPS, 147 Seiten, 77 Bilder, 0 Tab. 2006.
ISBN 3-87525-240-3.

Band 174: Alexander Hofmann
Hybrides Laserdurchstrahlschweißen von Kunststoffen
LFT, 136 Seiten, 72 Bilder, 4 Tab. 2006.
ISBN 978-3-87525-243-9.

Band 175: Peter Wölflick
Innovative Substrate und Prozesse mit feinsten Strukturen für bleifreie Mechatronik-Anwendungen
FAPS, 177 Seiten, 148 Bilder, 24 Tab. 2006.
ISBN 978-3-87525-246-0.

Band 176: Attila Komlodi
Detection and Prevention of Hot Cracks during Laser Welding of Aluminium Alloys Using Advanced Simulation Methods
LFT, 155 Seiten, 89 Bilder, 14 Tab. 2006.
ISBN 978-3-87525-248-4.

Band 177: Uwe Popp
Grundlegende Untersuchungen zum Laserstrahlstrukturieren von Kaltmassivumformwerkzeugen
LFT, 140 Seiten, 67 Bilder, 16 Tab. 2006.
ISBN 978-3-87525-249-1.

Band 178: Veit Rückel
Rechnergestützte Ablaufplanung und Bahngenerierung Für kooperierende Industrieroboter
FAPS, 148 Seiten, 75 Bilder, 7 Tab. 2006.
ISBN 978-3-87525-250-7.

Band 179: Manfred Dirscherl
Nicht-thermische Mikrojustiertechnik mittels ultrakurzer Laserpulse
LFT, 154 Seiten, 69 Bilder, 10 Tab. 2007.
ISBN 978-3-87525-251-4.

Band 180: Yong Zhuo
Entwurf eines rechnergestützten integrierten Systems für Konstruktion und Fertigungsplanung räumlicher spritzgegossener Schaltungsträger (3D-MID)
FAPS, 181 Seiten, 95 Bilder, 5 Tab. 2007.
ISBN 978-3-87525-253-8.

Band 181: Stefan Lang
Durchgängige Mitarbeiterinformation zur Steigerung von Effizienz und Prozesssicherheit in der Produktion
FAPS, 172 Seiten, 93 Bilder. 2007.
ISBN 978-3-87525-257-6.

Band 182: Hans-Joachim Krauß
Laserstrahlinduzierte Pyrolyse präkeramischer Polymere
LFT, 171 Seiten, 100 Bilder. 2007.
ISBN 978-3-87525-258-3.

Band 183: Stefan Junker
Technologien und Systemlösungen für die flexibel automatisierte Bestückung permanent erregter Läufer mit oberflächenmontierten Dauermagneten
FAPS, 173 Seiten, 75 Bilder. 2007.
ISBN 978-3-87525-259-0.

Band 184: Rainer Kohlbauer
Wissensbasierte Methoden für die simulationsgestützte Auslegung wirkmedienbasierter Blechumformprozesse
LFT, 135 Seiten, 50 Bilder. 2007.
ISBN 978-3-87525-260-6.

Band 185: Klaus Lamprecht
Wirkmedienbasierte Umformung tiefgezogener Vorformen unter besonderer Berücksichtigung maßgeschneiderter Halbzeuge
LFT, 137 Seiten, 81 Bilder. 2007.
ISBN 978-3-87525-265-1.

Band 186: Bernd Zolleiß
Optimierte Prozesse und Systeme für die Bestückung mechatronischer Baugruppen
FAPS, 180 Seiten, 117 Bilder. 2007.
ISBN 978-3-87525-266-8.

Band 187: Michael Kerausch
Simulationsgestützte Prozessauslegung für das Umformen lokal wärmebehandelter Aluminiumplatinen
LFT, 146 Seiten, 76 Bilder, 7 Tab. 2007.
ISBN 978-3-87525-267-5.

Band 188: Matthias Weber
Unterstützung der Wandlungsfähigkeit von Produktionsanlagen durch innovative Softwaresysteme
FAPS, 183 Seiten, 122 Bilder, 3 Tab. 2007.
ISBN 978-3-87525-269-9.

Band 189: Thomas Frick
Untersuchung der prozessbestimmenden Strahl-Stoff-Wechselwirkungen beim Laserstrahlschweißen von Kunststoffen
LFT, 104 Seiten, 62 Bilder, 8 Tab. 2007.
ISBN 978-3-87525-268-2.

Band 190: Joachim Hecht
Werkstoffcharakterisierung und Prozessauslegung für die wirkmedienbasierte Doppelblech-Umformung von Magnesiumlegierungen
LFT, 107 Seiten, 91 Bilder, 2 Tab. 2007.
ISBN 978-3-87525-270-5.

Band 191: Ralf Völkl
Stochastische Simulation zur Werkzeuglebensdaueroptimierung und Präzisionsfertigung in der Kaltmassivumformung
LFT, 178 Seiten, 75 Bilder, 12 Tab. 2008.
ISBN 978-3-87525-272-9.

Band 192: Massimo Tolazzi
Innenhochdruck-Umformen verstärkter Blech-Rahmenstrukturen
LFT, 164 Seiten, 85 Bilder, 7 Tab. 2008.
ISBN 978-3-87525-273-6.

Band 193: Cornelia Hoff
Untersuchung der Prozesseinflussgrößen beim Presshärten des höchstfesten Vergütungsstahls 22MnB5
LFT, 133 Seiten, 92 Bilder, 5 Tab. 2008.
ISBN 978-3-87525-275-0.

Band 194: Christian Alvarez
Simulationsgestützte Methoden zur effizienten Gestaltung von Lötprozessen in der Elektronikproduktion
FAPS, 149 Seiten, 86 Bilder, 8 Tab. 2008.
ISBN 978-3-87525-277-4.

Band 195: Andreas Kunze
Automatisierte Montage von makromechatronischen Modulen zur flexiblen Integration in hybride Pkw-Bordnetzsysteme
FAPS, 160 Seiten, 90 Bilder, 14 Tab. 2008.
ISBN 978-3-87525-278-1.

Band 196: Wolfgang Hußnätter
Grundlegende Untersuchungen zur experimentellen Ermittlung und zur Modellierung von Fließortkurven bei erhöhten Temperaturen
LFT, 152 Seiten, 73 Bilder, 21 Tab. 2008.
ISBN 978-3-87525-279-8.

Band 197: Thomas Bigl
Entwicklung, angepasste Herstellungsverfahren und erweiterte Qualitätssicherung von einsatzgerechten elektronischen Baugruppen
FAPS, 175 Seiten, 107 Bilder, 14 Tab. 2008.
ISBN 978-3-87525-280-4.

Band 198: Stephan Roth
Grundlegende Untersuchungen zum Excimerlaserstrahl-Abtragen unter Flüssigkeitsfilmen
LFT, 113 Seiten, 47 Bilder, 14 Tab. 2008.
ISBN 978-3-87525-281-1.

Band 199: Artur Giera
Prozesstechnische Untersuchungen zum Rührreibschweißen metallischer Werkstoffe
LFT, 179 Seiten, 104 Bilder, 36 Tab. 2008.
ISBN 978-3-87525-282-8.

Band 200: Jürgen Lechler
Beschreibung und Modellierung des Werkstoffverhaltens von presshärtbaren Bor-Manganstählen
LFT, 154 Seiten, 75 Bilder, 12 Tab. 2009.
ISBN 978-3-87525-286-6.

Band 201: Andreas Blankl
Untersuchungen zur Erhöhung der Prozessrobustheit bei der Innenhochdruck-Umformung von flächigen Halbzeugen mit vor- bzw. nachgeschalteten Laserstrahlfügeoperationen
LFT, 120 Seiten, 68 Bilder, 9 Tab. 2009.
ISBN 978-3-87525-287-3.

Band 202: Andreas Schaller
Modellierung eines nachfrageorientierten Produktionskonzeptes für mobile Telekommunikationsgeräte
FAPS, 120 Seiten, 79 Bilder, 0 Tab. 2009.
ISBN 978-3-87525-289-7.

Band 203: Claudius Schimpf
Optimierung von Zuverlässigkeitsuntersuchungen, Prüfabläufen und Nacharbeitsprozessen in der Elektronikproduktion
FAPS, 162 Seiten, 90 Bilder, 14 Tab. 2009.
ISBN 978-3-87525-290-3.

Band 204: Simon Dietrich
Sensoriken zur Schwerpunktslagebestimmung der optischen Prozessemissionen beim Laserstrahltiefschweißen
LFT, 138 Seiten, 70 Bilder, 5 Tab. 2009.
ISBN 978-3-87525-292-7.

Band 205: Wolfgang Wolf
Entwicklung eines agentenbasierten Steuerungssystems zur Materialflussorganisation im wandelbaren Produktionsumfeld
FAPS, 167 Seiten, 98 Bilder. 2009.
ISBN 978-3-87525-293-4.

Band 206: Steffen Polster
Laserdurchstrahlschweißen transparenter Polymerbauteile
LFT, 160 Seiten, 92 Bilder, 13 Tab. 2009.
ISBN 978-3-87525-294-1.

Band 207: Stephan Manuel Dörfler
Rührreibschweißen von walzplattiertem Halbzeug und Aluminiumblech zur Herstellung flächiger Aluminiumschaum-Sandwich-Verbundstrukturen
LFT, 190 Seiten, 98 Bilder, 5 Tab. 2009.
ISBN 978-3-87525-295-8.

Band 208: Uwe Vogt
Seriennahe Auslegung von Aluminium Tailored Heat Treated Blanks
LFT, 151 Seiten, 68 Bilder, 26 Tab. 2009.
ISBN 978-3-87525-296-5.

Band 209: Till Laumann
Qualitative und quantitative Bewertung der Crashtauglichkeit von höchstfesten Stählen
LFT, 117 Seiten, 69 Bilder, 7 Tab. 2009.
ISBN 978-3-87525-299-6.

Band 210: Alexander Diehl
Größeneffekte bei Biegeprozessen-Entwicklung einer Methodik zur Identifikation und Quantifizierung
LFT, 180 Seiten, 92 Bilder, 12 Tab. 2010.
ISBN 978-3-87525-302-3.

Band 211: Detlev Staud
Effiziente Prozesskettenauslegung für das Umformen lokal wärmebehandelter und geschweißter Aluminiumbleche
LFT, 164 Seiten, 72 Bilder, 12 Tab. 2010.
ISBN 978-3-87525-303-0.

Band 212: Jens Ackermann
Prozesssicherung beim Laserdurchstrahlschweißen thermoplastischer Kunststoffe
LPT, 129 Seiten, 74 Bilder, 13 Tab. 2010.
ISBN 978-3-87525-305-4.

Band 213: Stephan Weidel
Grundlegende Untersuchungen zum Kontaktzustand zwischen Werkstück und Werkzeug bei umformtechnischen Prozessen unter tribologischen Gesichtspunkten
LFT, 144 Seiten, 67 Bilder, 11 Tab. 2010.
ISBN 978-3-87525-307-8.

Band 214: Stefan Geißdörfer
Entwicklung eines mesoskopischen Modells zur Abbildung von Größeneffekten in der Kaltmassivumformung mit Methoden der FE-Simulation
LFT, 133 Seiten, 83 Bilder, 11 Tab. 2010.
ISBN 978-3-87525-308-5.

Band 215: Christian Matzner
Konzeption produktspezifischer Lösungen zur Robustheitssteigerung elektronischer Systeme gegen die Einwirkung von Betauung im Automobil
FAPS, 165 Seiten, 93 Bilder, 14 Tab. 2010.
ISBN 978-3-87525-309-2.

Band 216: Florian Schüßler
Verbindungs- und Systemtechnik für thermisch hochbeanspruchte und miniaturisierte elektronische Baugruppen
FAPS, 184 Seiten, 93 Bilder, 18 Tab. 2010.
ISBN 978-3-87525-310-8.

Band 217: Massimo Cojutti
Strategien zur Erweiterung der Prozessgrenzen bei der Innhochdruck-Umformung von Rohren und Blechpaaren
LFT, 125 Seiten, 56 Bilder, 9 Tab. 2010.
ISBN 978-3-87525-312-2.

Band 218: Raoul Plettke
Mehrkriterielle Optimierung komplexer Aktorsysteme für das Laserstrahljustieren
LFT, 152 Seiten, 25 Bilder, 3 Tab. 2010.
ISBN 978-3-87525-315-3.

Band 219: Andreas Dobroschke
Flexible Automatisierungslösungen für die Fertigung wickeltechnischer Produkte
FAPS, 184 Seiten, 109 Bilder, 18 Tab. 2011.
ISBN 978-3-87525-317-7.

Band 220: Azhar Zam
Optical Tissue Differentiation for Sensor-Controlled Tissue-Specific Laser Surgery
LPT, 99 Seiten, 45 Bilder, 8 Tab. 2011.
ISBN 978-3-87525-318-4.

Band 221: Michael Rösch
Potenziale und Strategien zur Optimierung des Schablonendruckprozesses in der Elektronikproduktion
FAPS, 192 Seiten, 127 Bilder, 19 Tab. 2011.
ISBN 978-3-87525-319-1.

Band 222: Thomas Rechtenwald
Quasi-isothermes Laserstrahlsintern von Hochtemperatur-Thermoplasten - Eine Betrachtung werkstoff-prozessspezifischer Aspekte am Beispiel PEEK
LPT, 150 Seiten, 62 Bilder, 8 Tab. 2011.
ISBN 978-3-87525-320-7.

Band 223: Daniel Craiovan
Prozesse und Systemlösungen für die SMT-Montage optischer Bauelemente auf Substrate mit integrierten Lichtwellenleitern
FAPS, 165 Seiten, 85 Bilder, 8 Tab. 2011.
ISBN 978-3-87525-324-5.

Band 224: Kay Wagner
Beanspruchungsangepasste Kaltmassivumformwerkzeuge durch lokal optimierte Werkzeugoberflächen
LFT, 147 Seiten, 103 Bilder, 17 Tab. 2011.
ISBN 978-3-87525-325-2.

Band 225: Martin Brandhuber
Verbesserung der Prognosegüte des Versagens von Punktschweißverbindungen bei höchstfesten Stahlgüten
LFT, 155 Seiten, 91 Bilder, 19 Tab. 2011.
ISBN 978-3-87525-327-6.

Band 226: Peter Sebastian Feuser
Ein Ansatz zur Herstellung von pressgehärteten Karosseriekomponenten mit maßgeschneiderten mechanischen Eigenschaften: Temperierte Umformwerkzeuge. Prozessfenster, Prozesssimuation und funktionale Untersuchung
LFT, 195 Seiten, 97 Bilder, 60 Tab. 2012.
ISBN 978-3-87525-328-3.

Band 227: Murat Arbak
Material Adapted Design of Cold Forging Tools Exemplified by Powder Metallurgical Tool Steels and Ceramics
LFT, 109 Seiten, 56 Bilder, 8 Tab. 2012.
ISBN 978-3-87525-330-6.

Band 228: Indra Pitz
Beschleunigte Simulation des Laserstrahlumformens von Aluminiumblechen
LPT, 137 Seiten, 45 Bilder, 27 Tab. 2012.
ISBN 978-3-87525-333-7.

Band 229: Alexander Grimm
Prozessanalyse und -überwachung des Laserstrahlhartlötens mittels optischer Sensorik
LPT, 125 Seiten, 61 Bilder, 5 Tab. 2012.
ISBN 978-3-87525-334-4.

Band 230: Markus Kaupper
Biegen von höhenfesten Stahlblechwerkstoffen - Umformverhalten und Grenzen der Biegbarkeit
LFT, 160 Seiten, 57 Bilder, 10 Tab. 2012.
ISBN 978-3-87525-339-9.

Band 231: Thomas Kroiß
Modellbasierte Prozessauslegung für die Kaltmassivumformung unter Brücksichtigung der Werkzeug- und Pressenauffederung
LFT, 169 Seiten, 50 Bilder, 19 Tab. 2012.
ISBN 978-3-87525-341-2.

Band 232: Christian Goth
Analyse und Optimierung der Entwicklung und Zuverlässigkeit räumlicher Schaltungsträger (3D-MID)
FAPS, 176 Seiten, 102 Bilder, 22 Tab. 2012.
ISBN 978-3-87525-340-5.

Band 233: Christian Ziegler
Ganzheitliche Automatisierung mechatronischer Systeme in der Medizin am Beispiel Strahlentherapie
FAPS, 170 Seiten, 71 Bilder, 19 Tab. 2012.
ISBN 978-3-87525-342-9.

Band 234: Florian Albert
Automatisiertes Laserstrahllöten und -reparaturlöten elektronischer Baugruppen
LPT, 127 Seiten, 78 Bilder, 11 Tab. 2012.
ISBN 978-3-87525-344-3.

Band 235: Thomas Stöhr
Analyse und Beschreibung des mechanischen Werkstoffverhaltens von presshärtbaren Bor-Manganstählen
LFT, 118 Seiten, 74 Bilder, 18 Tab. 2013.
ISBN 978-3-87525-346-7.

Band 236: Christian Kägeler
Prozessdynamik beim Laserstrahlschweißen verzinkter Stahlbleche im Überlappstoß
LPT, 145 Seiten, 80 Bilder, 3 Tab. 2013.
ISBN 978-3-87525-347-4.

Band 237: Andreas Sulzberger
Seriennahe Auslegung der Prozesskette zur wärmeunterstützten Umformung von Aluminiumblechwerkstoffen
LFT, 153 Seiten, 87 Bilder, 17 Tab. 2013.
ISBN 978-3-87525-349-8.

Band 238: Simon Opel
Herstellung prozessangepasster Halbzeuge mit variabler Blechdicke durch die Anwendung von Verfahren der Blechmassivumformung
LFT, 165 Seiten, 108 Bilder, 27 Tab. 2013.
ISBN 978-3-87525-350-4.

Band 239: Rajesh Kanawade
In-vivo Monitoring of Epithelium Vessel and Capillary Density for the Application of Detection of Clinical Shock and Early Signs of Cancer Development
LPT, 124 Seiten, 58 Bilder, 15 Tab. 2013.
ISBN 978-3-87525-351-1.

Band 240: Stephan Busse
Entwicklung und Qualifizierung eines Schneidclinchverfahrens
LFT, 119 Seiten, 86 Bilder, 20 Tab. 2013.
ISBN 978-3-87525-352-8.

Band 241: Karl-Heinz Leitz
Mikro- und Nanostrukturierung mit kurz und ultrakurz gepulster Laserstrahlung
LPT, 154 Seiten, 71 Bilder, 9 Tab. 2013.
ISBN 978-3-87525-355-9.

Band 242: Markus Michl
Webbasierte Ansätze zur ganzheitlichen technischen Diagnose
FAPS, 182 Seiten, 62 Bilder, 20 Tab. 2013.
ISBN 978-3-87525-356-6.

Band 243: Vera Sturm
Einfluss von Chargenschwankungen auf die Verarbeitungsgrenzen von Stahlwerkstoffen
LFT, 113 Seiten, 58 Bilder, 9 Tab. 2013.
ISBN 978-3-87525-357-3.

Band 244: Christian Neudel
Mikrostrukturelle und mechanisch-technologische Eigenschaften widerstandspunktgeschweißter Aluminium-Stahl-Verbindungen für den Fahrzeugbau
LFT, 178 Seiten, 171 Bilder, 31 Tab. 2014.
ISBN 978-3-87525-358-0.

Band 245: Anja Neumann
Konzept zur Beherrschung der Prozessschwankungen im Presswerk
LFT, 162 Seiten, 68 Bilder, 15 Tab. 2014.
ISBN 978-3-87525-360-3.

Band 246: Ulf-Hermann Quentin
Laserbasierte Nanostrukturierung mit optisch positionierten Mikrolinsen
LPT, 137 Seiten, 89 Bilder, 6 Tab. 2014.
ISBN 978-3-87525-361-0.

Band 247: Erik Lamprecht
Der Einfluss der Fertigungsverfahren auf die Wirbelstromverluste von Stator-Einzelzahnblechpaketen für den Einsatz in Hybrid- und Elektrofahrzeugen
FAPS, 148 Seiten, 138 Bilder, 4 Tab. 2014.
ISBN 978-3-87525-362-7.

Band 248: Sebastian Rösel
Wirkmedienbasierte Umformung von Blechhalbzeugen unter Anwendung magnetorheologischer Flüssigkeiten als kombiniertes Wirk- und Dichtmedium
LFT, 148 Seiten, 61 Bilder, 12 Tab. 2014.
ISBN 978-3-87525-363-4.

Band 249: Paul Hippchen
Simulative Prognose der Geometrie indirekt pressgehärteter Karosseriebauteile für die industrielle Anwendung
LFT, 163 Seiten, 89 Bilder, 12 Tab. 2014.
ISBN 978-3-87525-364-1.

Band 250: Martin Zubeil
Versagensprognose bei der Prozess simulation von Biegeumform- und Falzverfahren
LFT, 171 Seiten, 90 Bilder, 5 Tab. 2014.
ISBN 978-3-87525-365-8.

Band 251: Alexander Kühl
Flexible Automatisierung der Statorenmontage mit Hilfe einer universellen ambidexteren Kinematik
FAPS, 142 Seiten, 60 Bilder, 26 Tab. 2014.
ISBN 978-3-87525-367-2.

Band 252: Thomas Albrecht
Optimierte Fertigungstechnologien für Rotoren getriebeintegrierter PM-Synchronmotoren von Hybridfahrzeugen
FAPS, 198 Seiten, 130 Bilder, 38 Tab. 2014.
ISBN 978-3-87525-368-9.

Band 253: Florian Risch
Planning and Production Concepts for Contactless Power Transfer Systems for Electric Vehicles
FAPS, 185 Seiten, 125 Bilder, 13 Tab. 2014.
ISBN 978-3-87525-369-6.

Band 254: Markus Weigl
Laserstrahlschweißen von Mischverbindungen aus austenitischen und ferritischen korrosionsbeständigen Stahlwerkstoffen
LPT, 184 Seiten, 110 Bilder, 6 Tab. 2014.
ISBN 978-3-87525-370-2.

Band 255: Johannes Noneder
Beanspruchungserfassung für die Validierung von FE-Modellen zur Auslegung von Massivumformwerkzeugen
LFT, 161 Seiten, 65 Bilder, 14 Tab. 2014.
ISBN 978-3-87525-371-9.

Band 256: Andreas Reinhardt
Ressourceneffiziente Prozess- und Produktionstechnologie für flexible Schaltungsträger
FAPS, 123 Seiten, 69 Bilder, 19 Tab. 2014.
ISBN 978-3-87525-373-3.

Band 257: Tobias Schmuck
Ein Beitrag zur effizienten Gestaltung globaler Produktions- und Logistiknetzwerke mittels Simulation
FAPS, 151 Seiten, 74 Bilder. 2014.
ISBN 978-3-87525-374-0.

Band 258: Bernd Eichenhüller
Untersuchungen der Effekte und Wechselwirkungen charakteristischer Einflussgrößen auf das Umformverhalten bei Mikroumformprozessen
LFT, 127 Seiten, 29 Bilder, 9 Tab. 2014.
ISBN 978-3-87525-375-7.

Band 259: Felix Lütteke
Vielseitiges autonomes Transportsystem basierend auf Weltmodellerstellung mittels Datenfusion von Deckenkameras und Fahrzeugsensoren
FAPS, 152 Seiten, 54 Bilder, 20 Tab. 2014.
ISBN 978-3-87525-376-4.

Band 260: Martin Grüner
Hochdruck-Blechumformung mit formlos festen Stoffen als Wirkmedium
LFT, 144 Seiten, 66 Bilder, 29 Tab. 2014.
ISBN 978-3-87525-379-5.

Band 261: Christian Brock
Analyse und Regelung des Laserstrahltiefschweißprozesses durch Detektion der Metalldampffackelposition
LPT, 126 Seiten, 65 Bilder, 3 Tab. 2015.
ISBN 978-3-87525-380-1.

Band 262: Peter Vatter
Sensitivitätsanalyse des 3-Rollen-Schubbiegens auf Basis der Finite Elemente Methode
LFT, 145 Seiten, 57 Bilder, 26 Tab. 2015.
ISBN 978-3-87525-381-8.

Band 263: Florian Klämpfl
Planung von Laserbestrahlungen durch simulationsbasierte Optimierung
LPT, 169 Seiten, 78 Bilder, 32 Tab. 2015.
ISBN 978-3-87525-384-9.

Band 264: Matthias Domke
Transiente physikalische Mechanismen bei der Laserablation von dünnen Metallschichten
LPT, 133 Seiten, 43 Bilder, 3 Tab. 2015.
ISBN 978-3-87525-385-6.

Band 265: Johannes Götz
Community-basierte Optimierung des Anlagenengineerings
FAPS, 177 Seiten, 80 Bilder, 30 Tab. 2015.
ISBN 978-3-87525-386-3.

Band 266: Hung Nguyen
Qualifizierung des Potentials von Verfestigungseffekten zur Erweiterung des Umformvermögens aushärtbarer Aluminiumlegierungen
LFT, 137 Seiten, 57 Bilder, 16 Tab. 2015.
ISBN 978-3-87525-387-0.

Band 267: Andreas Kuppert
Erweiterung und Verbesserung von Versuchs- und Auswertetechniken für die Bestimmung von Grenzformänderungskurven
LFT, 138 Seiten, 82 Bilder, 2 Tab. 2015.
ISBN 978-3-87525-388-7.

Band 268: Kathleen Klaus
Erstellung eines Werkstofforientierten Fertigungsprozessfensters zur Steigerung des Formgebungsvermögens von Aluminiumlegierungen unter Anwendung einer zwischengeschalteten Wärmebehandlung
LFT, 154 Seiten, 70 Bilder, 8 Tab. 2015.
ISBN 978-3-87525-391-7.

Band 269: Thomas Svec
Untersuchungen zur Herstellung von funktionsoptimierten Bauteilen im partiellen Presshärtprozess mittels lokal unterschiedlich temperierter Werkzeuge
LFT, 166 Seiten, 87 Bilder, 15 Tab. 2015.
ISBN 978-3-87525-392-4.

Band 270: Tobias Schrader
Grundlegende Untersuchungen zur Verschleißcharakterisierung beschichteter Kaltmassivumformwerkzeuge
LFT, 164 Seiten, 55 Bilder, 11 Tab. 2015.
ISBN 978-3-87525-393-1.

Band 271: Matthäus Brela
Untersuchung von Magnetfeld-Messmethoden zur ganzheitlichen Wertschöpfungsoptimierung und Fehlerdetektion an magnetischen Aktoren
FAPS, 170 Seiten, 97 Bilder, 4 Tab. 2015.
ISBN 978-3-87525-394-8.

Band 272: Michael Wieland
Entwicklung einer Methode zur Prognose adhäsiven Verschleißes an Werkzeugen für das direkte Presshärten
LFT, 156 Seiten, 84 Bilder, 9 Tab. 2015.
ISBN 978-3-87525-395-5.

Band 273: René Schramm
Strukturierte additive Metallisierung durch kaltaktives Atmosphärendruckplasma
FAPS, 136 Seiten, 62 Bilder, 15 Tab. 2015.
ISBN 978-3-87525-396-2.

Band 274: Michael Lechner
Herstellung beanspruchungsangepasster Aluminiumblechhalbzeuge durch eine maßgeschneiderte Variation der Abkühlgeschwindigkeit nach Lösungsglühen
LFT, 136 Seiten, 62 Bilder, 15 Tab. 2015.
ISBN 978-3-87525-397-9.

Band 275: Kolja Andreas
Einfluss der Oberflächenbeschaffenheit auf das Werkzeugeinsatzverhalten beim Kaltfließpressen
LFT, 169 Seiten, 76 Bilder, 4 Tab. 2015.
ISBN 978-3-87525-398-6.

Band 276: Marcus Baum
Laser Consolidation of ITO Nanoparticles for the Generation of Thin Conductive Layers on Transparent Substrates
LPT, 158 Seiten, 75 Bilder, 3 Tab. 2015.
ISBN 978-3-87525-399-3.

Band 277: Thomas Schneider
Umformtechnische Herstellung dünnwandiger Funktionsbauteile aus Feinblech durch Verfahren der Blechmassivumformung
LFT, 188 Seiten, 95 Bilder, 7 Tab. 2015.
ISBN 978-3-87525-401-3.

Band 278: Jochen Merhof
Sematische Modellierung automatisierter Produktionssysteme zur Verbesserung der IT-Integration zwischen Anlagen-Engineering und Steuerungsebene
FAPS, 157 Seiten, 88 Bilder, 8 Tab. 2015.
ISBN 978-3-87525-402-0.

Band 279: Fabian Zöller
Erarbeitung von Grundlagen zur Abbildung des tribologischen Systems in der Umformsimulation
LFT, 126 Seiten, 51 Bilder, 3 Tab. 2016.
ISBN 978-3-87525-403-7.

Band 280: Christian Hezler
Einsatz technologischer Versuche zur Erweiterung der Versagensvorhersage bei Karosseriebauteilen aus höchstfesten Stählen
LFT, 147 Seiten, 63 Bilder, 44 Tab. 2016.
ISBN 978-3-87525-404-4.

Band 281: Jochen Bönig
Integration des Systemverhaltens von Automobil-Hochvoltleitungen in die virtuelle Absicherung durch strukturmechanische Simulation
FAPS, 177 Seiten, 107 Bilder, 17 Tab. 2016.
ISBN 978-3-87525-405-1.

Band 282: Johannes Kohl
Automatisierte Datenerfassung für diskret ereignisorientierte Simulationen in der energieflexibelen Fabrik
FAPS, 160 Seiten, 80 Bilder, 27 Tab. 2016.
ISBN 978-3-87525-406-8.

Band 283: Peter Bechtold
Mikroschockwellenumformung mittels ultrakurzer Laserpulse
LPT, 155 Seiten, 59 Bilder, 10 Tab. 2016.
ISBN 978-3-87525-407-5.

Band 284: Stefan Berger
Laserstrahlschweißen thermoplastischer Kohlenstofffaserverbundwerkstoffe mit spezifischem Zusatzdraht
LPT, 118 Seiten, 68 Bilder, 9 Tab. 2016.
ISBN 978-3-87525-408-2.

Band 285: Martin Bornschlegl
Methods-Energy Measurement - Eine Methode zur Energieplanung für Fügeverfahren im Karosseriebau
FAPS, 136 Seiten, 72 Bilder, 46 Tab. 2016.
ISBN 978-3-87525-409-9.

Band 286: Tobias Rackow
Erweiterung des Unternehmenscontrollings um die Dimension Energie
FAPS, 164 Seiten, 82 Bilder, 29 Tab. 2016.
ISBN 978-3-87525-410-5.

Band 287: Johannes Koch
Grundlegende Untersuchungen zur Herstellung zyklisch-symmetrischer Bauteile mit Nebenformelementen durch Blechmassivumformung
LFT, 125 Seiten, 49 Bilder, 17 Tab. 2016.
ISBN 978-3-87525-411-2.

Band 288: Hans Ulrich Vierzigmann
Beitrag zur Untersuchung der tribologischen Bedingungen in der Blechmassivumformung - Bereitstellung von tribologischen Modellversuchen und Realisierung von Tailored Surfaces
LFT, 174 Seiten, 102 Bilder, 34 Tab. 2016.
ISBN 978-3-87525-412-9.

Band 289: Thomas Senner
Methodik zur virtuellen Absicherung der formgebenden Operation des Nasspressprozesses von Gelege-Mehrschichtverbunden
LFT, 156 Seiten, 96 Bilder, 21 Tab. 2016.
ISBN 978-3-87525-414-3.

Band 290: Sven Kreitlein
Der grundoperationsspezifische Mindestenergiebedarf als Referenzwert zur Bewertung der Energieeffizienz in der Produktion
FAPS, 185 Seiten, 64 Bilder, 30 Tab. 2016.
ISBN 978-3-87525-415-0.

Band 291: Christian Roos
Remote-Laserstrahlschweißen verzinkter Stahlbleche in Kehlnahtgeometrie
LPT, 123 Seiten, 52 Bilder, 0 Tab. 2016.
ISBN 978-3-87525-416-7.

Band 292: Alexander Kahrimanidis
Thermisch unterstützte Umformung von Aluminiumblechen
LFT, 165 Seiten, 103 Bilder, 18 Tab. 2016.
ISBN 978-3-87525-417-4.

Band 293: Jan Tremel
Flexible Systems for Permanent Magnet Assembly and Magnetic Rotor Measurement / Flexible Systeme zur Montage von Permanentmagneten und zur Messung magnetischer Rotoren
FAPS, 152 Seiten, 91 Bilder, 12 Tab. 2016.
ISBN 978-3-87525-419-8.

Band 294: Ioannis Tsoupis
Schädigungs- und Versagensverhalten hochfester Leichtbauwerkstoffe unter Biegebeanspruchung
LFT, 176 Seiten, 51 Bilder, 6 Tab. 2017.
ISBN 978-3-87525-420-4.

Band 295: Sven Hildering
Grundlegende Untersuchungen zum Prozessverhalten von Silizium als Werkzeugwerkstoff für das Mikroscherschneiden metallischer Folien
LFT, 177 Seiten, 74 Bilder, 17 Tab. 2017.
ISBN 978-3-87525-422-8.

Band 296: Sasia Mareike Hertweck
Zeitliche Pulsformung in der Lasermikromaterialbearbeitung – Grundlegende Untersuchungen und Anwendungen
LPT, 146 Seiten, 67 Bilder, 5 Tab. 2017.
ISBN 978-3-87525-423-5.

Band 297: Paryanto
Mechatronic Simulation Approach for the Process Planning of Energy-Efficient Handling Systems
FAPS, 162 Seiten, 86 Bilder, 13 Tab. 2017.
ISBN 978-3-87525-424-2.

Band 298: Peer Stenzel
Großserientaugliche Nadelwickeltechnik für verteilte Wicklungen im Anwendungsfall der E-Traktionsantriebe
FAPS, 239 Seiten, 147 Bilder, 20 Tab. 2017.
ISBN 978-3-87525-425-9.

Band 299: Mario Lušić
Ein Vorgehensmodell zur Erstellung montageführender Werkerinformationssysteme simultan zum Produktentstehungsprozess
FAPS, 174 Seiten, 79 Bilder, 22 Tab. 2017.
ISBN 978-3-87525-426-6.

Band 300: Arnd Buschhaus
Hochpräzise adaptive Steuerung und Regelung robotergeführter Prozesse
FAPS, 202 Seiten, 96 Bilder, 4 Tab. 2017.
ISBN 978-3-87525-427-3.

Band 301: Tobias Laumer
Erzeugung von thermoplastischen Werkstoffverbunden mittels simultanem, intensitätsselektivem Laserstrahlschmelzen
LPT, 140 Seiten, 82 Bilder, 0 Tab. 2017.
ISBN 978-3-87525-428-0.

Band 302: Nora Unger
Untersuchung einer thermisch unterstützten Fertigungskette zur Herstellung umgeformter Bauteile aus der höherfesten Aluminiumlegierung EN AW-7020
LFT, 142 Seiten, 53 Bilder, 8 Tab. 2017.
ISBN 978-3-87525-429-7.

Band 303: Tommaso Stellin
Design of Manufacturing Processes for the Cold Bulk Forming of Small Metal Components from Metal Strip
LFT, 146 Seiten, 67 Bilder, 7 Tab. 2017.
ISBN 978-3-87525-430-3.

Band 304: Bassim Bachy
Experimental Investigation, Modeling, Simulation and Optimization of Molded Interconnect Devices (MID) Based on Laser Direct Structuring (LDS) / Experimentelle Untersuchung, Modellierung, Simulation und Optimierung von Molded Interconnect Devices (MID) basierend auf Laser Direktstrukturierung (LDS)
FAPS, 168 Seiten, 120 Bilder, 26 Tab. 2017.
ISBN 978-3-87525-431-0.

Band 305: Michael Spahr
Automatisierte Kontaktierungsverfahren für flachleiterbasierte Pkw-Bordnetzsysteme
FAPS, 197 Seiten, 98 Bilder, 17 Tab. 2017.
ISBN 978-3-87525-432-7.

Band 306: Sebastian Suttner
Charakterisierung und Modellierung des spannungszustandsabhängigen Werkstoffverhaltens der Magnesiumlegierung AZ31B für die numerische Prozessauslegung
LFT, 150 Seiten, 84 Bilder, 19 Tab. 2017.
ISBN 978-3-87525-433-4.

Band 307: Bhargav Potdar
A reliable methodology to deduce thermomechanical flow behaviour of hot stamping steels
LFT, 203 Seiten, 98 Bilder, 27 Tab. 2017.
ISBN 978-3-87525-436-5.

Band 308: Maria Löffler
Steuerung von Blechmassivumformprozessen durch maßgeschneiderte tribologische Systeme
LFT, viii u. 166 Seiten, 90 Bilder, 5 Tab.
2018. ISBN 978-3-96147-133-1.

Band 309: Martin Müller
Untersuchung des kombinierten Trenn- und Umformprozesses beim Fügen artungleicher Werkstoffe mittels Schneidclinchverfahren
LFT, xi u. 149 Seiten, 89 Bilder, 6 Tab.
2018. ISBN: 978-3-96147-135-5.

Band 310: Christopher Kästle
Qualifizierung der Kupfer-Drahtbondtechnologie für integrierte Leistungsmodule in harschen Umgebungsbedingungen
FAPS, xii u. 167 Seiten, 70 Bilder, 18 Tab.
2018. ISBN 978-3-96147-145-4.

Band 311: Daniel Vipavc
Eine Simulationsmethode für das 3-Rollen-Schubbiegen
LFT, xiii u. 121 Seiten, 56 Bilder, 17 Tab.
2018. ISBN 978-3-96147-147-8.

Band 312: Christina Ramer
Arbeitsraumüberwachung und autonome Bahnplanung für ein sicheres und flexibles Roboter-Assistenzsystem in der Fertigung
FAPS, xiv u. 188 Seiten, 57 Bilder, 9 Tab.
2018. ISBN 978-3-96147-153-9.

Band 313: Miriam Rauer
Der Einfluss von Poren auf die Zuverlässigkeit der Lötverbindungen von Hochleistungs-Leuchtdioden
FAPS, xii u. 209 Seiten, 108 Bilder, 21 Tab. 2018. ISBN 978-3-96147-157-7.

Band 314: Felix Tenner
Kamerabasierte Untersuchungen der Schmelze und Gasströmungen beim Laserstrahlschweißen verzinkter Stahlbleche
LPT, xxiii u. 184 Seiten, 94 Bilder, 7 Tab. 2018. ISBN 978-3-96147-160-7.

Band 315: Aarief Syed-Khaja
Diffusion Soldering for High-temperature Packaging of Power Electronics
FAPS, x u. 202 Seiten, 144 Bilder, 32 Tab. 2018. ISBN 978-3-87525-162-1.

Band 316: Adam Schaub
Grundlagenwissenschaftliche Untersuchung der kombinierten Prozesskette aus Umformen und Additive Fertigung
LFT, xi u. 192 Seiten, 72 Bilder, 27 Tab. 2019. ISBN 978-3-96147-166-9.

Band 317: Daniel Gröbel
Herstellung von Nebenformelementen unterschiedlicher Geometrie an Blechen mittels Fließpressverfahren der Blechmassivumformung
LFT, x u. 165 Seiten, 96 Bilder, 13 Tab. 2019. ISBN 978-3-96147-168-3.

Band 318: Philipp Hildenbrand
Entwicklung einer Methodik zur Herstellung von Tailored Blanks mit definierten Halbzeugeigenschaften durch einen Taumelprozess
LFT, ix u. 153 Seiten, 77 Bilder, 4 Tab. 2019. ISBN 978-3-96147-174-4.

Band 319: Tobias Konrad
Simulative Auslegung der Spann- und Fixierkonzepte im Karosserierohbau: Bewertung der Baugruppenmaßhaltigkeit unter Berücksichtigung schwankender Einflussgrößen
LFT, x u. 203 Seiten, 134 Bilder, 32 Tab. 2019. ISBN 978-3-96147-176-8.

Band 320: David Meinel
Architektur applikationsspezifischer Multi-Physics-Simulationskonfiguratoren am Beispiel modularer Triebzüge
FAPS, xii u. 166 Seiten, 82 Bilder, 25 Tab. 2019. ISBN 978-3-96147-184-3.

Band 321: Andrea Zimmermann
Grundlegende Untersuchungen zum Einfluss fertigungsbedingter Eigenschaften auf die Ermüdungsfestigkeit kaltmassivumgeformter Bauteile
LFT, ix u. 160 Seiten, 66 Bilder, 5 Tab. 2019. ISBN 978-3-96147-190-4.

Band 322: Christoph Amann
Simulative Prognose der Geometrie nassgepresster Karosseriebauteile aus Gelege-Mehrschichtverbunden
LFT, xvi u. 169 Seiten, 80 Bilder, 13 Tab. 2019. ISBN 978-3-96147-194-2.

Band 323: Jennifer Tenner
Realisierung schmierstofffreier Tiefziehprozesse durch maßgeschneiderte Werkzeugoberflächen
LFT, x u. 187 Seiten, 68 Bilder, 13 Tab. 2019. ISBN 978-3-96147-196-6.

Band 324: Susan Zöller
Mapping Individual Subjective Values to Product Design
KTmfk, xi u. 223 Seiten, 81 Bilder, 25 Tab.
2019. ISBN 978-3-96147-202-4.

Band 325: Stefan Lutz
Erarbeitung einer Methodik zur semiempirischen Ermittlung der Umwandlungskinetik durchhärtender Wälzlagerstähle für die Wärmebehandlungssimulation
LFT, xiv u. 189 Seiten, 75 Bilder, 32 Tab.
2019. ISBN 978-3-96147-209-3.

Band 326: Tobias Gnibl
Modellbasierte Prozesskettenabbildung rührreibgeschweißter Aluminiumhalbzeuge zur umformtechnischen Herstellung höchstfester Leichtbau-strukturteile
LFT, xii u. 167 Seiten, 68 Bilder, 17 Tab.
2019. ISBN 978-3-96147-217-8.

Band 327: Johannes Bürner
Technisch-wirtschaftliche Optionen zur Lastflexibilisierung durch intelligente elektrische Wärmespeicher
FAPS, xiv u. 233 Seiten, 89 Bilder, 27 Tab.
2019. ISBN 978-3-96147-219-2.

Band 328: Wolfgang Böhm
Verbesserung des Umformverhaltens von mehrlagigen Aluminiumblechwerkstoffen mit ultrafeinkörnigem Gefüge
LFT, ix u. 160 Seiten, 88 Bilder, 14 Tab.
2019. ISBN 978-3-96147-227-7.

Band 329: Stefan Landkammer
Grundsatzuntersuchungen, mathematische Modellierung und Ableitung einer Auslegungsmethodik für Gelenkantriebe nach dem Spinnenbeinprinzip
LFT, xii u. 200 Seiten, 83 Bilder, 13 Tab.
2019. ISBN 978-3-96147-229-1.

Band 330: Stephan Rapp
Pump-Probe-Ellipsometrie zur Messung transienter optischer Materialeigen-schaften bei der Ultrakurzpuls-Lasermaterialbearbeitung
LPT, xi u. 143 Seiten, 49 Bilder, 2 Tab.
2019. ISBN 978-3-96147-235-2.

Band 331: Michael Scholz
Intralogistics Execution System mit integrierten autonomen, servicebasierten Transportentitäten
FAPS, xi u. 195 Seiten, 55 Bilder, 11 Tab.
2019. ISBN 978-3-96147-237-6.

Band 332: Eva Bogner
Strategien der Produktindividualisierung in der produzierenden Industrie im Kontext der Digitalisierung
FAPS, ix u. 201 Seiten, 55 Bilder, 28 Tab.
2019. ISBN 978-3-96147-246-8.

Band 333: Daniel Benjamin Krüger
Ein Ansatz zur CAD-integrierten muskuloskelettalen Analyse der Mensch-Maschine-Interaktion
KTmfk, x u. 217 Seiten, 102 Bilder, 7 Tab.
2019. ISBN 978-3-96147-250-5.

Band 334: Thomas Kuhn
Qualität und Zuverlässigkeit laserdirekt-strukturierter mechatronisch integrierter Baugruppen (LDS-MID)
FAPS, ix u. 152 Seiten, 69 Bilder, 12 Tab.
2019. ISBN: 978-3-96147-252-9.

Band 335: Hans Fleischmann
Modellbasierte Zustands- und Prozess-überwachung auf Basis sozio-cyber-physischer Systeme
FAPS, xi u. 214 Seiten, 111 Bilder, 18 Tab.
2019. ISBN: 978-3-96147-256-7.

Band 336: Markus Michalski
Grundlegende Untersuchungen zum Prozess- und Werkstoffverhalten bei schwingungsüberlagerter Umformung
LFT, xii u. 197 Seiten, 93 Bilder, 11 Tab.
2019. ISBN: 978-3-96147-270-3.

Band 337: Markus Brandmeier
Ganzheitliches ontologiebasiertes Wissensmanagement im Umfeld der industriellen Produktion
FAPS, xi u. 255 Seiten, 77 Bilder, 33 Tab.
2020. ISBN: 978-3-96147-275-8.

Band 338: Stephan Purr
Datenerfassung für die Anwendung lernender Algorithmen bei der Herstellung von Blechformteilen
LFT, ix u. 165 Seiten, 48 Bilder, 4 Tab.
2020. ISBN: 978-3-96147-281-9.

Band 339: Christoph Kiener
Kaltfließpressen von gerad- und schrägverzahnten Zahnrädern
LFT, viii u. 151 Seiten, 81 Bilder, 3 Tab.
2020. ISBN 978-3-96147-287-1.

Band 340: Simon Spreng
Numerische, analytische und empirische Modellierung des Heißcrimpprozesses
FAPS, xix u. 204 Seiten, 91 Bilder, 27 Tab.
2020. ISBN 978-3-96147-293-2.

Band 341: Patrik Schwingenschlögl
Erarbeitung eines Prozessverständnisses zur Verbesserung der tribologischen Bedingungen beim Presshärten
LFT, x u. 177 Seiten, 81 Bilder, 8 Tab.
2020. ISBN 978-3-96147-297-0.

Band 342: Emanuela Affronti
Evaluation of failure behaviour of sheet metals
LFT, ix u. 136 Seiten, 57 Bilder, 20 Tab.
2020. ISBN 978-3-96147-303-8.

Band 343: Julia Degner
Grundlegende Untersuchungen zur Herstellung hochfester Aluminiumblechbauteile in einem kombinierten Umform- und Abschreckprozess
LFT, x u. 172 Seiten, 61 Bilder, 9 Tab.
2020. ISBN 978-3-96147-307-6.

Band 344: Maximilian Wagner
Automatische Bahnplanung für die Aufteilung von Prozessbewegungen in synchrone Werkstück- und Werkzeugbewegungen mittels Multi-Roboter-Systemen
FAPS, xxi u. 181 Seiten, 111 Bilder, 15 Tab.
2020. ISBN 978-3-96147-309-0.

Band 345: Stefan Härter
Qualifizierung des Montageprozesses hochminiaturisierter elektronischer Bauelemente
FAPS, ix u. 194 Seiten, 97 Bilder, 28 Tab.
2020. ISBN 978-3-96147-314-4.

Band 346: Toni Donhauser
Ressourcenorientierte Auftragsregelung in einer hybriden Produktion mittels betriebsbegleitender Simulation
FAPS, xix u. 242 Seiten, 97 Bilder, 17 Tab. 2020. ISBN 978-3-96147-316-8.

Band 347: Philipp Amend
Laserbasiertes Schmelzkleben von Thermoplasten mit Metallen
LPT, xv u. 154 Seiten, 67 Bilder. 2020. ISBN 978-3-96147-326-7.

Band 348: Matthias Ehlert
Simulationsunterstützte funktionale Grenzlagenabsicherung
KTmfk, xvi u. 300 Seiten, 101 Bilder, 73 Tab. 2020. ISBN 978-3-96147-328-1.

Band 349: Thomas Sander
Ein Beitrag zur Charakterisierung und Auslegung des Verbundes von Kunststoffsubstraten mit harten Dünnschichten
KTmfk, xiv u. 178 Seiten, 88 Bilder, 21 Tab. 2020. ISBN 978-3-96147-330-4.

Band 350: Florian Pilz
Fließpressen von Verzahnungselementen an Blechen
LFT, x u. 170 Seiten, 103Bilder, 4 Tab. 2020. ISBN 978-3-96147-332-8.

Band 351: Sebastian Josef Katona
Evaluation und Aufbereitung von Produktsimulationen mittels abweichungsbehafteter Geometriemodelle
KTmfk, ix u. 147 Seiten, 73 Bilder, 11 Tab. 2020. ISBN 978-3-96147-336-6.

Band 352: Jürgen Herrmann
Kumulatives Walzplattieren. Bewertung der Umformeigenschaften mehrlagiger Blechwerkstoffe der ausscheidungshärtbaren Legierung AA6014
LFT, x u. 157 Seiten, 64 Bilder, 5 Tab. 2020. ISBN 978-3-96147-344-1.

Band 353: Christof Küstner
Assistenzsystem zur Unterstützung der datengetriebenen Produktentwicklung
KTmfk, xii u. 219 Seiten, 63 Bilder, 14 Tab. 2020. ISBN 978-3-96147-348-9.

Band 354: Tobias Gläßel
Prozessketten zum Laserstrahlschweißen von flachleiterbasierten Formspulenwicklungen für automobile Traktionsantriebe
FAPS, xiv u. 206 Seiten, 89 Bilder, 11 Tab. 2020. ISBN 978-3-96147-356-4.

Band 355: Andreas Meinel
Experimentelle Untersuchung der Auswirkungen von Axialschwingungen auf Reibung und Verschleiß in Zylinderrol-lenlagern
KTmfk, xii u. 162 Seiten, 56 Bilder, 7 Tab. 2020. ISBN 978-3-96147-358-8.

Band 356: Hannah Riedle
Haptische, generische Modelle weicher anatomischer Strukturen für die chirurgische Simulation
FAPS, xxx u. 179 Seiten, 82 Bilder, 35 Tab. 2020. ISBN 978-3-96147-367-0.

Band 357: Maximilian Landgraf
Leistungselektronik für den Einsatz dielektrischer Elastomere in aktorischen, sensorischen und integrierten sensomotorischen Systemen
FAPS, xxiii u. 166 Seiten, 71 Bilder, 10 Tab. 2020. ISBN 978-3-96147-380-9.

Band 358: Alireza Esfandyari
Multi-Objective Process Optimization for Overpressure Reflow Soldering in Electronics Production
FAPS, xviii u. 175 Seiten, 57 Bilder, 23 Tab. 2020. ISBN 978-3-96147-382-3.

Band 359: Christian Sand
Prozessübergreifende Analyse komplexer Montageprozessketten mittels Data Mining
FAPS, XV u. 168 Seiten, 61 Bilder, 12 Tab. 2021. ISBN 978-3-96147-398-4.

Band 360: Ralf Merkl
Closed-Loop Control of a Storage-Supported Hybrid Compensation System for Improving the Power Quality in Medium Voltage Networks
FAPS, xxvii u. 200 Seiten, 102 Bilder, 2 Tab. 2021. ISBN 978-3-96147-402-8.

Band 361: Thomas Reitberger
Additive Fertigung polymerer optischer Wellenleiter im Aerosol-Jet-Verfahren
FAPS, xix u. 141 Seiten, 65 Bilder, 11 Tab. 2021. ISBN 978-3-96147-400-4.

Band 362: Marius Christian Fechter
Modellierung von Vorentwürfen in der virtuellen Realität mit natürlicher Fingerinteraktion
KTmfk, x u. 188 Seiten, 67 Bilder, 19 Tab. 2021. ISBN 978-3-96147-404-2.

Band 363: Franziska Neubauer
Oberflächenmodifizierung und Entwicklung einer Auswertemethodik zur Verschleißcharakterisierung im Presshärteprozess
LFT, ix u. 177 Seiten, 42 Bilder, 6 Tab. 2021. ISBN 978-3-96147-406-6.

Band 364: Eike Wolfram Schäffer
Web- und wissensbasierter Engineering-Konfigurator für roboterzentrierte Automatisierungslösungen
FAPS, xxiv u. 195 Seiten, 108 Bilder, 25 Tab. 2021. ISBN 978-3-96147-410-3.

Band 365: Daniel Gross
Untersuchungen zur kohlenstoffdioxidbasierten kryogenen Minimalmengenschmierung
REP, xii u. 184 Seiten, 56 Bilder, 18 Tab. 2021. ISBN 978-3-96147-412-7.

Band 366: Daniel Junker
Qualifizierung laser-additiv gefertigter Komponenten für den Einsatz im Werkzeugbau der Massivumformung
LFT, vii u. 142 Seiten, 62 Bilder, 5 Tab. 2021. ISBN 978-3-96147-416-5.

Band 367: Tallal Javied
Totally Integrated Ecology Management for Resource Efficient and Eco-Friendly Production
FAPS, xv u. 160 Seiten, 60 Bilder, 13 Tab. 2021. ISBN 978-3-96147-418-9.

Band 368: David Marco Hochrein
Wälzlager im Beschleunigungsfeld – Eine Analysestrategie zur Bestimmung des Reibungs-, Axialschub- und Temperaturverhaltens von Nadelkränzen –
KTmfk, xiii u. 279 Seiten, 108 Bilder, 39 Tab. 2021. ISBN 978-3-96147-420-2.

Band 369: Daniel Gräf
Funktionalisierung technischer Oberflächen mittels prozessüberwachter aerosolbasierter Drucktechnologie
FAPS, xxii u. 175 Seiten, 97 Bilder, 6 Tab. 2021. ISBN 978-3-96147-433-2.

Band 370: Andreas Gröschl
Hochfrequent fokusabstandsmodulierte Konfokalsensoren für die Nanokoordinatenmesstechnik
FMT, x u. 144 Seiten, 98 Bilder, 6 Tab. 2021. ISBN 978-3-96147-435-6.

Band 371: Johann Tüchsen
Konzeption, Entwicklung und Einführung des Assistenzsystems D-DAS für die Produktentwicklung elektrischer Motoren
KTmfk, xii u. 178 Seiten, 92 Bilder, 12 Tab. 2021. ISBN 978-3-96147-437-0.

Band 372: Max Marian
Numerische Auslegung von Oberflächenmikrotexturen für geschmierte tribologische Kontakte
KTmfk, xviii u. 276 Seiten, 85 Bilder, 45 Tab. 2021. ISBN 978-3-96147-439-4.

Band 373: Johannes Strauß
Die akustooptische Strahlformung in der Lasermaterialbearbeitung
LPT, xvi u. 113 Seiten, 48 Bilder. 2021. ISBN 978-3-96147-441-7.

Band 374: Martin Hohmann
Machine learning and hyper spectral imaging: Multi Spectral Endoscopy in the Gastro Intestinal Tract towards Hyper Spectral Endoscopy
LPT, x u. 137 Seiten, 62 Bilder, 29 Tab. 2021. ISBN 978-3-96147-445-5.

Band 375: Timo Kordaß
Lasergestütztes Verfahren zur selektiven Metallisierung von epoxidharzbasierten Duromeren zur Steigerung der Integrationsdichte für dreidimensionale mechatronische Package-Baugruppen
FAPS, xviii u. 198 Seiten, 92 Bilder, 24 Tab. 2021. ISBN 978-3-96147-443-1.

Band 376: Philipp Kestel
Assistenzsystem für den wissensbasierten Aufbau konstruktionsbegleitender Finite-Elemente-Analysen
KTmfk, xviii u. 209 Seiten, 57 Bilder, 17 Tab. 2021. ISBN 978-3-96147-457-8.

Band 377: Martin Lerchen
Messverfahren für die pulverbettbasierte additive Fertigung zur Sicherstellung der Konformität mit geometrischen Produktspezifikationen
FMT, x u. 150 Seiten, 60 Bilder, 9 Tab. 2021. ISBN 978-3- 96147-463-9.

Band 378: Michael Schneider
Inline-Prüfung der Permeabilität in weichmagnetischen Komponenten
FAPS, xxii u. 189 Seiten, 79 Bilder, 14 Tab. 2021. ISBN 978-3-96147-465-3.

Band 379: Tobias Sprügel
Sphärische Detektorflächen als Unterstützung der Produktentwicklung zur Datenanalyse im Rahmen des Digital Engineering
KTmfk, xiii u. 213 Seiten, 84 Bilder, 33 Tab. 2021. ISBN 978-3-96147-475-2.

Band 380: Tom Häfner
Multipulseffekte beim Mikro-Materialabtrag von Stahllegierungen mit Pikosekunden-Laserpulsen
LPT, xxviii u. 159 Seiten, 57 Bilder, 13 Tab.
2021. ISBN 978-3-96147-479-0.

Band 381: Björn Heling
Einsatz und Validierung virtueller Absicherungsmethoden für abweichungs-behaftete Mechanismen im Kontext des Robust Design
KTmfk, xi u. 169 Seiten, 63 Bilder, 27 Tab.
2021. ISBN 978-3-96147-487-5.

Band 382: Tobias Kolb
Laserstrahl-Schmelzen von Metallen mit einer Serienanlage – Prozesscharakterisierung und Erweiterung eines Überwachungssystems
LPT, xv u. 170 Seiten, 128 Bilder, 16 Tab.
2021. ISBN 978-3-96147-491-2.

Band 383: Mario Meinhardt
Widerstandselementschweißen mit gestauchten Hilfsfügeelementen - Umformtechnische Wirkzusammenhänge zur Beeinflussung der Verbindungsfestigkeit
LFT, xii u. 189 Seiten, 87 Bilder, 4 Tab.
2022. ISBN 978-3-96147-473-8.

Band 384: Felix Bauer
Ein Beitrag zur digitalen Auslegung von Fügeprozessen im Karosseriebau mit Fokus auf das Remote-Laserstrahlschweißen unter Einsatz flexibler Spanntechnik
LFT, xi u. 185 Seiten, 74 Bilder, 12 Tab.
2022. ISBN 978-3-96147-498-1.

Band 385: Jochen Zeitler
Konzeption eines rechnergestützten Konstruktionssystems für optomechatronische Baugruppen
FAPS, xix u. 172 Seiten, 88 Bilder, 11 Tab.
2022. ISBN 978-3-96147-499-8.

Band 386: Vincent Mann
Einfluss von Strahloszillation auf das Laserstrahlschweißen hochfester Stähle
LPT, xiii u. 172 Seiten, 103 Bilder, 18 Tab.
2022. ISBN 978-3-96147-503-2.

Band 387: Chen Chen
Skin-equivalent opto-/elastofluidic in-vitro microphysiological vascular models for translational studies of optical biopsies
LPT, xx u. 126 Seiten, 60 Bilder, 10 Tab.
2022. ISBN 978-3-96147-505-6.

Band 388: Stefan Stein
Laser drop on demand joining as bonding method for electronics assembly and packaging with high thermal requirements
LPT, x u. 112 Seiten, 54 Bilder, 10 Tab. 2022.
ISBN 978-3-96147-507-0

Band 389: Nikolaus Urban
Untersuchung des Laserstrahlschmelzens von Neodym-Eisen-Bor zur additiven Herstellung von Permanentmagneten
FAPS, x u. 174 Seiten, 88 Bilder, 18 Tab.
2022. ISBN: 978-3-96147-501-8.

Band 390: Yiting Wu
Großflächige Topographiemessungen mit einem Weißlichtinterferenzmikroskop und einem metrologischen Rasterkraftmikroskop
FMT, xii u. 142 Seiten, 68 Bilder, 11 Tab.
2022. ISBN: 978-3-96147-513-1.

Band 391: Thomas Papke
Untersuchungen zur Umformbarkeit hybrider Bauteile aus Blechgrundkörper und additiv gefertigter Struktur
LFT, xii u. 194 Seiten, 71 Bilder, 16 Tab.
2022. ISBN 978-3-96147-515-5.

Band 392: Bastian Zimmermann
Einfluss des Vormaterials auf die mehrstufige Kaltumformung vom Draht
LFT, xi u. 182 Seiten, 36 Bilder, 6 Tab.
2022. ISBN 978-3-96147-519-3.

Band 393: Harald Völkl
Ein simulationsbasierter Ansatz zur Auslegung additiv gefertigter FLM-Faserverbundstrukturen
KTmfk, xx u. 204 Seiten, 95 Bilder, 22 Tab.
2022. ISBN 978-3-96147-523-0.

Band 394: Robert Schulte
Auslegung und Anwendung prozessangepasster Halbzeuge für Verfahren der Blechmassivumformung
LFT, x u. 163 Seiten, 93 Bilder, 5 Tab.
2022. ISBN 978-3-96147-525-4.

Band 395: Philipp Frey
Umformtechnische Strukturierung metallischer Einleger im Folgeverbund für mediendichte Kunststoff-Metall-Hybridbauteile
LFT, ix u. 180 Seiten, 83 Bilder, 7 Tab.
2022. ISBN 978-3-96147-534-6.

Band 396: Thomas Johann Luft
Komplexitätsmanagement in der Produktentwicklung - Holistische Modellierung, Analyse, Visualisierung und Bewertung komplexer Systeme
KTmfk, xiii u. 510 Seiten, 166 Bilder, 16 Tab. 2022. ISBN 978-3-96147-540-7.

Band 397: Li Wang
Evaluierung der Einsetzbarkeit des lasergestützten Verfahrens zur selektiven Metallisierung für die Verbesserung passiver Intermodulation in Hochfrequenzanwendungen
FAPS, xxii u.151 Seiten, 72 Bilder, 22 Tab.
2022. ISBN 978-3-96147-542-1.

Band 398: Sebastian Reitelshöfer
Der Aerosol-Jet-Druck Dielektrischer Elastomere als additives Fertigungsverfahren für elastische mechatronische Komponenten
FAPS, xxv u. 206 Seiten, 87 Bilder, 13 Tab.
2022. ISBN 978-3-96147-547-6.

Band 399: Alexander Meyer
Selektive Magnetmontage zur Verringerung des Rastmomentes permanenterregter Synchronmotoren
FAPS, xv u. 164 Seiten, 90 Bilder, 18 Tab.
2022. ISBN 978-3-96147-555-1.

Band 400: Rong Zhao
Design verschleißreduzierender amorpher Kohlenstoffschichtsysteme für trockene tribologische Gleitkontakte
KTmfk, x u. 148 Seiten, 69 Bilder, 14 Tab.
2022. ISBN 978-3-96147-557-5.

Band 401: Christian P. J. Schwarzer
Kupfersintern als Fügetechnologie für Leistungselektronik
FAPS, xxvii u. 234 Seiten, 125 Bilder, 24 Tab. 2022. ISBN 978-3-96147-566-7.

Band 402: Alexander Horn
Grundlegende Untersuchungen zur Gradierung der mechanischen Eigenschaften pressgehärteter Bauteile durch eine örtlich begrenzte Aufkohlung
LFT, xii u. 204 Seiten, 58 Bilder, 6 Tab.
2022. ISBN 978-3-96147-568-1.

Band 403: Artur Klos
Werkstoff- und umformtechnische Bewertung von hochfesten Aluminiumblechwerkstoffen für den Karosseriebau
LFT, x u. 192 Seiten, 73 Bilder, 12 Tab.
2022. ISBN 978-3-96147-572-8.

Band 404: Harald Schmid
Ganzheitliche Erarbeitung eines Prozessverständnisses von Tiefziehprozessen mit Ziehsicken auf Basis mechanischer und tribologischer Analysen
LFT, xiii u. 211 Seiten, 78 Bilder, 5 Tab.
2022. ISBN 978-3-96147-577-3.

Band 405: Johannes Henneberg
Blechmassivumformung von Funktionsbauteilen aus Bandmaterial
LFT, viii u. 176 Seiten, 101 Bilder, 2 Tab.
2022. ISBN 978-3-96147-579-7.

Band 406: Anton Schmailzl
Festigkeits- und zeitoptimierte Prozessführung beim quasi-simultanen Laser-Durchstrahlschweißen
LPT, xiii u. 157 Seiten, 84 Bilder, 7 Tab.
2022. ISBN 978-3-96147-583-4.

Band 407: Alexander Wolf
Modellierung und Vorhersage menschlichen Interaktionsverhaltens zur Analyse der Mensch-Produkt Interaktion
KTmfk, x u. 207 Seiten, 69 Bilder, 10 Tab.
2022. ISBN 978-3-96147-585-8.

Abstract

Digital human models enable virtual and predictive analysis of physical human-machine interactions on digital product models. This allows for an early and proactive consideration of human-centred requirements such as product ergonomics and usability in the design process. A prerequisite of predictive analyses using digital human models however, is the prediction of human interaction behaviour. Existing predictive interaction models predominantly focus on occupational processes or the analysis of specific use cases. A versatile applicable predictive interaction model is not sufficiently researched in the context of product design according to the current state of the art.

The aim of this thesis is to contribute to a closing of the described research gap. For this purpose, a predictive interaction model, consisting of a method for versatile and accessible task modelling and a method for human interaction behaviour prediction, is researched. The method development is supported by a systematic literature review and the classification of interaction possibilities by means of a taxonomy of elementary affordances. The implementation of the methods, in the terms of a CAD-integrated modelling environment and a body posture prediction and analysis using musculoskeletal human models, enables the evaluation of the developed methods. Two evaluation studies demonstrate the correct technical functionality of the methods and show indications of applicability and usefulness of the predictive interaction model in the context of product design.